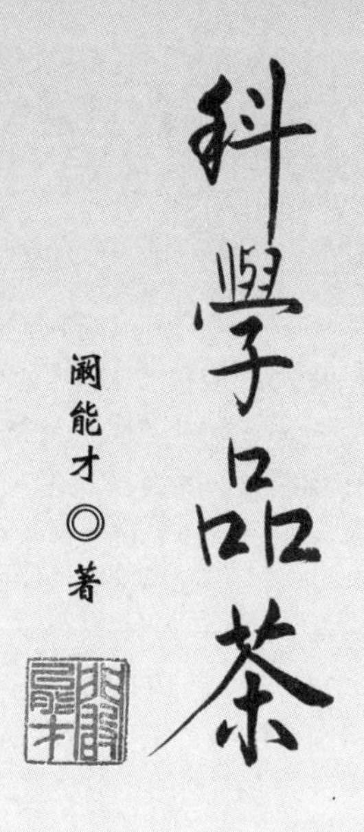
科學品茶
阚能才◎著

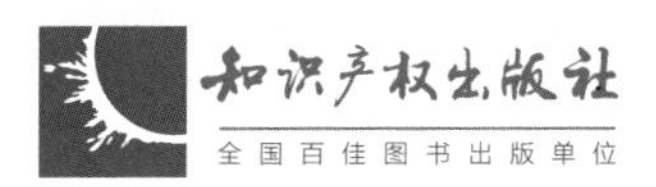
知识产权出版社
全国百佳图书出版单位

图书在版编目（CIP）数据

科学品茶/阚能才著. —北京：知识产权出版社，2017. 1

ISBN 978 - 7 - 5130 - 4533 - 9

Ⅰ. ①科… Ⅱ. ①阚… Ⅲ. ①茶文化—中国 Ⅳ. ①TS971. 21

中国版本图书馆 CIP 数据核字（2016）第 248564 号

内容提要

茶叶是一种野生植物资源，能够食用，具有强身健体的功效。中国人最早发现并利用茶叶，经过几千年的发展，种茶技术、制茶技术、饮茶方式都有了很大的发展，并发展出了中国特有的茶文化。本书从茶叶起源说起，进一步叙述了种茶、制茶、饮茶、茶叶的功效，最后落脚在品茶文化上，让读者深入了解中国的茶文化。

责任编辑：胡文彬　　**责任校对**：谷　洋
封面设计：阚　泓　　**责任出版**：刘译文

科学品茶

Kexue Pincha

阚能才　著

出版发行：知识产权出版社有限责任公司　网　址：http：//www. ipph. cn
社　址：北京市海淀区西外太平庄 55 号　邮　编：100081
责编电话：010 - 82000860 转 8031　责编邮箱：huwenbin@ cnipr. com
发行电话：010 - 82000860 转 8101/8102　发行传真：010 - 82000893/82005070/82000270
印　刷：北京科信印刷有限公司　经　销：各大网上书店、新华书店及相关专业书店
开　本：720mm × 960mm　1/16　印　张：16. 5
版　次：2017 年 1 月第 1 版　印　次：2017 年 1 月第 1 次印刷
字　数：250 千字　定　价：58. 00 元

ISBN 978-7-5130-4533-9

茶有真色真香真味細品千种茶味品出人生
書有真人真事真理破讀萬卷書香薰出乾坤

丙申年春 敏才撰書

茶賦

茶者南方之嘉木神農嘗百草得荼而解毒荼檟蔎荈茶源源五千年茶聖陸羽著千年茶経傳中華茶道茶之文化遠源流長墓帝王社稷之基凝中華民族〻魂茶之為飲貴為貢品由极而庶馨业國飲采〻蒸之烘〻炒之紅黃青綠五彩繽紛茶馬故道雅州新城英才賢聚風華正茂巴蜀有材于斯為甚習茶藝繪茶園层臺壹翠論茶道寫茶史古往今来

乙未年仲秋闞能才

图1-1　野生大茶树

图1-2　云南栽培型古茶树

图1-1（a）

图1-1（b）

来源：云南普洱茶网

图1-2

来源：云南普洱茶网

图1-3　四川野生茶树分布图

图2-1　四川盆地地形图

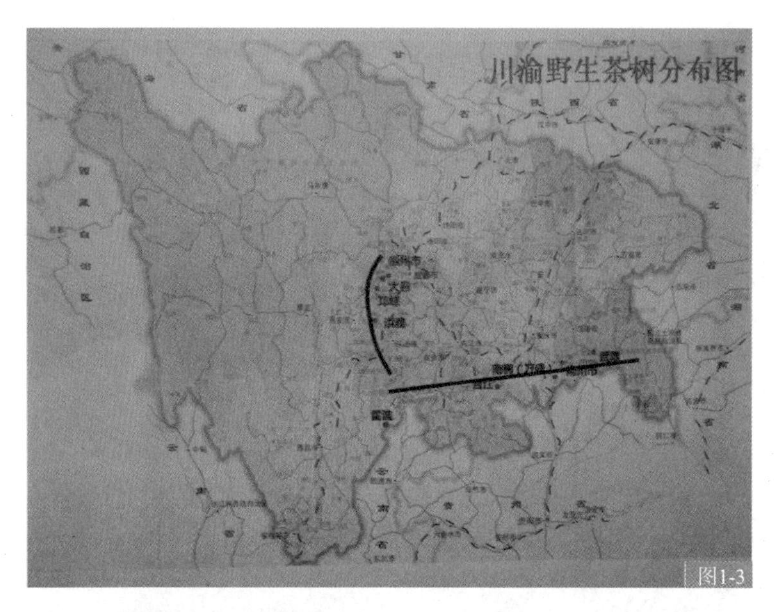

图1-3

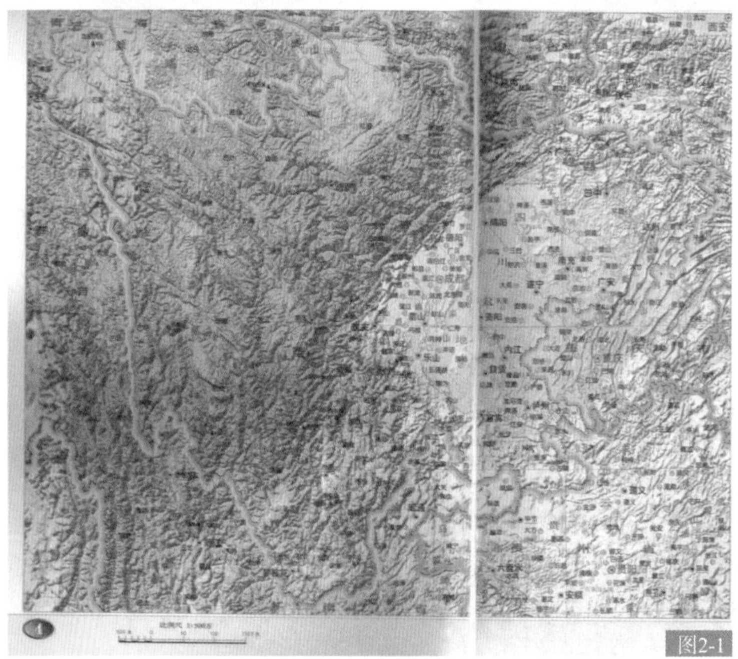

图2-1

来源：星球地图出版社2008年出版的《四川省地图册》

图2-2　六大茶类汤色图

图3-1　茶马古道

图2-2

二排左起绿茶、黄茶、白茶、青茶，一排红茶（左）、黑茶（右）

钟莉清　摄影

图3-1（a）

图3-1（b）

来源：李红兵著的《四川南路边茶》第98页

图3-2　背夫

来源：2006年8月的《成都商报》

图4-1　茶叶采摘标准

图4-2　白茶嫩芽

图4-1（a）

春天蓬勃生长的茶芽

图4-1（b）

独芽（下面两片为发育不全的鱼叶）

图4-1（c）

一芽一叶

图4-1（d）

一芽二叶

图4-1（e）

一芽三叶

图4-2

钟莉清　摄影

图5-1　宋代贡茶模具图案

图5-1（a）

图5-1（b）

图5-1（c）

图5-1（d）

图5-1（e）

图5-1（f）

图5-1（g）

图5-2　中国第一台木质揉捻机

图5-2

来源：《中国茶叶》2007年第5期，第6页

图5-3　传统摊晾架

图5-4　滚筒杀青机

图5-5　茶叶揉捻机

图5-3

李红兵　提供

图5-4

图5-5

阚能才　摄影

图5-6　青茶摇青机

图5-7　青茶包揉机

图5-8　自动烘干机

图5-6

图5-7

图5-8

图5-9　多功能理条机

图5-10　针形茶（恩施玉露）

图5-11　扁形茶（西湖龙井）

图5-12　卷曲形茶（蒙顶甘露）

图5-13　雀舌茶

图5-14　花茶窨制

来源：www.nipic.com

来源：www.nipic.com

钟莉清　摄影

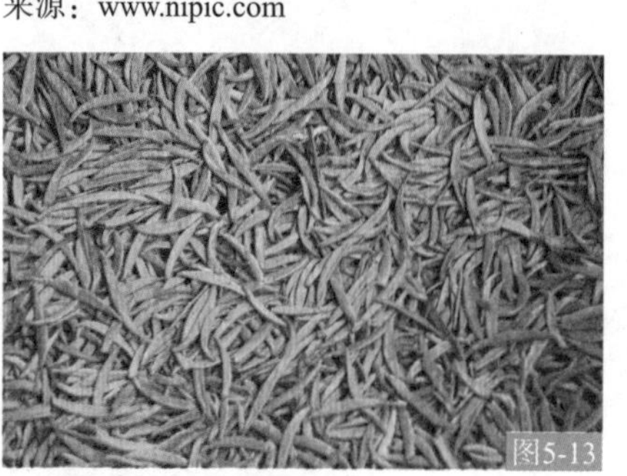

钟莉清　摄影

图6-1　酥油茶

图6-2　擂茶

图6-3　早餐茶（红茶、牛奶、白糖、饼干、面包）

图6-1（a）

图6-1（b）

来源：www.nipic.com

图6-2（a）

图6-2（b）

来源：www.nipic.com

图6-3

钟莉清　摄影

来源：www.nipic.com

来源：www.nipic.com

来源：www.nipic.com

来源：www.nipic.com

图7-6　正山小种红茶

图7-7　祁门红茶

图7-8　滇红工夫

图7-9　大红袍

图7-6

来源：www.nipic.com

图7-7（a）

图7-7（b）

图7-8

钟莉清　摄影

图7-9

来源：www.nipic.com

图7-10　铁观音

图7-11　蒙顶黄芽

图7-12　白毫银针

图7-13　普洱茶

图7-14　康砖（四川南路边茶）

图7-10

图7-11

来源：www.nipic.com

图7-12

图7-13（a）

来源：云南普洱茶网

图7-13（b）

来源：云南普洱茶网

图7-14（a）

图7-14（b）

阚能才　摄影

图7-15　千两茶

图8-1　唐代茶具

图7-15（a）

图7-15（b）

来源：www.nipic.com

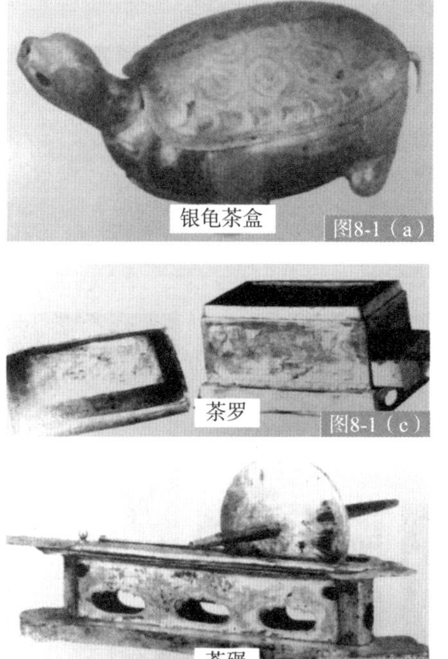

图8-1（a）
图8-1（c）
图8-1（d）

图8-1（b）

图8-2　组合茶具

图8-3　盖碗茶杯

图8-4　琳琅满目的陶瓷和玉壶茶具

图8-2
图8-3
图8-4（a）
图8-4（b）
图8-4（c）
图8-4（d）
图8-4（e）
图8-4（f）
图8-4（g）
图8-4（h）
图8-4（i）
图8-4（j）
图8-4（k）

图8-5　紫砂茶具

图8-5（a）
图8-5（b）
图8-5（c）
图8-5（d）
图8-5（e）
图8-5（f）
图8-5（g）
图8-5（h）
图8-5（i）
图8-5（j）

图9-1　芽茶美姿

来源：www.nipic.com

前　言

茶叶作为野生植物资源之一，被华夏先民发现并且加以利用。几千年来，食用、饮用茶叶被证明对人体健康有十分重要的意义。后来，随着农业生产的发展和食物的丰富，茶叶作为食物的功能发生改变，逐步发展成为一种受到普遍欢迎的饮料。茶叶不仅具有提神益思、生津止渴、解乏少睡的作用，现代科学也证明茶叶具有抗氧化、增强机体免疫力、降低心血管疾病等保健功能。但是，在日常生活中，并没有把茶叶作为药物，中医学草药里也没有茶叶。

中国最早发现并且利用茶叶，至今已经有几千年的历史。先秦时期，食用茶叶主要是在存在野生茶树的地区，并且作为土特产品向王室进贡。到了西汉时期，四川西部的茶叶已经作为商品销往青藏高原和西北牧区。茶叶作为商品最早在四川出现，同时四川严道（今雅安市荥经县）、眉州、邛州也开始种植茶树，传说西汉时期，吴理真在蒙顶山开始种茶。

唐开元十六年，吐蕃向唐王朝提出茶马互市的要求。由此开启了中国茶叶大发展的时代。皇室贵胄、达官贵人、巨商富贾、文人雅士无不以饮茶为贵。陆羽的《茶经》、宋徽宗赵佶的《大观茶论》、茶马古道、龙团凤饼无不标志着唐宋时期茶叶的繁荣与尊贵。

明代，朱元璋罢贡团（饼）茶，散茶又得以迅速发展，同时也为六大茶类的出现开启了智慧之门，可以说没有散茶的大发展，就没有六大茶类的出现。

随着散茶的发展，饮茶的方式也随之发生改变。唐代及其之前，饮茶时，先炙烤茶饼，再碾茶、筛茶、煮水、投茶，还要加入姜、葱、盐或者其他食物，称为煎煮方式。到了宋代，改煮茶为点茶，不再加入姜、葱、盐和其他食物，以彰显茶叶的真色、真香和真味，茶叶由此成为完全的饮料。

明代饮茶方式更加简化，将茶叶投入壶中，直接用沸水冲泡，奠定了现代饮茶的冲泡方式。先投入茶叶，再加入沸水，称为下投；先加入少量沸水，再投入茶叶，然后再加沸水，称为中投；先加入沸水，再投入茶叶，称为上投。

几千年来，中国制茶技术的发展经历了从散茶到饼茶，然后又从饼茶到散茶，再到六大茶类的出现的过程。应该说在制茶的历史上，茶叶制造技术形成之后，散茶和饼茶一直共存，时至今日也是如此。饮茶从煎煮羹饮到直接冲泡饮用，代表的不仅是茶叶产品形状的改变、饮茶方式的变革，而且是中国茶文化的发展。现代茶艺的发展，更体现出饮茶从物质文化到精神文化的飞跃。中国茶叶的发展历史，就是一部世界茶文化发展史。

当我们站在中国经济高速发展、社会繁荣昌盛的新时期，观海听涛：观茶叶产业潮起潮落，听茶类市场更替的故事传说。蓦然回首，重新审视茶叶这片神奇的树叶，我们发现：茶叶是具有食物、饮料、精神文化三大功能的产品。茶叶作为食物、饮料，在世界上非常普及，特别是在中国，成为家庭不可或缺的饮品。作为具有文化元素的饮料，科学品茶，识茶叶、明茶道、得茶理，可以修身养性，克念作圣。

茶叶作为具有增强身体健康的食物，却仅仅被少数民族以酥油茶、擂茶的形式保留至今。西方国家则把红碎茶作为一种食物饮料，加上牛奶、糖，配以面包、糕点，成为最好的早餐和午后茶。未来，茶叶一定会回归食物的属性，成为我们生活中不可或缺的健康食物，茶叶制造作为大食品产业的形成指日可待。

品茶，以茶为本、水为魂、具为趣。品茶有利于健康，在于茶可以清心、可以静心、可以养心、可以睿智。绿茶不是越绿越好；茶叶原料不是越嫩越好；黑茶不是越陈越好，更不是可以饮用的古董。把茶叶作为食物，在物质得到极大丰富的今天，更加具有健康生活的意义。

2016年8月28日

目　　录

第一章

茶树的起源

茶树在植物学分类上属于山茶科、茶属的木本植物，有高大的乔木，也有灌木。最早由瑞典植物学家林奈（Caol Von linen，1707～1778年）根据在中国采集的茶树标本命名为*Camellia sinensis*。茶树起源于中国西南地区的云贵高原，有6000多万年的历史。按照植物学分类，植物分为被子植物和裸子植物两大门类，茶树属于被子植物门。根据被子植物的起源历史，可以知道茶树的起源年代。茶树所属的被子植物，起源于中生代的早期。中生代的中期，是被子植物所属的双子叶植物最繁盛时期，而山茶科植物的种子化石正好出现在中生代末期白垩纪地层中。在山茶科里，山茶属是比较原始的一个种群，它发生在中生代的末期至新生代的早期。因此，植物学家认为，至今茶树已有6000万～7000万年历史。

人类对茶的利用仅有几千年的历史，茶树起源的年代远远早于人类对茶的利用。茶树起源于云贵高原，在漫长的演变、进化和传播过程中，形成了几十个属、种，广泛分布于东南亚地区。中国先民最早发现并且开始利用茶树。相传“神农尝百草，日遇七十二毒，得茶而解之”，距今有5000多年的历史。世代居住在云贵高原的布朗族，自古以来就把茶树当作大自然赐予的宝物，称为茶魂。每4年要到大山上的古茶树前，祭祀茶魂，期盼茶魂带给布朗族人幸福和健康。现在布朗族人在开辟新茶园时，要种植一棵茶树，称为“茶祖”。在布朗族口口相传的历史和后来的文字记载中，都讲述了布朗族人利用茶叶的历史。“1800多年前，布朗族人遭遇一场严重的瘟疫，许多人失去了生命，是布朗族的首领从茶树上采摘茶叶，煎煮茶水让大家饮用，才挽救了布朗族人。”从此，布朗族把茶树视为茶魂，并且开始祭祀，流传至今。这些记载或者传说都证明：在存在野生茶树的地方，中国先民最早发现并开始利用茶叶。

第一节 茶树起源地问题

1824年，驻印英军少校布鲁斯（R. Bruce）在印度阿萨姆皮珊发现了一些野生茶树，并且于1838年印发一本小册子，宣称印度是茶树的起源地，由此而引发的茶树起源地之争持续了近200年。关于茶树的起源问题，引起了许多茶叶科学家和植物学家的关注，并且进行了深入的研究。对于茶树的起源地，100多年来，许多学者提出了不同的观点，归纳起来主要有以下三种。

一、茶树起源印度

布鲁斯少校在印度发现野生茶树之后，宣称印度是茶树的起源地。布鲁斯列举他在印度阿萨姆地区发现的多处野生茶树，其中沙地耶发现的一株野生茶树高达10米，胸围90厘米。为此，布鲁斯断定，印度是茶树起源地，理由是印度有野生茶树。1877年英国人贝尔登（S. Baidond）在他撰写的《阿萨姆之茶叶》一书中提出，茶树起源于印度，持上述观点的还有英国学者勒莱克（J. H. Blake，1903年）、勃朗（E. A. Blown，1912年）、易培逊（A. Ibetson）、林德莱（Lindley）和日本的加藤繁等。他们认为，只有印度有野生茶树，而没有人提出中国有野生茶树。印度阿萨姆的野生茶树长得“野”，树高叶大，而中国茶树树矮叶小。因此部分学者认为：印度种是茶树原种，印度是茶树的起源地。

二、茶树起源中国

茶树起源中国，这是绝大多数茶叶学者的观点。1935年，印度茶业委员会组织了一个科学调查团，对印度阿萨姆等地发现的野生茶树进行了深入的调查研究。植物学家瓦里茨（Wallich）博士和格里费（Griffich）博士都断定，布鲁斯发现的野生茶树，与从中国传入印度的茶树同属中国变种，至于茶树生物学特性发生的差异，是长期适应生长环境形成的。1892 年美国学者瓦尔茨（J. M. Walsh）的《茶的历史及其秘诀》、威尔逊（A. Wilson）的《中国西南部游记》；1893 年沙俄学者勃列雪尼德（E. Brelschncder）的《植物科学》，法国学者金奈尔（D. Genine）的《植物自然分类》，1960 年苏联学者 K. M·杰姆哈捷的《论野生茶树的进化因素》，以及近年来日本学者志村桥、桥本实等的有关研究报告中，都认为中国是茶树的起源地。特别值得一提的是日本的志村桥和桥本实结合多年茶树育种研究工作，通过对茶树细胞染色体的比较，指出中国种茶树和印度种茶树染色体数目相同，即 2N＝30，表明在细胞遗传学上两者并无差异。桥本实还进一步对茶树外部形态作了分析和比较。为此，他对从中国东南部台湾、海南到泰国、缅甸和印度阿萨姆的茶树形态作了分析比较。发现印度那卡型茶和中国台湾的野生茶树，以及缅甸的掸部种茶，形态上全部相似，从而认定茶树起源于中国的云南、四川一带。

三、茶树起源依洛瓦底江发源地

英国学者艾登（T. Eden），在考察了中国云南、西藏和缅甸等野生茶树分布地区之后，于 1958 年在他所著的《茶》一书中写道："茶树起源依洛瓦底江发源处的某个中心地带，或者在这个中心地带以北的无名高地。"前者指的是缅甸的江心坡，后者指的是中国的云南和西藏境内。艾登认为茶树起源于依洛瓦底江发源处的某个中心地带，或者在这个中心地带以北的无名高地，即中缅交界的地区。

此外，美国学者威廉·乌克斯（W. H. Ukers）在《茶叶全书》中提出，"凡自然条件有利于茶树生长的地区都是起源地"的"多源论"，他认为茶树起源于缅甸东部、泰国北部、越南、中国云南和印度阿萨姆的森林中。因为这些地区的生态条件极适宜茶树生长繁殖，所以这些地区的野生茶树也比较多。持有相似观点的是印度尼西亚爪哇茶叶试验场的植物学家科恩·斯图尔特（C. Stuart）博士。1918年，当他考察中国东部和东南部野生大叶种和中小叶茶树品种之后认为，茶树因形态不同，可分为两大起源地：一是大叶种茶树，起源于中国西藏高原的东南部一带，包括中国的四川、云南，以及缅甸、越南、泰国和印度阿萨姆等地；二是小叶种茶树，起源于中国的东部和东南部。这就是“二源论”。

以上几种观点，概括地说，是茶树起源于印度板块还是云贵高原之争。第二种观点和第三种观点认为茶树起源于云贵高原，与茶树起源于印度板块相对立。物种的起源是在适应自然环境下发展演变而形成，茶树起源于6000多万年前，与国家地缘概念没有关系。尽管经历了亿万年沧海桑田的变化，亚洲板块没有经历大的漂移，而印度板块是在5000多万年前才与亚洲板块连在一起。因此，是起源于印度板块的茶树，在两大板块相撞之后，传到了云贵高原及东南亚地区，还是起源于云贵高原的茶树传到了南亚次大陆？这才是茶树起源之争的实质。

从科学的角度去研究野生茶树的起源，目前仍然存在大量野生茶树种群，并且分布范围集中，同时也向周围扩散。进一步将目前野生茶树分布集中的地区与古地质条件、古气候变化结合研究、科学分析，有充分的理由认为：云贵高原是野生茶树的起源地。

第二节　茶树起源于云贵高原

一、野生茶树的发现

中国关于茶的记载可以追溯到西周时期，《诗经》中的许多“荼”字就是现在的茶。关于野生茶树的记载，最早见于三国时期的《吴普本草》引《桐君采药录》中的记载：“南方有瓜芦木，亦似茗，苦涩，取其叶作屑，煮饮汁，即通夜不寐……”唐代陆羽的《茶经》明确记载了巴蜀地区野生茶树及收获的情况：“茶者，南方之嘉木也，一尺二尺，乃至数十尺。其巴山峡川有两人合抱者，伐而掇之……”巴山峡川是指今金沙江、长江三峡一带，“有两人合抱者”反映了上述茶树的野生状态。近年来，在云贵高原和金沙江流域发现的野生大茶树不计其数。在云南凤庆县沙湾村有一株古茶树，树干直径达1.82米，据推测，该茶树的树龄在千年以上。根据贵州省茶叶科学研究所几代科研人员对贵州野生茶树的调查，现有记载的贵州野生茶树资源达18个类型。20世纪80年代，贵州省茶叶科学研究所林蒙嘉先生在野生茶树调查期间发现一枚茶树种子化石，经中国科学院南京地质古生物研究所鉴定为：“……特征与现代四球茶的种子非常相似，化石可归属四球茶。世界上茶科化石甚罕见，茶科种子化石更难得，它对研究我国的茶叶历史及茶科（植物）的发展演化提供了宝贵的证据。”

1961年，云南省茶叶科学研究所的科技人员，在勐海山区开展了对云南野生茶树（见文前图1－1）的调查，在勐海巴达发现了一株树高34米，基围2.86米的野生大茶树。尽管此株野生茶树已经于2012年因衰老死去，而在其方圆2平方千米的范围，还有上百株野生大茶树。

目前，国家已经将野生大茶树作为二级保护植物，云南发现的古代野生大茶树的数量也在不断增加。中国农科院茶叶研究所虞富莲等科技人员在云南进行考察，对发现的68株野生古茶树[1]进行了现场测量，树高大都在10米以上，有12株树高达20米。最高的一株生长在勐海县西定乡贺松村大黑山，树高达32米，树干直径0.82米。树干直径在1米以上的有11株，干径最大的一株生长在景东县景屏村，海拔2470米的深山里，树干直径2.49米。

前面提到，1824年驻印英军少校布鲁斯在印度阿萨姆皮珊发现了一些野生茶树，后来在泰国、缅甸、老挝等国家发现了许多野生大茶树，这些野生茶树与在我国云贵高原发现的野生茶树在植物学分类上同属于一种，染色体数量都相同（2N＝30）。

---

❶ 云南农业科学院茶叶研究所. 云南古茶树［M］. 昆明：云南科技出版社，2012：26－50.

二、野生茶树的分布

到目前为止，发现的野生茶树主要分布在中国、印度、越南、泰国和缅甸等国家。从已经发现的野生茶树分布来看，以我国云贵高原发现的野生茶树面积最大、分布最广、树龄最长。20 世纪以来，我国茶叶科学家先后在云南、贵州、四川、重庆、广东、广西、江西、湖南、湖北、海南、台湾等 11 个省区市发现 200 多处野生茶树。我国野生大茶树现在分布于北纬 16°~31°、东经 99°~122°，海拔 800~2600 米的地区，有乔木型、灌木型。

1. 云南的野生茶树

云贵高原是野生茶树分布最多的地区，云南全省各地都有野生茶树，云南的古茶树，包括人工栽培的古茶树（见文前图 1-2）达到 50 万亩，是全世界野生茶树分布最多的地区。云南的野生古茶树种类也是世界第一，全世界有茶组植物 32 个种，4 个变种，云南发现有 30 个种和全部 4 个变种。云南发现的野生古茶树，按照种质资源的分类，占全世界已经发现的茶树植物种质资源的 80% 以上。[1] 到目前为止，云南发现的野生古茶树树高达到 20 米以上的有 12 株，树干直径 1 米以上的有 16 株，据估计，这些野生古茶树的树龄有 1000 年以上。显然，这些古茶树并不是云南野生古茶树的全部。我们有理由相信，只有存在大量野生植物种质资源的地区，才可能是这种植物的起源地。或者说，只有在茶树的起源地，才可能存在如此大量的野生古茶树，才可能有如此丰富的野生茶树资源。

2. 川渝地区的野生茶树

川渝地区也是野生茶树发现较多的地区，20 世纪 70 年代，四川省农业科学院茶叶研究所[2]钟谓基研究员等科技人员，对川渝地区的野生茶树

---

❶ 云南农业科学院茶叶研究所. 云南古茶树［M］. 昆明：云南科技出版社，2012：223-227.

❷ 原四川省茶叶研究所位于重庆市永川县境内，1997 年，重庆市直辖之后，原四川省茶叶研究所划归重庆市，更名为重庆市茶叶研究所。

的分布、性状进行了广泛和深入的调查、研究，发现了两片比较集中的野生茶树分布区域。一片是沿长江、金沙江两岸分布，包括四川省的雷波、宜宾、泸州、合江等市县，重庆市的南桐、南川、武隆等区县。该片区域位于四川盆地南部，呈东西走向，与云贵高原北部的绥江、盐津、道真、赤水等县的野生大茶树分布区域相连，位于北纬27°～30°、东经103°～109°，因此，可以认为川渝地区野生大茶树属于茶树起源地的北部，是由野生茶树的起源地云贵高原逐步向北传播和发展的结果。此外，还在四川盆地西部的荥经、崇庆、邛崃、大邑等县发现了第二片看似与长江、金沙江流域片区不相连的野生大茶树，该区域位于北纬30°～31°、东经103°～104°，呈西北—东南走向，与长江、金沙江片区的野生茶树连接成L形（见文前图1－3）。

川渝地区发现的野生茶树高度在300～1360厘米，主干直径7～50厘米，树冠比较小，叶片大小平均为4厘米×10厘米。其叶片解剖结构都具有大叶茶的特点，海绵组织比较发达，栅状组织1～2层，上、下表皮较云南大叶种厚，叶片总厚度均大于云南大叶种茶树。茶多酚和水浸出物都比较高。这些特点是茶树向北方发展、传播过程中，为了适应北方寒冷气候形成的。

三、川渝野生茶树的分布证明了茶树起源于云贵高原

川渝野生茶树的分布状态，是茶树起源于云贵高原的又一个有力证据。川渝野生茶树的分布呈东西走向和南北走向两大片，从地球的板块运动来看，在印度板块与亚洲板块相撞之前，我国西藏南部应该和云南南部的纬度一致，川渝野生茶树的分布都是呈东西走向的，荥经、崇庆（崇州市）、邛崃、大邑等地区的野生茶树应该是与长江、金沙江片区的野生茶树连成一片的，也是呈东西走向。印度板块与亚洲板块相撞，把西藏向北方推移，带动荥经、崇庆、邛崃、大邑等区域向东北方向推移，因而，将原来呈东西直线分布的野生茶树，变成现在呈L形分布状态。

川渝野生茶树的分布状态同时证明，茶树起源于印度板块与亚洲板块相撞之前的云贵高原，而非相撞之后。在两大板块相撞之前，茶树已

经在云贵高原存在，而且分布范围已经达到了云贵高原北部的巴蜀大地。

云贵高原属于亚洲板块南部，位于北纬20°附近，在古地质板块运动中，相对移动比较小，适宜热带、亚热带植物生长。因为有6000万年以上的长期稳定气候条件，为茶树这种亚热带物种的起源、生长、传播提供了足够的时间和空间。印度板块在5000多万年之前与亚洲板块相撞，才与亚洲大陆连在一起。在印度板块与亚洲板块相撞之前，茶树如果已经在印度板块存在，印度大陆就会出现比云贵高原更多的野生茶树，或者野生茶树的变种，而事实却恰恰相反。

结论只有一个：云贵高原是茶树的起源地。早在印度板块和亚洲板块相撞之前，茶树这个物种已经在云贵高原形成，并且开始向东北地势低的方向传播，印度板块和亚洲板块相撞之后，将云贵高原西北部区域的茶树进一步向北推移，形成了现在川渝野生茶树的L形分布状态。同时云贵高原的茶树也开始向印度方向传播，因此，传播的范围就远远达不到在我国内地。这些事实都充分证明，中国西南的云贵高原是茶树的起源地。

因此，茶树起源于云贵高原，我国西南地区属于茶树起源地的一部分，随着野生茶树的发现，茶树还广泛分布于长江中下游地区及缅甸、印度北部。

第三节　中国现代茶区

“神农尝百草，日遇七十二毒，得荼而解之”，“荼”在古代指的就是茶，这是人类利用茶树的最早传说。中国先民对茶叶的利用，有5000多年的历史，但是对于已经在地球上存在6000万年的茶树而言，这5000多年也仅仅是历史的一瞬间。

一、野生茶树的传播

在茶树出现的6000多万年的历史长河中，由于自然界的力量，茶树从起源中心——云贵高原逐步传播到了东南亚地区和印度。在现在的中国大陆地区，野生茶树广泛地分布于云贵高原和长江流域。

目前，全世界发现的野生茶树都集中在亚洲，地球上其他大陆上至今没有发现过野生茶树。从野生茶树的分布区域和范围来看，中国的云贵高原发现的野生茶树种类最多、数量最大。印度和与云贵高原接壤的东南亚地区也有野生茶树的分布，但是种类和数量都远低于云贵高原。从分布状态来看，野生茶树都是以云贵高原为中心，向四周呈现辐射状发展。很明显，亚洲的野生茶树都是从云贵高原传播出去，中国是茶树的故乡。

在自然界，野生茶树是通过什么途径传播发展的呢？在人类尚未出现之前，野生植物的传播主要是通过自然界的力量，即通过河流、风及动物来传播。

依靠种子繁育的植物，其传播的距离与种子的形态、大小、质量以及动物是否喜欢食用有关。成熟的种子从母树上脱落，在重力和风力作用下吹到远方，生根发芽。同时，也可以通过雨水形成的流水，带入河流，带去远方。河流可以将植物传播到遥远的地方，但往往沿河流分布。

自然界有许多植物依靠动物传播，当植物果实成熟之后，这些植物的果实被动物食用。动物食用植物果实，必然是囫囵吞下，且主要是利用果实的果肉和果皮。果实的果肉、果皮容易被胃酸消化，剩下不容易被消化的种子。种子内包含一个具有生命力、繁殖力的胚胎。一颗种子在动物体内被带去远方，随着动物的排泄，回到土壤之中，在异地发芽生根。一般来说，鸟类是植物远距离传播的最大功臣。

对于茶树种子来说，迄今为止，除发现茶籽象岬以茶籽为食外，没有发现其他动物喜欢食用茶籽。茶籽象岬也只是将茶籽作为食物啃食，茶籽被啃食之后，没有了生命力，失去了繁育能力。因此茶籽象岬不能传播茶树种子。

茶树自然传播的途径，主要是依靠风和河流的力量。茶树起源于云贵高原，随着云贵高原的抬升，风把成熟的茶树种子吹到远处，河流把茶树种子带到沿河两岸。印度板块与亚洲板块相撞后，把野生茶树推向四川盆地西部，形成了四川的野生茶树种群。喜马拉雅山的隆起，形成了青藏高原和横断山脉，形成了长江源头。云贵高原北部的野生茶树也得以沿长江传播，进而形成了亚洲东部的野生茶树群落。

二、西南茶区是最古老的茶区

根据野生茶树的起源与其自然传播的途径，早在千万年之前，野生茶树就广泛地分布于东南亚地区和长江流域。特别是在中华大地上，有着十分丰富的野生茶树资源。达尔文的《物种起源》理论认为，环境是动植物生存、繁衍、变异的外部条件，动植物必须适应环境才能得以生存。野生茶树的形成与发展，无不与云贵高原的气候和环境密切相关。人类的生存、进化也必须适应环境，亚洲人是在亚洲的气候、资源的环境中生存、繁衍、逐步进化而来的。早期的人类对自然界的依存度非常高，必须紧紧依赖大自然提供的食物，才得以生存、繁衍。因此，茶叶进入早期亚洲人类的食谱是非常自然的事情。

人类进入农耕文化时期，仅有几千年的历史。据现有的文字记载，茶树的种植仅有2000多年的历史。根据现有史料，汉代以前还没有关于人工种植茶树和制造茶叶的记载。现存世界上最早关于饮茶和商品茶叶的记载是西汉时期王褒的《僮约》。关于吴理真在蒙山种植茶树，目前还只能证明是一种传说。相传西汉时期，有当地人吴理真在蒙山上种植茶树，带动了当地茶叶生产的发展。据说，至今蒙山顶上留下的七株茶树，是当年吴理真所种。

关于吴理真其人，是在宋代出名的。据《金石苑》记载："甘露祖师由西汉出现，吴氏之子，法名理真。自岭表来，住蒙山植茶七株，以济饥渴。元代京师旱，敕张秦二相，诏求雨济时，师入定救旱，少顷，沛泽大通。"南宋淳熙十三年（1186年），孝宗皇帝赐封吴理真为甘露普慧妙济大师。吴理真生活的时代与南宋相距1100多年，南宋皇帝没有对前代的"茶圣"陆羽作更高的评价，而对1000多年前的一个种茶人给予如此高的评价，这说明茶树种植和生产在南宋的重要性，同时也是对于开创了茶叶生产新纪元的吴理真的肯定。需要说明的是，关于吴理真其人，现在找不到任何南宋之前的文字记载，但是，南宋皇帝赐封吴理真为甘露普慧妙济大师，肯定不是空穴来风，也一定会有历史资料和口传历史作为依据。这段文字里一是说“甘露祖师由西汉出现”。同时又说“元代京师旱，师入定救旱，少顷，沛泽大通”。甘露祖师出现在两个不同的时代，应该是另有所指，或者说甘露大师本来就不是一个人，而是历代佛教的传承人，甘露大师只是一个封号而已，这些需要历史学家进一步研究和考证。

可以肯定，茶树的人工种植出现在西汉或之前。这是因为关于西汉吴理真其人在蒙山种茶的传说和南宋的记载，而吴理真在蒙山种植茶树不是一个孤立的事件。王褒《僮约》是中国最早关于茶事的记载，其中的内容涉及家僮在主人家需要做的事情，包括“烹荼尽具，武阳买荼”。传说吴理真在蒙山种植茶树的年代，是公元前50年左右的西汉甘露年间。王褒《僮约》成书时间是公元前59年，这两件事情发生在同一时期，这两个看似独立的事情，却有着必然的联系。我们站在商品经济发展的规律来观察，就不难理解这两件事情的内在关系。王褒《僮约》告诉我们：在西汉时期，在现在的彭山一带，茶叶已经成为普通的商品，需求带动生产的发展。当茶叶作为商品大量出现在市场的时候，就必然推动茶树种植、制造产业的发展。这就不仅证明当时的吴理真在蒙山种植茶树的事实，而且证明茶树在西汉时期，已经出现大量的人工种植，而且茶叶生产已经成为了西汉时期四川西部的一种产业。茶叶的制造在四川西部产生，四川西部成为世界上最早开始制茶的地方。

对汉阳陵考古，出土了一盒植物嫩芽。研究人员通过研究其表面绒毛间的微小晶体，并利用质谱分析，确定这些植物是茶叶。汉阳陵是西汉景帝的陵墓，始建于公元前153年，至公元前126年竣工，陵园占地面积20平方公里，修建时间长达28年。汉阳陵出土的世界上最古老的茶叶，距今有2160多年。历史上，茶学界对茶叶传播的途径有一个共同的认知，即“秦取蜀之后，始有茗饮之事”。

这一考古发现表明，茶叶在西汉是皇室的珍贵饮品，在上层社会受到普遍喜爱。可以作为随葬品，与谷子、大米和藜科等植物，供皇帝在另一个世界享用。同时也表明，在西汉时期，四川普遍种植的茶树、饮用的茶叶在中国其他地区，尚未普遍利用，因而成为西汉皇室的珍稀之物。因此，四川应该是最早种植茶树和制造茶叶的地方，是世界上最古老的茶区。这一考古发现把茶叶的历史，以实物的存在提前到公元前100多年。

三、长江流域及东南茶区的形成

汉代出现人工种植茶树和制造茶叶之后，饮茶并不普及。唐代以前，茶叶的饮用主要在茶叶生产地区和上层社会，同时茶叶也传入四川西部高原少数民族地区。茶树的引种栽培和茶叶的制造也主要是在具有大量野生茶树资源的地区。从汉代到唐代的几百年间，随着社会经济的不断发展和饮茶的逐步普及。茶树种植、茶叶制造以及茶叶的饮用，才逐步在长江流域及南方地区兴起。从时间上看，长江流域及东南地区茶叶生产大发展，是吐蕃与唐王朝在赤岭开展茶马互市之后发展起来的。

在茶叶饮用需求的带动下，唐代茶业迅速发展。茶树种植、茶叶生产技术的传播和普及，催生了一部旷世之作——《茶经》，这也是世界上第一部全面介绍茶叶生产技术的著作。在唐代，由于《茶经》的问世，四川作为茶叶生产的中心，不仅将茶叶的饮用进一步推向全国，也把茶叶的生产技术推广到全国。因此，将茶树远距离引种栽培，不仅是一种可能，而且正是人们发展茶叶生产的大规模行动。

唐代是茶业发展最快、饮茶普及最迅速的时期，唐朝同吐蕃开始茶马互市之后，茶树种植在长江流域迅速发展。据裴汶的《茶述》记载："今宇内为土贡者实众，而顾渚、蕲阳、蒙山为上，其次则寿州、义兴、碧涧、㴩湖、衡山，最下有鄱阳、浮梁。"《膳夫经手录》记载："茶，古不闻食之，近晋宋以降，吴人采其叶煮，是为茗粥。至开元、天宝之间，稍稍有茶，至德、大历遂多，建中已后盛矣。……今江夏以东，淮海之南，皆有之。……新安茶，今蜀茶也。与蒙顶不远，但多而不精，地亦不下，故析而言之，犹可以首冠。诸茶春时所在吃之，皆好。及将至他处，水土不同，或滋味殊于出处。惟蜀茶，南走百越，北临五湖，皆自固其芳香，滋味不变。由此重之。自谷雨已后，岁取数百万斤，散落东下，其为功德也。如此饶州浮梁茶，今关西、山东、闾阎村落，皆吃之。累日不食犹得，不得一日无茶也。……衡州衡山团饼而巨串，岁取千万。自潇湘达于五岭，皆仰给焉。……始蜀茶，得名蒙顶，于元和以前，束帛不能易一斤先春蒙顶，是以蒙顶前后之人竞栽茶，以规厚利。不数十年间，遂新安草市，岁出千万斤。虽非蒙顶，亦希颜之徒。今真蒙顶，有鹰嘴牙白茶供堂，亦未尝得。其上者，其难得也。……歙州、婺州、祁门，婺源方茶，制置精好，不杂木叶，自梁宋幽并间，人皆尚之。赋税所入，商贾所赍，数千里不绝于道路。”

据《唐国史补》记载：“风俗贵茶，茶之名益众，剑南有蒙顶石花，或小方，或散芽，号为第一。湖州有顾渚之紫笋，东川有神泉、小团，昌明、兽目，峡州有碧涧、明月，芳蕊、茱萸簝……常鲁公使西蕃，烹茶帐中，赞普问曰：‘此为何物?’鲁公曰：‘涤烦疗渴，所谓茶也。’赞普曰：‘我此亦有。’遂命出之，以指曰：‘此寿州者，此舒州也，此顾渚者，此蕲门者，此昌明者，此㴩湖者。’”

这些文献里记载了大量茶叶产地和各地的茶叶品名。蒙山一带不仅是四川最早的茶区，也是中国最早的茶区。在唐代蒙顶山一带所产茶叶，不仅质量在全国茶区首屈一指，而且“岁取数百万斤，散落东下”。作为贡茶，四川蒙顶茶在唐代也是最为著名。此外，剑南、东川、彭州、邛州、泸州等地也大量产茶。在唐代，四川生产茶叶最多，自汉代以来一直是中国茶叶制造的中心。除四川之外，湖北、湖南、安徽、江苏、江西、浙江、福建等省，在唐代已经开始大量生产茶叶。

到了宋代，茶叶成为最重要的战略物资，不仅是国家财政最重要的经济来源，也是换取战马的主要军需物质。宋代贡茶的发展使茶树的种植区域不断扩大，特别是宋代的贡焙制度，使福建的茶业迅速发展。到了南宋时期，政治经济重心转移到江苏、浙江、福建一带。

继唐代茶叶生产迅速发展，长江流域茶区形成之后，以浙江、福建为中心的东南茶区，在宋代也逐步形成。

四、现代茶区的形成

明代茶业的发展，促进了中国现代茶区的形成。明代郑和下西洋，将中国的茶叶传到欧洲，使得中国茶叶迅速风靡欧洲。到明代后期，茶叶的出口量不断增加，广东、广西也开始大量种植茶树、制造茶叶。

明代茶叶传入欧洲后，随着欧洲饮茶的普及，极大的消费需求促进了中国茶叶生产的进一步发展。中国茶叶的出口量增加，中国茶叶生产不断发展，茶树远距离引种栽培的范围不断扩大，西起云南西部，东至浙江、福建；南至海南岛，北至黄河以南地区都有茶树的栽培。目前，我国最北部的茶区达到北纬38°左右，山东日照是现代最北茶区。到目前为止，全国有19个省区市生产茶叶（包括台湾）。到2015年，中国茶叶种植面积约4000万亩，产量超过200万吨，出口30多万吨。

中国茶区的发展，推动了世界饮茶的普及，同时也推动了世界茶叶生产的发展。在唐代，日本派出大量的僧人到中国学习，饮茶也随之传入日本。后来，由日本僧人——最澄法师将茶种带回日本，由此，中国的茶树种植技术、茶叶的制造技术才开始在日本发展起来，饮茶也由此开始在日本流行起来。

17世纪，茶叶传入欧洲，最早在英国上层社会流行，随着饮茶在欧洲大陆的普及，英国开始在其殖民地大力发展茶树种植。19世纪初，印度从中国采收大量的茶种，运回国内大量种植。同时在中国工夫红茶的基础上，发展了红碎茶生产。目前，全世界有50多个国家和地区种植茶树，非洲的肯尼亚从20世纪70年代开始发展茶业，现在已经成为世界上新兴的茶叶大国。

第二章

制茶的起源

四川是茶树种植和茶叶制造的起源地，四川茶业的发展传播与饮茶的普及紧密相连。中华民族是一个多民族的大家庭，历史悠久，文化积淀丰厚，中华文化包含着华夏大地上许多民族的文化基因。古蜀茶文化就是在中华民族不断发展和相互融合中，形成的一个“文化基因”点位。茶叶不仅是古蜀先民对中华民族的贡献，也是对世界文明的巨大贡献。本章主要介绍四川制造技术的形成、发展、传播和茶类的形成。

第一节　四川茶叶制造技术的出现

一、先秦时期古人对茶的利用

清代顾炎武在《日知录》中提到：“自秦人取蜀之后，始有茗饮之事。”自古以来都认为，茶叶的饮用是从古蜀国传播出去的，先秦时期，古蜀先民对茶树的利用，主要是利用野生茶树。2300多年前的古蜀人，还处于原始、简单农耕生活状态，“没有文字，不知礼乐”。从近代三星堆和金沙遗址的考古的成果来看，公元前300多年，秦取蜀国之前，蜀国已经出现了方块文字符号。秦取蜀之后，又统一六国，秦始皇统一文字和度量衡，并且把中原文字引入蜀国。蜀国的这些文字符号也再没有机会发展成为一种文字。因此，先秦之前的古蜀国没有关于茶叶饮用的记载。古蜀国生产力相对比较落后，主要是种植水稻、小麦等主要农作物和驯养家禽、家畜。对自然界的野生动、植物有相当高的依存度。因此，对茶叶这种植物的利用，从时间上讲可能在超过3000年。在秦之前，其利用方式应该比较原始。最早食用鲜叶，之后是摘下叶片晒干收藏、烹煮羹饮。

《神农本草》记载："神农尝百草，日遇七十二毒，得茶而解之。"顾炎武所言："自秦人取蜀之后，始有茗饮之事。"这两种不同的表述，实际上是代表了中国古代对茶叶利用的两个不同的历史阶段。神农时代的神农氏部落，活动的范围在长江和汉水流域，后来迁徙至黄河流域。前者是远古时期人类发现了茶，并且加以利用。后者表明，先秦时期，西蜀已经开始把茶叶发展成为了饮料，也可以认为，此时的西蜀已经开始种植茶树、制造茶叶。种茶、制茶、饮茶已经成为生活中一件大事。先秦之前，对茶叶的利用不仅限于古西蜀地区，不同地区对茶叶的食用方法不同。比如，生活在云贵高原许多少数民族都有食用茶叶的习俗，一些食用方法流传至今。云贵高原是野生茶树的起源地，生活在这里的少数民族很早就开始利用茶叶。由于在汉代之前，这些少数民族都没有自己的文字，因此，在明代之前对茶叶的利用鲜有文字记载。云贵高原有丰富的茶树资源，取之不尽、用之不竭，在古代没有种植茶树的需求。

汉代以后，在南方野生茶树资源丰富的四川西部，出现了人工种植茶树，制造商品茶叶，并且有了文字记载。这就是西汉时期（公元前50年前后）的王褒《僮约》。尽管，我们不能确切地知道茶树的种植始于何时，但是，我们从现存世界上最早关于茶叶记载的王褒《僮约》和吴理真在蒙山种植茶树的传说，可以证明：汉代的古蜀国已经出现了大量的商品茶叶。茶树的种植和茶叶的制造可能在先秦之前就已经出现。同时也证明了，四川是有文字记载以来，茶树种植和茶叶制造的起源地。王褒《僮约》中记载的"武阳买荼"，武阳就是现在的彭山县双江镇，[1] 这

---

[1] 杜长煋，闵未儒．四川茶叶［M］．修订本．成都：四川科学技术出版社，1989．

是古代岷江上的一处重要港口。自古以来岷江就是四川西部水路交通的枢纽。邛州、眉州、严道（今雅安）一带生产的茶叶及各种商品，主要通过水路运往各地。

二、四川的野生茶树资源

野生茶树资源是茶叶制造出现的必要条件，没有野生茶树资源的存在，四川就不可能最早出现茶树种植和茶叶制造。随着社会的发展，生产力水平的提高，在南方野生茶树资源丰富的四川西部，首先出现了人工种植茶树，制造商品茶叶。茶树栽培和茶叶制造最早出现在四川西部，也是因为古代的西蜀存在大量野生茶树资源。

四川是野生茶树起源地的一部分，起源于云贵高原的茶树，随着印度板块的移动，喜马拉雅山的形成，使起源于云贵高原的野生茶树向北方发展传播，在长期传播、进化过程中，并且形成了四川特有的茶树资源。四川是一个野生茶树资源丰富的地区，与云南的野生茶树比较有了明显的变化。在四川的自然、气候条件下形成大量的茶树资源，为四川的茶树种植和茶叶制造奠定了丰富的资源基础。

三、古西蜀是最早的制茶中心

在西汉时期，现在川西的彭山一带，茶叶已经成为普通的商品。需求带动生产的发展，这是商品经济发展的规律所决定的。当茶叶作为商品大量出现在市场的时候，就必然推动茶树种植和茶叶制造业的发展。茶叶生产在西汉时期成为四川西部的一项重要产业，并且成为世界上最早开始制茶的地方。

唐代的巴蜀地区是全国的茶叶制造中心，产茶的州县遍布全川。毛文锡的《茶谱》（公元935年前后撰）记载的四川茶叶生产情况："彭州有蒲村、堋口、灌口，其园名仙崖、石花等，其茶饼小，而布嫩芽如六出花者。……眉州洪雅、昌阖、丹棱，其茶如蒙顶制茶饼法。其散者，叶大而黄，味颇甘苦，亦片甲、蝉翼次之。临邛数邑茶，有火前、火后、嫩绿、黄芽号。又有火番饼，每饼重四十两，入西番、党项，重之。如中国名山者，其味甘苦。蜀州晋原、洞口、横源、味江、青城，其横源雀舌、乌嘴、麦颗，盖取其嫩芽所造，以其芽似之也。又有片甲者，即是早春黄茶，芽叶相抱如片甲也，蝉翼者，其叶嫩薄如蝉翼也，皆散茶之最上也。雅州百丈、名山二者尤佳。……泸州之茶树，夷僚常携瓢置，穴其侧。每登树采摘芽茶，必含于口，待其展，然后置于瓢中，旋塞其窍。比归，必置于暖处。其味极佳。又有粗者，其味辛而性热。彼人云：饮之疗风，通呼为泸茶。……玉垒关外宝唐山，有茶树产于悬崖，笋长三寸、五寸，方有一叶两叶。……蒙顶有研膏茶，作片进之，亦作紫笋。”在四川就有如此多的地方产茶，应该说唐代之前，茶树种植在四川已经非常普及了，是唐代茶叶制造中心。

四川茶叶在唐代也是贡茶的主要产地，据《元和郡县志》也记载：“严道县，蒙山在县南十里，今每岁贡贡茶，为蜀之最。”唐代四川的贡茶作为地方土特产向皇室进献，对推动四川茶叶的传播起到了十分重要的作用。

从现有的茶叶文献资料来看，世界上最早的商品茶叶出现在西汉时期。传说同一时期的吴理真在蒙顶山上种植茶树，吴理真是中国种植茶树第一人，雅州蒙顶山是最早开始人工种植茶树的地方。当然这种传说有一定的局限性，在地广人稀的古代西蜀，茶树完全可以种植在广袤的坡地和丘陵区，应该说蒙顶山只是西蜀茶树种植的象征意义。

这些都证明四川是中国，也是世界上最早制造茶叶的地区，至今已经有 2000 多年的历史。到了三国时期，才有了荆巴间采茶饼的出现，才有了晋代成都茶楼的记载。之后，才有了唐开元十六年（公元 728 年）的茶马互市。唐建中（公元 780 年至 783 年）之后，茶叶开始大发展。沿着四川制茶出现之后茶叶传播，发展的轨迹，可以找到四川茶叶制造起源和茶马古道形成的原因。

第二节　四川茶叶制造出现的原因

当我们深入地研究四川茶叶制造起源时，会产生几个疑问：其一，茶叶制造为什么最早出现在生产力相对落后的四川盆地西部边缘，而不是在农业发达、经济发达，且存在野生茶树资源的长江流域；二是四川茶叶制造出现在西汉甚至更早，为什么经过700多年之后，到唐代中期才开始在四川以外的地区得以大规模发展起来；三是中国其他茶区的茶树种植、茶叶制造，为什么在吐蕃与唐王朝开展茶马互市的公元728年之后才得以迅速发展，而不是在之前。搞清楚这些问题，我们才能明白一种对茶叶的强烈需求推动了茶叶制造的出现。同时，也改变了茶叶饮用在茶叶产区、中华大地普及之后，才传入西部高原牧区的传统认识，可以说茶叶传入高原牧区是在汉族地区饮茶普及之前。

一、古西蜀的区位条件

当我们把目光投向四川盆地西部边缘时（见文前图2－1），可以为我们研究制茶的起源找到充分理由。同时，可以找到茶马古道形成的真正原因和最早出现的时期，也可以找到茶叶的传播途径以及饮茶在中华大地普及的过程。四川盆地西部有以下几个特点。

1. 盆地西部是存在野生茶树的农业区

四川盆地平均海拔300多米，往西进入到盆地西部边缘的丘陵地区，覆盖现在的邛崃、大邑、崇州、雅安、眉山等市、县。东部的成都平原，是比较发达的农业区。平原的农业发展，对西部丘陵地区的农业发展产生了深刻的影响。崇州、大邑等市、县既有平原的肥田沃土，也有广袤的丘陵山区，至今是四川野生茶树的分布区域，存在大量的野生茶树。盆地西部是典型的丘陵农业区，也就是茶树种植和茶叶制造的起源地。

2. 盆地西部是多民族混居区

雅安的宝兴、天全、荥经等地，清代还保留了土司制度，是典型的汉、藏、羌等多民族的杂居地，至今也保留了农、牧混杂的生产方式。如果以雅安为界，向西100公里，从南到北几百公里，至今都是汉、藏、羌、彝等多民族的杂居地，也是半农半牧区。这里高山是牧区，河谷、丘陵则是农区。

到达盆地西边二郎山和西北邛崃山脉，就进入了青藏高原的东部边缘，这里的海拔上升到了1500多米，现在是汉、藏、羌等少数民族的杂居区域，也是从四川盆地到青藏高原的过渡地带，是以牧业为主的区域。

3. 盆地西部高原是牧区

在四川盆地西部边缘从东到西，形成了一个由农区到半农半牧区，再到牧区的地缘分布。海拔从300多米，很快上升到1500多米，再到海拔3000米以上的青藏高原。从农区到高原牧区仅100公里。中间基本上属于半农半牧区，在古代则以牧业为主。

农区与牧区的产品交换，村落之间、民族之间的互通有无，至少在3000年以前就已经出现。牧区盛产牦牛、马匹、药材，农区盛产粮食、蔬菜、茶叶，就会自然形成以牧区的畜牧产品和药材换取农区的农产品。尽管这一时期的茶叶并没有制成饼茶，但是晒干的茶叶至少比新鲜蔬菜容易储藏运输。茶叶因为富含维生素和膳食纤维，对以肉食为主的民族而言，是其他农产品不可替代的。随着牧区对茶叶需求的扩大、牧民对茶叶依赖程度的提高、茶叶与牧区商品交换规模的扩大，为了适应茶叶长距离运输的需要，对茶叶进行加工就势在必行。

最早用农产品包括茶叶，交换牧区畜牧产品在多民族的杂居地内出现，随着牧区对茶叶需求的增长，以茶叶等农业产品交换牧区产品的规模不断扩大，从而催生了茶叶制造。随着茶叶传入青藏高原牧区，高原牧区人民逐步形成了对茶叶的依赖。这种依赖产生的茶叶需求，才推动了西蜀茶叶制造的出现和茶树种植的发展。当西蜀的茶叶不能够满足牧区的需要时，才有了茶马互市的出现。茶马互市推动了西蜀地区以外其他茶区的形成和发展，推动了茶叶作为饮料在中华大地的普及。

二、茶叶制造出现的必要条件

茶叶制造为什么会最早在四川出现，这是一个非常有趣的问题。许多茶叶研究者认为，四川是茶树的起源地，所以最早出现了茶叶的制造。然而，云贵高原作为茶树起源地的中心，有着十分丰富的野生茶树资源，长江流域也存在丰富的野生茶树资源。茶叶制造没有在云贵高原出现，也没有在生产力发达的长江流域出现。很显然茶叶制造的出现与茶树野生资源的存在有关，与人类活动和生产力发展水平有关，更主要的是和需求有关。茶树起源于大约6000多万年前，在茶树进化、发展、传播的历史长河中，早在千万年前，野生茶树就已经大量的存在于亚洲南部的大部分地区。我国长江流域及其以南地区都有丰富的野生茶树资源。而在3000多年前，这些地区的农业生产、社会经济发展水平都相对比较发达，茶叶的制造也没有出现在这些经济相对发达的地区。

因此，茶叶制造的出现必须具备三个基本条件：一是野生的茶树资源；二是相对发达的生产力水平；三是茶叶需求的形成。

1. 古蜀国的生产力发展

《华阳国志》记载："蜀之为国，肇于人皇，与巴同囿。至黄帝，为其子昌意娶蜀山氏之女，生子高阳，是为帝颛顼；封其支庶于蜀，世为侯伯。历夏、商、周，武王伐纣，蜀与焉。其地东接于巴，南接于越，北与秦分，西奄峨嶓。地称天府，原曰华阳。故其精灵则井络垂耀，江汉遵流。……其宝则有璧玉、金、银、珠、碧、铜、铁、铅、锡、赭、垩、锦、绣、罽、氂、犀、象、毡、毦、丹黄、空青、桑、漆、麻、纻之饶，滇、獠、賨、僰僮仆六百之富。……其山林泽渔，园囿瓜果，四节代熟，靡不有焉。

"有周之世，限以秦、巴，虽奉王职，不得与春秋盟会，君长莫同书轨。周失纲纪，蜀先称王。有蜀侯蚕丛，其目纵，始称王。死，作石棺石椁，国人从之，故俗以石棺椁为纵目人冢也。次王曰柏灌。次王曰鱼凫。鱼凫王田于湔山，忽得仙道，蜀人思之，为立祠。"

"后有王曰杜宇，教民务农，一号杜主。时朱提有梁氏女利游江源，宇悦之，纳以为妃。移治郫邑，或治瞿上。七国称王，杜宇称帝，号曰望帝，更名蒲卑。自以功德高诸王，乃以褒斜为前门，熊耳、灵关为后户，玉垒、峨眉为城郭，江、潜、绵、洛为池泽，以汶山为畜牧，南中为园苑。会有水灾，其相开明决玉垒山以除水害。帝遂委以政事，法尧、舜禅授之义，遂禅位于开明，帝升西山隐焉。时适二月，子鹃鸟鸣，故蜀人悲子鹃鸟鸣也。巴亦化其教而力农务，迄今巴、蜀民农时先祀杜主君。"

蚕丛、柏灌、鱼凫、后来的杜宇，都是春秋战国时期蜀国的王，在这一时期，这些部落都是在不断的迁徙之中。这段时期蜀国没有形成文字，与中原没有太多的交往，“有周之世，限以秦、巴，虽奉王职，不得与春秋盟会”。李白的《蜀道难》也提到，“不与秦塞通人烟”。到杜宇王时期，蜀国才从逐步进入定居时代，才开始了农业生产。之后的开明王，称为丛帝，始徙治成都。

西蜀的农业大发展，是从蜀王杜宇开始，到开明王九世，有200多年的历史。到公元前316年秦灭蜀国，四川的农业生产已经有了比较大的发展。秦国派李冰任蜀郡守，开始兴修水利，因此，从杜宇王到秦统一中国这300多年是蜀国农业发展最快的时期，但比中原地区晚400～500年。

2. 茶叶食物功能的转变

人类对于茶叶的利用，可以追溯到5000多年前，甚至更早。茶叶最早作为人类的食物，这是没有争议的。在人类对于野生资源依存度比较高的时期，只要有野生茶树资源的地区，茶叶必然作为人类的食物之一。随着农业生产的发展，人类开始大量种植粮食、蔬菜、水果等作物之后，人们已经可以通过农业生产获得大量的食物，这些食物富含营养、维生素和膳食纤维，而且口感好。因此，在农业发达地区，茶叶作为食物的功能逐步降低，由于食用茶叶有利于人类健康，茶叶作为食物、饮料或者药用被保留下来。随着农业生产的发展，人类可以获得大量粮食、蔬菜和水果，因此，对茶叶的依存度则大大降低。

很明显，在汉代以前，由于中原地区、长江流域的农业生产已经非常发达了，茶叶不再是人类的主要食物。尽管茶叶的饮料功能逐步突显，但是茶叶作为饮料，还不是普通人家的消费品。随着生产力水平的提高，农业生产不断发展，农产品日益丰富，茶叶作为食物，越来越显得微不足道。但食用茶叶的习惯，仍然在野生茶树资源丰富的地方长期存在。

从经济学的观点去研究茶叶制造的出现，不难发现，茶叶制造业的出现是在茶叶成为商品之后，商品是因为市场对茶叶的需求而形成的。为了满足市场的需求，才会出现茶叶制造。茶叶最早的“加工”主要是利用成熟枝叶，晒干收藏。这也是最早农产品加工的特点，目的是储存以备越冬和饥荒之需。尽管茶叶作为食物的功能发生了改变，但晒干储藏作为食物或者饮料，在野生茶树资源存在的地区也仍然被利用。但是，对茶叶的依赖程度已经不如食物短缺的远古时代，因此，在农业发达地区，作为食物的植物资源非常丰富，也没有对茶叶进一步加工的动力。

综上所述，可以找到茶叶制造没有在农业发达地区出现的理由。没有出现对茶叶的进一步加工，并不否定茶叶在野生茶树存在的地区被长期利用。同样也不能够证明，只有茶叶饮用在农业区普及之后，才会传入非茶叶产区。所以，对茶叶的需求才是茶叶制造的真正动力。那么对茶叶的商品需求是怎样形成的呢?

3. 农区牧区的物质交换

茶叶制造的出现是因为是对茶叶的一种需求，牧民对茶叶的需求是如何出现的呢？古代的商品交换最早是部落之间、村落之间、民族之间，通过以物易物的方式互通有无，当然，应该是出现有剩余产品之后。在四川西部的半农半牧区，在古代是一个多民族的杂居地，现在的雅安市内仍然生活着汉、藏、羌、彝等少数民族。少数民族主要生活在山区，以放牧为生，山区地广人稀，牧民必然有剩余的畜牧产品。在山下的农区，农民也有些剩余的农产品。牧民缺乏农产品，农民缺乏畜牧产品，农民、牧民之间的产品交换就必然出现了。以茶叶等农产品交换牧区畜牧产品很早就在这里出现了。

4. 牧民的健康需求

地处高海拔的牧区，历史上都是以游牧为主，几乎没有其他农产品。牧区的食物也以动物产品为主，长期缺乏农产品，缺少植物纤维和植物维生素，牧区人们的平均寿命普遍低于农区。牧区开始饮用茶叶之后，减少了许多疾病的发生，寿命也明显延长。牧民通过食用茶叶的实践，意识到茶叶给他们身体健康带来的益处，逐步养成了对茶叶的依赖，现代科学也已经证明了这一点。

随着牧区对茶叶需求的增长，同时农区对畜牧产品的需求也不断增长，相互的需求增长，促进了农区与牧区物质交换规模的不断扩大，运输距离越来越远。早期用于物质交换的茶叶应该是晒干的茶叶，为了运输的方便，就必然出现对茶叶的进一步加工，真正意义上的茶叶制造才可能是在大规模的农牧产品交换中形成的。

第三节　推动古代茶叶传播发展的主要途径

从四川形成的茶叶制造技术、饮茶习俗，经过几百年、上千年的发展，在唐代后期已经非常普及，茶区已经发展到长江中下游地区，遍及大江南北。在茶叶的发展传播过程中，推动茶树种植、茶叶制造发展的主要因素是饮茶的普及。推动饮茶普及的主要原因是饮茶对人体健康的作用。长期以来，人类从饮茶中发现了茶叶具有提神益思、清心明目、解乏少睡、消食利尿等有利于人体健康的作用和功能。这是饮茶普及和茶叶制造技术传播的基础。近年来对茶叶内含物质的研究发现，茶叶中有许多化学物质对人体健康有十分重要的作用。

近年来，大量的研究证实了茶叶中主要内含物质对人体健康的影响。茶叶中含有大量的生物活性物质，包括茶多酚、茶多糖、茶皂素、生物碱、维生素、氨基酸及微量元素等。正因为茶叶中的这些生物活性物质有利于人体的健康，才是饮茶能够普及的主要原因。

一、贡茶是推动茶叶传播的主要途径之一

秦汉时期，茶叶的饮用主要还局限于皇室、茶叶产区及通过物质交换到达的牧区。由于生产力落后、交通不便，商品生产极不发达，因此，在汉代以前，除茶叶产区之外的很多地区还不知茶为何物，因此才有“自秦人取蜀之后，始有茗饮之事”之说。四川的茶叶向外传播的主要方式是作为贡品。而在唐代以前及初唐时期，民间饮茶并不普及，到唐代中期以后，茶叶饮用传播到了长江中下游及东南地区。而且茶树的种植和茶叶的制造，也普及到了适宜茶树生长的地区。

茶叶作为贡品，有3000多年的历史，相传在武王伐纣的时候，西蜀

之民就以茶叶向武王进贡。据晋代常璩撰写的《华阳国志》❶ 记载："武王既克殷，以其宗姬于巴，爵之以子。古者远国虽大，爵不过子。故吴、楚及巴皆曰子。其地东至鱼腹，西至僰道，北接汉中，南极黔、涪。上植五谷，牲具六畜。桑、蚕、麻、纻、鱼、盐、铜、铁、丹漆、茶、蜜、灵龟、巨犀、山鸡、白雉、黄润、鲜粉，皆纳贡之。……涪陵郡，巴之南鄙。……无蚕桑，少文学，惟出茶、丹、漆、蜜、蜡。"早期的茶叶作为贡品，主要是作为地方土特产品向统治者纳献，同时供祭祀之用。由于数量少，属于珍稀之品，因此，传播范围比较小，饮用并不普及。在商品茶叶出现之前，贡茶是茶叶传播的主要途径。

据南北朝时期的《南齐书》记载，"武帝本纪，永明……十一年……七月……又诏曰……我灵上慎勿以牲为祭，惟设饼、茶饮干饭、酒脯而已，天下贵贱，咸同此制。"❷ 茶叶在这一时期仍然作为重要的祭祀之物。从汉景帝陵出土的茶叶，及上述部分文献资料记载中，可以窥视出在唐代以前，上至皇室贵胄、下至黎民百姓的饮茶习俗，以及茶叶作为贡品及祭祀用品的情况。

从汉代到唐代的几百年间，茶叶饮用从上层社会逐步向民间传播，茶叶制造从四川传播到了长江中下游地区。在此期间，关于茶叶的文献资料也大量出现。西晋陈寿撰写的《三国志》，描写了吴国宫廷的饮茶趣事。"（孙）浩每餐宴，无不竟日，座席无能否，率以七升为限，虽不悉入口，皆浇罐取尽，曜饮酒不过二升，初见礼异时，常为裁减，或密赐茶荈以当酒。"这些以茶代酒的趣事。体现了饮茶与饮酒一样，在上层社会具有同等重要的地位。达官贵人的饮茶趣事在《洛阳伽蓝记》中也有记载。

茶叶作为贡品，是因为饮茶有利于健康，从政治的角度讲，一个部落向另外一个部落纳贡，或者地方向统治者纳贡，是一种顺从和臣服的表示。在汉代之前，无论是统一的中国，还是春秋战国的争霸时期，这

---

❶ 常璩．华阳国志［G］//陈祖槼，朱自振．中国茶叶历史资料选编．北京：农业出版社，1981：205.

❷ 萧子显．南齐书［G］//陈祖槼，朱自振．中国茶叶历史资料选辑．北京：农业出版社，1981：207.

种地方首领向强大的统治者纳贡，或者小国向自己所依附的大国贡献，始终存在于中国长期的封建历史发展过程中。

贡品茶叶制造，在宋代达到登峰造极的地步，特别是宋徽宗赵佶，一生嗜茶，并且写出了一本《大观茶论》。其书从采茶、茶叶原料（芽）分类、制茶工具、茶叶制造、茶叶审评（鉴辨）、碾茶、烹点等方面作出全面、系统的论述。这在当时的历史条件下，具有相当的专业水平。

据宋代熊蕃的《宣和北苑贡茶录》记载："圣朝开宝末，下南唐，太平兴国初，特制龙凤模，遣使臣即北苑造团茶，以别庶饮，龙凤茶盖始于此。……盖龙凤等茶，皆太宗朝所制，至咸平初，晋公漕闽，始载之于《茶录》。庆历中，蔡君谟将漕，创造小权团以进。"据宋子安《东溪试茶录》记载，"丁谓之记，录建溪茶事详备矣。至于品载，止云北苑壑源岭，及总记官私诸焙千三百三十六耳。……而独记官焙三十二……。"在宋代，仅福建为宫廷生产贡茶的官焙达到32个，其他地方上也有大量的贡茶，据毛文锡的《茶谱》记载："蒙顶有研膏茶，作片进之，亦作紫笋。"《北苑别录》记载的贡茶有许多花色，称为纲。贡茶可分为细色五纲和粗色七纲，一共十二纲。细色七纲选择水芽、小芽和白茶品种作原料，酌水12次，有龙焙贡新、龙焙试新、龙团胜雪、太平嘉瑞等名称；粗色七纲采用捡芽（一芽一叶），酌水4~6次。"当贡品极盛之时，凡有四十余色。"❶ 仅福建官焙制造的贡茶就几十万斤。

宋代作为贡品的茶叶，品质最好的由皇室享用，其次则赐给不同等级的官员。据《画墁录》记载："丁晋公为福建转运使，始制为凤团，后又为龙团。贡不过四十饼，专拟上供。虽近臣之家，徒闻之，而尝见也。天圣中，又为小团，其品迥于大团，赐两府，然止于一觔。唯上大斋宿，八人两府。共赐小团一饼，缕之以金，八人折归，以侈非常之赐。"❷ 欧阳修《龙茶录后序》记载："茶之物至精，……仁宗尤所珍惜，虽辅相之

---

❶ 熊蕃．宣和北苑贡茶录［G］// 陈祖槼，朱自振．中国茶叶历史资料选辑．北京：农业出版社，1981：83.

❷ 张舜民．画墁录［G］// 陈祖槼，朱自振．中国茶叶历史资料选辑．北京：农业出版社，1981：243.

臣，未尝辄赐。惟南郊大礼至斋之夕，中书枢密院各四人共赐一饼。宫人剪金为龙凤花草贴其上。两府八家分割而归，不敢碾试。相家藏以为宝，时有佳客，出而传玩尔。至嘉祐七年，亲享明堂斋夕，始人赐一饼，余亦忝预，至今藏之。”官员得到皇帝赏赐的饼茶，感到受宠若惊，对这些赏赐大加赞赏，吟诗作赋，到处宣扬。因此，宋代是文人雅士所作的茶诗、茶赋是历史上最多的时期。

熊蕃的《宣和北苑贡茶录》记载了御园采茶歌十首。其一曰：“修贡年年采万株，只今胜雪与初殊。宣和殿里春风好，喜动天颜是玉腴。”梅尧臣诗：“昔观唐人诗，茶韵鸦山嘉。鸦衔茶子生，遂同山名鸦。重以初枪旗，采之穿烟霞。江南虽盛产，处处无此茶。……”鸦衔茶子生，鸦山由此得名，这只是诗人的想象。如果鸦雀或者乌鸦真是食用茶子，就是茶树传播的大功臣了。

此外，有丁谓的《咏茶》，范仲淹的《和章岷从事斗茶歌》，宋祁的《甘露茶赞》，梅尧臣《答宣城张主簿遗鸦山茶次其韵》，欧阳修的《双井茶诗》，苏轼的《试院煎茶》《和蒋夔寄茶》等。这些宣扬茶叶的歌赋大量的出现和传播，对推动制茶和饮茶的普及，起到了非常重要的作用。

汉代以前四川茶叶向古蜀国之外传播，主要是以贡茶的方式，通过皇室向上层社会传播。除了以贡茶的方式传播之外，还有一条重要的传播途径，就是四川盆地西部汉族与少数民族混居区内的物质交换。并且因此扩大的农区与牧区之间的物质交换，是四川茶叶向外传播最重要的民间途径。

二、商品茶叶是传播的主要途径

吴理真在蒙山种植茶树的传说和王褒的《僮约》，可以证明四川在西汉时期就出现了商品茶叶。

汉代之后茶叶成为商品，茶叶通过商品流通的方式传播，茶叶传到了青藏高原牧区和西北高原地区，由此成为高原牧区不可或缺的植物性食物，并逐步形成了对茶叶的依赖。牧民对茶叶的需求不断扩大，反过来推动了四川茶叶制造的发展，同时，也在四川西部与青藏高原形成了一条最古老的茶马古道。四川的茶叶不能满足其需求时，吐蕃于公元728年提出了茶马互市的要求。从此，四川之外的其他地区的茶叶生产得到迅速发展。

汉代西蜀茶叶的发展，为两晋、南北朝时期，及其以后茶叶生产的发展奠定了良好的基础。从茶叶发展的历史来看，正如唐代斐汶在《茶述》中所说：“茶，起于晋，盛于今朝。”斐汶不知道唐代之后的茶叶生产发展，到了宋代茶叶生产有了更大的发展。

商品茶叶的出现加快了饮茶的传播，茶叶产区的成都在晋代就出现了茶楼。《登成都楼诗》是晋代张载所撰，诗中写道：“芳茶冠六清，溢味播九区，人生苟安乐，兹土聊可娱。”这首诗描写了晋代成都普通市井饮茶的情况。

秦人取蜀之后，从四川起源的茶叶制造技术、饮茶习俗，通过商品茶叶的流通，逐步地传播到长江中下游地区，茶叶成为普通老百姓饮料。到了唐代，茶叶的饮用并不十分普及。正如唐代杨华撰写的《膳夫经手录》中记载的，“至开元、天宝之间，稍稍有茶，至德、大历遂多，建中以后盛矣。”饮茶、制茶的普及是在唐中期开始的，陆羽的《茶经》也正是在这一时期问世的。

唐代经济快速发展，推动了饮茶的普及，随着饮茶的普及，茶叶的商品生产规模不断扩大，茶叶逐步成为大宗商品。茶叶的商品性，为商人和茶叶生产者带来一定的利益，由此推动了茶叶制造的快速发展。

三、佛教推动了茶叶的传播和发展

佛教在中国的传播，推动饮茶的普及，从而推动了茶叶制造的传播和发展。佛教在西汉末年、东汉初年传入中国，佛教最初传入中国的时代，在中国佛教史上众说不一。但比较可信的说法有两种：一是西汉末年，据《三国志·魏书东夷传》记载：“天竺有神人，名沙律。昔汉哀帝元寿元年，博士弟子景卢受大月氏王使者伊存口授《浮屠经》曰复立者其人也。”二是东汉明帝永平十年，据《后汉书》《牟子理惑论》等记载：东汉明帝永平七年（公元64年），明帝夜梦金人飞于殿前，次日乃向群臣询问。太史傅毅答曰：“西方有神，其名曰佛，陛下所梦莫非就是这种神?”于是明帝派中郎将蔡愔等18人出使西域，访求佛道。永平十年（公元67年)，蔡愔等人在西域幸遇印度僧人迦叶摩腾和竺法兰，并得佛像经卷，以白马驮之，共归洛阳。

佛教传入中国之后，开始并没有得到统治者的推崇，儒教和道教在汉代更加深入人心。经过几百年的传播，不依国主则佛事难立，佛教改变了沙门不敬王者的传统，才使其在中国得以流行。佛教需要坐禅、咏经，又不饮酒，为了保持充沛的精力，饮茶成为僧侣们提神益思、解乏少睡的首选。

据唐代《封氏见闻记》中记载：“开元中，泰山灵岩寺有降魔师，大兴禅教。学禅务于不寐，又不夕食，皆许其饮茶。人自怀挟，到处煮饮。从此转相仿效，遂成风俗。自邹、齐、沧、隶，渐至京邑，城市多开店铺，煎茶卖之，不问道俗，投钱取饮。”

当寺庙遍布中国大地之时，适宜茶树生长的南方地区，僧人在寺庙周围都种植茶树。据传，四川蒙顶山曾经有30多座寺庙，这些寺庙都种植茶树，在茶叶生产季节，僧人分为种茶僧、采茶僧和制茶僧，各司其职，蒙顶山的贡茶也是由僧人采制，这种状况一直持续到清代。峨眉山自古就是佛教圣地，如今的报国寺、万年寺、清音阁一带的寺庙周围也种植有大量的茶树，僧人也自己采茶、制茶。僧人种植茶树、制造茶叶，大量饮茶，因此也带动了烧香拜佛的居士们饮茶，从而推动了茶叶制造的传播和发展。

第四节　四川茶业发展与茶类的形成

人类最早利用野生茶树，正如唐代陆羽在《茶经》中所描述的：“茶者，南方之嘉木。一尺、二尺，乃至数十尺，其巴山峡川有两人合抱者，伐而掇之。”“伐而掇之”是把无法采摘的茶树，砍下树枝，摘其树叶，或者烹煮鲜食，或者晒干收藏。这是在生产力水平落后的时期，人类利用野生资源的方法。关于这一时期的茶叶制造，目前找不到文献记载，这是根据人类利用野生植物资源的普遍方法以及茶叶制造发展的历史、制茶工具的发展来推测的。

在古时候，人类利用农作物产品或者野生植物资源，主要是果实、鲜叶、根茎。从我们现有的食谱上，各种植物至少也有几千种，果实除了鲜食之外，主要是晒干储存，比如水稻、小麦、玉米等；根茎除了鲜食，可以窖藏，比如甘薯、马铃薯、甘蔗等；鲜叶食物，包括各种蔬菜，也包括茶叶，是以食用鲜叶为主，除了晒干，也可以窖藏或者用盐渍保存。在古代，茶叶不是主要食物，但是，晒干收藏作为食物匮乏之需，就显得非常重要。先秦时期的茶叶利用与其他叶用植物一样，除了鲜食，主要还是晒干收藏，从现在制造学的角度去理解，还不能叫茶叶制造。

一、茶叶分类

中国的茶叶制造经过几千年的发展，最终形成了六大茶类的制造工艺。现代制茶学的分类恰恰是根据制造工艺的不同、形成的茶叶品质不同来进行。分类的依据是茶叶制造过程中，主要化学物质——茶多酚的氧化方式、途径、氧化程度和氧化产物及其相伴随的其他化学变化。茶多酚的氧化方式和程度对茶叶的品质有决定性的影响。在茶叶制造过程中，茶多酚氧化有生物酶催化和自然氧化两种方式。茶多酚氧化的方式不同，氧化的途径也不同，氧化的产物也不相同。

进一步从茶叶品质特点来研究茶叶分类，最终可以发现不同的制造工艺制成的茶叶，在滋味和香气方面有明显的差异，如杀青和不杀青以及发酵和不发酵。因此，茶叶的科学分类是依据茶叶制造工艺分三个层次进行。

1. 生物酶活性

在茶叶制造过程中，是否保留了生物酶（内源酶）的活性是茶叶分类的第一层次。采用高温杀青工艺的为杀青类茶叶，茶叶中的生物酶完全失去活性（青茶虽然经过杀青，但杀青前经过了发酵）。在高温杀青之前，经过萎凋、做青、发酵等工艺，生物酶在茶叶前期制造过程中发挥了重要作用，为非杀青类。因此，茶叶分类的第一个层次分为两类：

杀青类（杀青前不经过的萎凋、做青、发酵等生物酶促反应，可以适当摊晾）。

发酵类（鲜叶经萎凋、做青、发酵等较强的生物酶促反应之后进行杀青或干燥）。

2. 茶多酚的氧化程度

在杀青和非杀青两类茶叶中，其茶多酚都经过不同方式的氧化，不同的制造工艺，其氧化程度也不相同，制成的茶叶产品也不相同。[1]

1）杀青茶类

杀青之后，茶多酚在湿、气、光、热等条件下自然氧化，茶多酚的自然氧化程度是杀青类茶叶进一步分类的依据。只经过揉捻、干燥的是绿茶；杀青之后如果采用闷黄工艺、干燥的，则产品属于黄茶；如果采用了渥堆工艺，则产品属于黑茶。因此，归属杀青类的有三类：绿茶、黄茶和黑茶。

2）发酵茶类

发酵是生物酶催化茶叶内多酚类的氧化过程，茶叶经过强烈的揉捻或者揉切，茶多酚在生物酶的催化下氧化，茶多酚先氧化成茶黄素和茶红素，再进一步氧化成为茶褐素，通过揉切茶多酚氧化程度最高，属于红茶。

经过做青工艺，茶叶组织细胞部分破损，茶叶发酵主要在破损组织细胞内发生，发酵程度远不如红茶，再经过杀青，停止生物酶活性。经揉捻、干燥之后，其产品属于青茶。

茶叶经过高强度的萎凋，不经过揉捻，茶叶中多酚类物质在生物酶的作用下，进行着缓慢的氧化，产生轻微的发酵，干燥之后，产品属于白茶。发酵类茶有三类：红茶、青茶和白茶。

依据杀青和发酵两个制造工艺确定茶叶基本类型，再根据杀青之后的茶多酚的自然氧化程度或者生物酶催化的发酵程度，确定茶叶分类归属。

---

[1] 宛小春. 茶叶生物化学［M］. 北京：中国农业出版社，2008：185.

3. 茶叶分类

1）杀青茶类

① 绿茶：揉捻（造型）→干燥。

② 黄茶：闷黄→揉捻（造型）→干燥。

③ 黑茶：渥堆→揉捻→压制→干燥。

2）发酵茶类

① 红茶：萎凋→发酵→干燥。

② 青茶：萎凋→做青（部分发酵）→杀青→干燥。

③ 白茶：萎凋（轻度发酵）→干燥。

根据杀青类和发酵类茶叶的制造工艺，以及茶多酚氧化方式和氧化程度的不同，六大茶类分别具有下列特征（见文前图 2－2）：

绿茶：汤色黄绿、明亮、香气清香、滋味鲜爽，回甘。

黄茶：汤色绿黄、明亮，滋味鲜醇回甘。

白茶：汤色黄绿，滋味鲜醇甘爽。

青茶：汤色绿黄、明亮，香气浓郁、清香高长，滋味醇厚甘爽。

红茶：汤色红亮显金圈，香气甜香或者花香，滋味浓强、鲜爽、收敛性强。

黑茶：汤色红褐、滋味醇正显陈香。

二、茶类的形成与发展

茶叶分类是现代制茶学形成的概念，根据茶叶分类的标准，现代茶叶分为六大类。凡是经过杀青的茶类分为绿茶、黄茶和黑茶。最早的制茶工艺就包括了蒸汽杀青。因此，古代制造的茶叶产品属于绿茶、黄茶或者黑茶。

1. 绿茶的形成

绿茶是经过杀青的茶类，从茶叶制造技术发展的历史去研究，绿茶是最早形成的茶类。汉景帝陵出土的茶叶，保持了茶芽的完整植物学形态，理论上是经锅炒杀青，未经过捣拍制成的绿茶。

有文献记载以来的茶叶制造技术，最早见于三国时期张揖撰写的《广雅》：“荆巴间采茶作饼，成以米膏出之。若饮，先炙令色赤，捣末置瓷器中，以汤浇覆之，用葱、姜、桔子芼之，其饮醒酒，令人不眠。”

这种加入米膏的制茶方法，在一些地方一直持续到宋代，陆游《入蜀记》记载：“建茶旧杂以米粉，复更以薯蓣，两年来，又更以楮芽，与茶味颇相入，且多乳，惟过梅则无复气味矣。”

《广雅》中并没有出现蒸茶的记载。之后，唐代陆羽的《茶经》从采到制全面地讲述了饼茶制造的详细过程：“晴，采之。蒸之，捣之，拍之，焙之，穿之，封之，茶之干矣。”但是，其茶叶产品都是饼茶。从三国时期到唐代大约400年，在社会经济发展缓慢的古代，这种茶叶制造方法应该是一脉相承的。因此看来，唐代制造饼茶，也应该与三国时期制造饼茶的方法是基本相同的，采用蒸青的杀青方法。制造饼茶加入米膏在唐代已经不是主流，其原因在于茶叶原料嫩度提高，黏度增强，不需要加入米膏。此外，加入米膏的茶饼不能够长时间保存，容易发霉变质。

唐代以来的茶叶制造工艺是采茶制饼，先将茶鲜叶蒸熟，再捣拍成饼，烘焙干燥。蒸茶就是现代绿茶制造的一种蒸汽杀青方法，但在唐代也存在锅炒杀青的方法，这在刘禹锡的《西山兰若试茶歌》中有所反映，这种杀青方法可以追溯至汉代，汉景帝陵出土的茶叶与现代的芽茶相似，与刘禹锡《西山兰若试茶歌》描述的茶叶相同。所以，汉代以来，就存在两种杀青方法。

从唐代的制茶工艺来研究，蒸汽杀青和锅炒杀青之后，其造型的工艺则大不相同。前者的制茶工艺是：蒸、捣、拍、焙、穿。后者的工艺过程非常简单：锅炒杀青、干燥。

前者是蒸青饼茶的制造工艺，通过蒸青之后，捣、拍、制饼，然后干燥，如果捣拍、制饼过程花费的时间不长，并且及时干燥，这种饼茶属于绿茶。锅炒杀青之后，直接干燥，按照现在的分类标准属于炒青绿茶。因此，可以认为唐代生产的饼茶和炒青茶叶都属于绿茶。

2. 黄茶的形成

现代制茶学认为，饼茶属于绿茶。是因为采用了蒸青的方法杀青，但是，按照茶叶分类的方法，黄茶和黑茶也是先经过了杀青，之后分别采用了闷黄和渥堆的方法，制成黄茶和黑茶。

尽管从工艺过程可以认为唐代制造的饼茶属于绿茶，但是，饼茶经过捣、拍、压饼之后，不可能在短时间内完成干燥，彻底干燥需要 10 小时以上。如果茶饼过大、饼厚，10 小时也难以完全焙干，茶多酚在湿热条件下逐步氧化、变黄，形成黄茶的品质，也是完全有可能的。饼茶尽管没有经过闷黄，但在品质上更加接近黄茶。

饼茶捣、拍、烘焙时间越长，越容易变黄。这一过程与黄茶的闷黄过程实质相同，茶多酚在湿热条件下逐步氧化、变黄，形成黄茶的品质。饼茶滋味醇和、少苦涩，黄茶的制造工艺巧妙地利用了这一过程，形成了专门的闷黄工艺。黄茶的闷黄工艺来源于饼茶制造过程，从原理上讲是符合的。黄茶是在蒸青饼茶基础上发展起来的，但是，闷黄工艺是在什么年代独立形成，则需要进一步考证。尽管“黄茶”一词在明代以前就已经出现，唐代也有“其散者叶大而黄，味颇甘苦”的记载。但是都是指成品茶叶的颜色。

3. 黑茶的发展演变

自唐代以来的1000 多年的茶叶生产历史进程中，销往西藏和西北少数民族地区的茶叶，一直都是四川的主要茶类之一，占四川茶叶总产量的 50%，最高时达到 90%。唐宋时期，销往西藏和西北的主要是“火番饼”等饼茶。《宋史 · 食货志》记载：乾兴年间“边储掬二百五十万余团”。[1] 宋代的边储，主要用于茶马交易，也供军需。唐宋时期四川销往藏区的饼茶，还不属于现代茶叶分类的黑茶。尽管这些饼茶的色泽，包括汤色在储藏和运输过程中发生了改变，成为褐红色或者玛瑙色，但并没有经过现代黑茶制造必须经过的渥堆过程。现代黑茶的品质最初是在

---

[1] 宋史 · 食货志［G］//陈祖槼，朱自振. 中国茶叶历史资料选辑. 北京：农业出版社，1981：497.

长期储存和运输过程中逐步形成。明代之前也没有黑茶一说，明代称为黑茶的茶叶不是分类上的黑茶。黑茶的渥堆工艺可能是在清代形成的，到了近代才形成现在的黑砖茶制造工艺。四川近代的黑茶是指销往四川藏区、西藏和西北少数民族地区的南路边茶和西路边茶，现在又称为藏茶。

黑茶为什么会成为四川生产的主要茶类，而且主要销往少数民族地区。根据现代制茶学的理论去研究黑茶的形成过程，可以发现四川的现代黑茶的内质和外形，是在明代开始逐步形成的。现代黑茶的外形主要是砖形，也有方包形，还有散茶，主要以砖茶为主。从内质上讲，黑茶品质的形成，源于茶叶中的茶多酚深度自然氧化成为茶褐素，同时也伴随其他茶叶内含物的深度氧化。这种氧化过程需要湿热的环境条件，或者茶叶本身有比较高的含水量。

从外形的发展进程来看，唐宋时期，四川销往藏区的茶叶主要是饼茶，有"火番饼"石乳、白乳等，据《宋史·食货志》记载："茶有二类，曰片茶，曰散茶。片茶蒸造，实卷模中串之，唯建、剑则既蒸而研，……有龙、凤、石乳、白乳之类十二等，以充岁贡及邦国之用。"宋代的邦国主要是指周边的附属国。明代不再生产饼茶，用于茶马交易、销往牧区的茶叶采用普通散茶，无论黑、黄，正、付，一律蒸晒，装入篾包。因此，黑茶的外形最早是以篾包为标志开始形成。明代的篾包茶有大有小，有25公斤一包，也有2公斤一包。外形的改变是现代黑茶形成的重要标志。现代的砖茶的外形和四川西路边茶的方包都来源于明代的篾包茶，只是大小和紧实程度发生了改变。

明代也出现了砖形茶的记载，嘉靖十二年（公元1533年），陕西监察御史郭圻奏："茶户每采新茶，成方块。"[1] 但明代主要还是以蔑包茶的形式销往藏区。到了清代中期，西路边茶的松茶，[2] 就是典型的蔑包茶，有五个种类，最大的篾包茶每包重达50公斤。清代天全生产的南路边茶

---

[1] 贾大泉，陈一石．四川茶叶史［M］．成都：巴蜀出版社，1989：143．

[2] 清代的松茶，是指在灌县等地生产的各种篾包茶都集中在松潘交易，因此，称为松茶。

采用木质的“架盒子”之后，砖茶的形式才最终形成。现代黑砖茶在重量上增加更多的规格，采用机械压制之后，更加紧实。

宋代的饼茶，尽管经过长期的储存和长途运输，其内质已经发生了明显的变化，但是与现代黑茶相比较，也有明显的差距。四川黑茶的内质最初是饼茶在长途运输过程形成的。四川的黑茶有三个特点：一是外形采用篾包包装，小的篾包茶似砖形。二是原料粗老，四川黑茶原料大多数采用一年生茶叶枝条，其茶梗（枝条）在砖茶中含有一定的比例，通常含梗量20%左右。但在松茶中含梗量达到60%，梗的直径不超过3毫米。三是茶叶发黑，早期或者说在清代以前，这些原料粗老的篾包茶，舂压不紧实，容易吸潮。在储存运输过程中，经过日晒雨淋，受潮之后含水量增加，茶多酚在湿热条件下自然氧化，茶叶逐步变黑，汤色也成为红褐色，具有了黑茶的品质特点。

黑茶的这些特点实际上在宋代就逐步发展演变形成。宋代的茶马交易制度，使销往藏区的茶叶量大幅度增加，由于运输距离远，生产成本高，为了降低成本，“其入官者（用于茶马交易）皆粗恶不食”[1]，茶叶原料粗老，饼茶变黑在宋代就开始出现。

明代不再生产饼茶，散茶主要是晒青茶，通过蒸晒装入蔑包舂压紧实，再加之使用了剪刀粗叶原料。原料就已经与现代四川的边茶相同了。明初，茶马交易三年一次，而且茶叶由政府控制收储，官场收储的茶叶少则可用一年，多则两三年，茶叶长时间的储藏，都会发生自然氧化变黑，甚至腐烂变质。尽管明代的蔑包茶没有经过渥堆，茶叶的自然氧化程度也是相当高了。高原牧民长期食用这种茶叶，也逐步成为习惯，并因长期饮用而形成一种嗜好。以至于到了清代，商品生产的发展，工商业者为了加快周转，将当年生产的茶叶制造成黑茶，采用了渥堆的方法促进茶叶的自然氧化，最终形成了现代的黑茶制造工艺。

---

[1] 宋史·食货志［G］// 陈祖槼，朱自振. 中国茶叶历史资料选辑. 北京：农业出版社，1981：398.

4. 其他茶类的形成

绿茶、黄茶和黑茶的制造工艺最早在四川形成，通过饮茶的普及将这些技术传播到全国茶区。白茶尽管在宋代就已经出现，但宋代的白茶是自然界偶然出现的茶树品种。明代田藝艺的《煮泉小品》记载："茶以火作者为次，生晒者为上，亦更近自然，且断烟火气耳。"白茶不炒不揉，完全是自然干燥。这与现代白茶制造工艺基本相同，整个干燥过程不用太阳暴晒。

红茶和青茶都出现在明末清初，目前尚无法考证其确切的时间，当然也无须准确考证。任何技术也不会在一夜之间形成，即使是现代的科学研究成果，也需要相当多的积累和长时间的研究。

第三章

茶马古道

茶马古道是古蜀国与青藏高原游牧民族之间，以茶叶为主要商品，以马帮为主要运输工具而形成的古代商贸大道。茶叶在汉代甚至更早就传入青藏高原，随着青藏高原及西北游牧民族对茶叶需求的增加，并形成对茶叶的全民族依赖。先后又出现了从青海到西藏和西北少数民族地区、从古滇国到西藏两条茶马古道。茶马古道起源于农牧业高速发展，有了比较丰富的剩余产品之后，形成的农牧区产品交换。茶马古道的形成经历了一个比较长的时期。茶马古道的形成促进了农牧区产品交换的不断扩大，促进了商品经济的不断发展，促进了不同民族之间的互通有无到广泛交流，促进了民族之间的团结和融合，推动了中国茶叶的大发展。

唐代中期，吐蕃向唐王朝提出茶马互市。茶马互市是中国茶叶生产发展历史上的一个重要里程碑，是民间茶马交易发展到相当规模，高原牧民对茶叶形成稳定的需求之后，出现的由政府参与、组织、管理的古代国家之间的贸易形式。

第一节　茶马古道的起源

古代，在四川盆地西部，从邛州、严道（今雅安）出发，经康定进入西藏，在邛崃山脉、横断山脉的高山峡谷、崇山峻岭之中，存在一条古老的茶马古道，古代的马帮和背夫在这条古道上往来穿梭，源源不断地将茶叶等青藏高原稀缺的生活物资从四川运往藏区。同时又把西藏所产的各种土特产品运回四川，并销往其他汉族地区。之后，又形成了一条由古滇国到西藏的茶马古道，到了清代成为最繁忙的一条茶马古道。在汉代形成的丝绸之路上，自唐代与吐蕃开始茶马互市之后，一条由赤岭到西藏及西北的茶马古道成为茶马交易的主要通道。

此后，历代封建王朝利用西部高原少数民族对茶叶的依赖，用农（茶）区生产的茶叶，以换取历代王朝最需要的战马、畜牧产品、药材、及其他民间所需要的产品。随着现代交通运输的发展，特别是川藏公路建成之后，四川这条最古老的茶马古道，逐渐地消失在崇山峻岭之中，然而散落在崇山峻岭、悬崖峭壁、山林河谷之间的石板路（见文前图 3－1），因茶马古道而兴的驿站，已经成为现代的集镇和都市，见证了茶马古道曾经的繁荣。

一、茶马古道

茶马古道是古代封建王朝，以其茶区生产的茶叶换取高原牧区的马匹，而形成的茶马交易的专项贸易运输线路。茶马古道不仅是贩茶之道，也是茶马互市之道。[1] 如果把茶马古道的形成，仅限于唐代茶马互市之后，以茶易马的商品交换上，这有明显的局限性，茶马互市之前的茶马古道将不复存在。然而事实上，早在茶马互市之前，农区与牧区的产品交换包括茶、马的交换，实际上早就存在。

在远古时代，因为地形、地貌和气候等自然条件的影响，人类在发展进化过程中，形成了不同部落，之后逐步形成了不同的民族。由于地区不同、气候不同，物产也不相同。随着社会生产力水平的不断提高，剩余产品的增加，各地区、各民族之间，会自然产生互通有无的产品交换。随着产品交换的增加，推动了生产的发展。最古老的产品交换方式

[1] 孙华．茶马古道文化线路的几个问题［J］．四川文物，2012（1）：74.

就是以物易物。随着需求的增加，生产规模就会不断扩大，不仅推动了农产品加工技术的出现，也推动了商品生产的不断发展。同时，因这些商品交换的不断扩展，商品物资的运输距离也由近及远，从而形成一些比较固定的商业贸易运输路线。这些运输路线因其长期运输某种或几种主要商品，而被现代人们以主要运输工具、交易商品称为“某某之路”“某某古道”，比如“丝绸之路”“茶马古道”。

从茶叶的需求、制造、交易等发展演变过程，去研究茶马古道的起源、形成和发展，才能够给予茶马古道以准确的定义。茶马古道应该是茶叶制造出现之后，茶叶消费发展成为稳定的需求，从而形成的茶叶从生产区到消费区的商品运输路线。当消费区因为自然条件所限，不能够生产这些商品，又没有可以替代的产品，这种商品运输路线就会保持其稳定的发展和繁荣。唐代的赤岭茶马互市，只是茶马古道从民间的自由交易上升到官府控制的商品交换，从民间的生活需求上升到政府需求的转折。在以马帮为主要运输工具的商贸运输路线上，以茶和马两种物质为主要交易内容，才是茶马古道中最具特色的标志，才可以称为茶马古道。

从茶叶制造、饮茶传播的角度去研究茶马古道，可以认为茶马古道是古代茶叶的商贸大道，茶马古道包括以下元素：一是茶叶制造是茶马古道形成的基本条件；二是从茶叶产区到销区的主要线路，即产区集散地与销区集散地之间的商品运输路线；三是主要的交通运输工具——马帮。因此，茶马古道是一条由茶叶生产集散地到销区集散地，以茶和马为主要贸易商品，主要依靠马帮进行运输的商贸运输线。从经济发展的客观规律去研究茶马古道的起源，茶马古道与茶叶制造应该同时出现，其形成有一个比较长的过程，二者之间相互促进，共同发展。

专门的茶马交易制度，或者称为茶马互市，则是在茶马古道形成之后出现的。据《新唐书》记载：“吐蕃又请交马于赤岭，互市于甘松岭。[1] 宰相裴光庭曰：‘甘松中国阻，不如许赤岭。’乃听以赤岭为界，表

[1] 赤岭，今青海省湟源县西南；甘松岭位于四川省松潘县（今九寨沟县）境内。

以大碑，刻约其上。”茶马交易是茶马古道形成之后，社会生产水平发展到一定阶段，特别是少数民族对茶叶的需求大大提高，形成了一定的依赖之后出现的。茶马交易是茶马古道上的贸易特点，而不是茶马古道的全部内容。

唐王朝与吐蕃设立茶马互市，只是将民间贸易提升到官府管控的状态。将一种商品交易置于官府的管控之下，一方面是为了满足吐蕃的需要，另一方面则是双方互利的需要，吐蕃得到了茶叶，唐王朝得到了马匹和其他商品。公元641年，文成公主嫁给吐蕃王松赞干布，唐朝和吐蕃之间关系进入新的发展时期。这种和平发展对吐蕃和唐王朝的发展都是非常有利的，设立茶马互市既满足了吐蕃对茶叶的需求，汉人也得到了马匹、牦牛以及虫草、鹿茸、红花等药材，互利互惠。随着贸易规模的扩大，也为之后唐王朝开始对茶叶征税打下了基础。如果没有吐蕃对茶叶产品的迫切需求，吐蕃就不可能向唐王朝提出茶马互市的要求。

茶叶饮用通过什么方式传入吐蕃，吐蕃人对茶叶需求的形成从什么时候形成，这才是茶马古道形成的关键。[1]

二、茶马古道形成的主要原因

四川商品茶叶出现在西汉时期，距今已经有2000多年的历史。商品茶叶的出现必然与茶叶制造有关，是以茶叶制造为基础的。茶叶作为商品传入高原牧区，并且成为少数民族不可或缺的物质，才促进了茶马古道的形成。

1. 茶叶最早是通过民间传入牧区

茶叶是如何传入高原牧区，并且如何形成了吐蕃人对茶叶的依赖？关于茶叶传入藏区的历史，历来有几种观点：其一是文成公主入藏带去了茶叶，由此茶叶的饮用开始在高原牧民中传播和流行；其二是认为上层社会的交往，将茶叶和饮茶方式传入吐蕃；其三是来自吐蕃北部回纥人的饮茶习惯；其四是民间的物质交换，将茶叶传入高原牧区。

---

[1] 孙华．茶马古道文化线路的几个问题［J］．四川文物，2012（1）：77.

这些传播途径无疑推动了饮茶在牧区的普及，但是，可以肯定民间的物质交易才是最早也是最重要的途径。西汉时期，四川出现了商品茶叶。作为商品的茶叶不是为了向皇室进贡，它的功能是作为商品交换。从时间上看，茶叶作为商品是在西汉甚至更早。古蜀国雅安、邛州、眉州生产的商品茶叶销往何处？往东进入成都平原。茶叶饮用在汉代除产茶区以外，应该是上层社会的专利。往西则是通往青藏高原的过渡地带，海拔达到2000米以上的牧区。茶区的茶叶与牧区的畜牧产品、药材等剩余产品在民间交换是再自然不过的事情，正是这种民间剩余物资的交换，由近及远，将茶叶传入了青藏高原牧区，最终促进了茶马古道的形成，茶马古道至少是在西汉时期就已具雏形。

文成公主入藏，嫁给松赞干布是在公元641年，文成公主入藏带去了茶叶，无疑推动了饮茶在藏区的普及。从时间上看，是在四川盆地西部商品茶叶出现600多年之后的事情。

茶叶制造起源于四川，唐开元年间开始与吐蕃进行茶马互市。大约在公元740年前后，茶树的大规模种植才开始在长江流域和其他地方发展起来。少数民族饮用的茶叶都是来自汉族的茶叶产区。在唐代之前，除四川之外，其他地区的茶叶尚未发展起来，回纥人饮用的茶叶也应该来自于四川。因此，从饮茶的传播途径来看，临近四川盆地的藏区，饮茶历史应该早于北部回纥人。北方不生产茶叶，茶叶饮用的传播是由南向北，向西部高原传播。茶叶由南向北传播，再由北向西南传入西藏，不符合商品经济的贸易规律。

2. 牧民饮茶习惯的形成

现代科学证明茶叶对于人类的健康有非常积极的影响，茶叶富含维生素和膳食纤维，可以减少疾病、增强体质、延长寿命。特别是对于缺乏膳食纤维和维生素的肉食民族，显得尤为重要，以至于明清时期，许多人仍然迷信高原牧民不得茶则死。

高原牧区由于自然条件的限制，不生产茶叶。茶叶传入高原牧区，带给了游牧民族健康，增强了体质、延长了寿命。“茶之为物，西戎、吐蕃古今皆仰之。以其腥肉之食，非茶不消；其青稞之热，非茶不解，故不能不赖于此。”茶叶成为牧民主要食物——酥油茶的主要原料。茶叶成为藏区不可或缺的生活用品，成为全民族的一种依赖，是一个漫长的过程。藏族古谚语说：“加察热，加霞热，加梭热。”❶ 其意思是茶是血、茶是肉、茶是生命。藏族同胞对茶叶如此依赖可见一斑。只有高原牧区的少数民族形成了饮茶的习惯和依赖，对茶叶有了较大的需求，才会不断提出以马换茶的要求，才会有茶马互市的动力。

值得一提的是茶叶传入牧区，是以食物的方式，而且至今藏民饮用的酥油茶仍然保留了食物的特点。茶叶不是以饮料的方式传入牧区，也充分说明茶叶传入牧区的时间应该是在汉代或者汉代以前。汉代之前，民间主要还是把茶叶作为食物而非饮料。

茶叶作为茶马古道上的主要交易物资，是在茶叶成为商品之后。古西蜀是有文字记载以来最早的商品茶叶产地。商品茶叶的出现，为茶马古道的形成奠定了基础。仅有商品茶叶而没有藏区对茶叶的需求，也不可能形成茶马古道。

三、茶马古道的路线

四川是茶叶制造的起源地，也是最早出现茶马古道的地方。茶马古道的路线是茶叶产区到销区的运输路线，目前普遍认为有三条。第一条线路是由雅安经打箭炉（康定）、昌都、拉萨，沿途进入广大牧区，这也是现在南路边茶的运输路线，也是最古老、最险峻的茶马古道。这条茶马古道在汉代就已具雏形。

第二条线路是从四川都江堰，沿岷江而上，经过阿坝藏区，到达松潘，经松潘然后进入甘南地区，再进一步到达青海。通过赤岭进行茶马互市，茶叶由此进入青藏高原和西北地区。唐代之后，茶马互市的茶叶主要来自于四川以外的茶叶产区。这条茶马古道的起点最早也是在四川境内，在唐代茶马互市之后，终点不断地延伸到更加遥远的

❶ 木永顺．论茶马古道的形成发展及其历史地位［J］．楚雄师范学院学报，2004（8）：52.

西北腹地。在四川境内的一段，清代之后称为西路边茶的运输路线。在四川境内的这一段茶马古道，其历史与经过雅安进入藏区的茶马古道一样悠久。

第三条路线是从云南境内，以西双版纳、普洱、勐海等茶叶主要产地为中心，经大理、丽江、香格里拉、察隅或昌都进入西藏。在这条路线上，至今仍活跃着运输各种商品的马帮。大理是这条路线的转运中心，云南所产的茶叶大都集中到这里，然后运入西藏。这条古道的形成，晚于四川境内的茶马古道。在明代以前的茶叶历史文献中，目前还没有找到关于云南茶叶易马的记载。从现存的云南古茶树来看，一种是原始森林中的野生古茶树，另一种是明清时期遗留下来的栽培型古茶树（见文前图1－2）。因此，在明代之前，古滇国的原住民主要以利用野生茶树为主，云南茶树的大规模人工栽培主要是在明代之后。许多学者认为，云南至西藏的茶马古道是在明代之后形成的，到清代成为最繁忙的一条茶马古道。

以上三条运输路线是古代南方茶区的茶叶进入青藏高原和西北地区的主要运输路线。茶叶的运输工具主要是马帮。在20世纪50年代川藏公路建成之前，雅安到康定的一段茶马古道，穿行于崇山峻岭，高山峡谷的森林、河谷、悬崖之间。山高路险、河流湍急、气候多变，在茶马古道的一些路段上，两马不能并行，更不能相对而行，茶叶的运输只能依靠人力背负而行。

20世纪初，在雅安仍然有许多专门运送茶叶的背夫，他们以背茶为生。从雅安背茶到打箭炉（现康定），一个身强力壮的背夫（见文前图3－2），可以背负150斤茶叶。从雅安出发，背茶到康定再回到雅安，需要30天。为了记住这段历史，纪念这些背夫，今天雅安城西的川藏公路边，为茶马古道筑起了大型雕塑。川藏公路建成之后，彻底改变背夫们的生活轨迹，许多人到了21世纪初仍然健在，他们口述历史，讲述了他们曾经的艰辛、劳累、快乐、荣耀和幸福。

第二节　茶马交易与榷茶制

唐代开始茶马互市之后，茶马古道得到了更好、更快的发展。随着茶叶销区的扩大，一方面促进了内地茶叶生产的大发展，另一方面也促进了茶叶交易量的逐步扩大。茶叶生产的发展，交易规模的扩大，为唐王朝带来了丰富的财源。榷茶制度最早是为了保证官府在征税的基础上，获得更多经营利润的官商制度，同时也保证了与少数民族的茶马交易。

一、榷茶制度

经过唐开元十六年（公元728年）确立的茶马互市，长江中下游地区的茶叶得到迅速的发展。唐建中四年（公元783年），唐王朝开始对茶叶征税。据《旧唐书·食货志》记载："四年，支度侍郎赵赞议常平事，竹、木、茶、漆尽税之。"到唐兴元元年（公元784年），"竹、木、茶、漆税皆停"。之后，于贞元九年（公元793年）又复征茶税，"岁则四十万贯"。初征税就到达四十万贯，对唐王朝来说，茶税是一项重要的财政来源。文宗皇帝即位之后，太和九年（公元835年），"王涯献榷茶之利，乃以涯为榷茶使，茶之有榷，自涯始也"。榷古意为独木桥，榷茶制度即是由官府控制或者垄断经营的一种制度。王涯提出的榷茶制度是"请使茶山之人，移植根本，旧有贮积，皆使焚弃"。王涯的榷茶法，是将园户种植的茶树移植到官场中栽培、管理、采摘、制造。同年十二月，"诸道盐铁转运榷茶使令狐楚奏，榷茶不便于民，请停，从之"。王涯提出的榷茶法，使茶农失去根本，造成民怨沸腾。之后王涯因谋反罪被诛，"腰斩于子城西南隅独柳树下，涯以榷茶事，百姓恨诟骂之，投瓦砾以击之"。[1]王涯提出的榷茶法，是在对茶叶征税的基础之上，对茶叶实行垄断经营，以获取更多的利益。这种与民争利的苛政制度，遭到朝廷内外的一致反

[1] 刘晌．旧唐书·王涯传［G］//陈祖椝，朱自振．中国茶叶历史资料选编．北京：农业出版社，1981：462.

对，左仆射令狐楚上言："岂有令百姓移茶树就官场中栽，摘茶叶于官场中造作，有同儿戏，不近人情。……伏望圣慈早赐处分，一依旧法，不用新条……"唐代榷茶法仅仅实行了三个月便停止了，唐代后期也再没有实行过。榷茶制废止之后，允许通商，收取茶税，唐后期的大多数时期，王播增茶税十之五，即税率达到15%。开成五年（公元840年）又立新茶税之法，凡十二条皆为税其一，之后，王播增茶税十之五。

征收茶税和榷茶制度都是从唐代开始的，榷茶这种国家专营制度，在之后的不同历史时期都以不同的形式出现，一直到新中国成立之后，计划经济体制下的茶叶经营方式也属于榷茶制度。与唐代的榷茶制度不同，之后的榷茶制度允许园户、茶农自己栽培茶树、制造茶叶，由官府垄断经营。

尽管唐代最早实行榷茶制，但仅实行三个月便废止。唐代后期的茶叶交易、茶马交易都由民间自由贸易，官府仅收取茶税而已。

榷茶制在宋代之后执行时间更长，宋代以后的榷茶制度主要是针对茶马交易。宋初在四川以外的茶区实行榷禁。据《宋史·食货志》记载："天禧末，天下茶皆禁，唯川、陕、广听民自买卖，不得出境。"❶ 天禧末（公元1020年前后），除四川茶听民自由买卖，其他地区则实行严厉的榷禁，同时对四川茶叶的出境（茶马交易）也严格禁榷。

榷茶制并没有给宋王朝的财政带来更多收入，在经济落后、茶叶消费水平比较低的时期，官府垄断经营的榷茶制度往往是得不偿失。这在宋代、明代实行榷茶制度期间，都曾经出现大量的茶叶积压、变质，而不得不烧毁的情况。榷茶"诚有厚利重货，能济国用，……度支费用甚大，榷易所收甚薄"。❷

因此，历代的榷茶主要还是为了控制茶马交易，限制私茶出境，确保茶马交易，从而保证边防用马之需。据明代杨一清《茶马疏》记载：

---

❶ 宋史·食货志［G］//陈祖椝，朱自振. 中国茶叶历史资料选编. 北京：农业出版社，1981：492.

❷ 宋史·食货志［G］//陈祖椝，朱自振. 中国茶叶历史资料选编. 北京：农业出版社，1981：503.

“今边防正在缺马骑征，官帑有限，收买不敷。月追岁并，上卒告困，近虽修举监苑马政，然方收买种马孳牧，求用于数年之后，惟茶马可济目前之急。”也正如清代张廷玉所说：“我国家榷茶，本资易马。”[1]

宋代榷茶，主要是针对茶马交易。宋嘉祐四年（公元1059年），内地其他地方也废除了榷禁。“嘉祐四年二月，诏曰，古者山泽之利，与民共之。故民足于下，而君裕于上。国家无事，刑法以清，自唐末流，始有茶禁，上下规利，垂二百年。……而皆欢然愿驰榷法。岁入之课，以时上官。……俾通商贾，历世之弊，一旦以除，著为经常，弗复更制，损上益下，以休吾民。”[2] 自通商以后，于熙宁七年（公元1074年），在成都设立提举茶马司，对四川茶叶实行榷禁，主要用于茶马交易。

严禁私茶交易才能够保证官府的茶税收入和榷茶的实行。在榷禁和通商的不同时期，为了限制私茶交易，自宋代以来，实行了各种各样的交易方式，主要有交引制、贴射法、金牌堪合、引票制等。这些交易方式与国家政治、经济、军事形势密不可分。

1. 交引制

交引制是宋代实行榷茶制度下的一种交易方式。宋代为了保证边防的后勤供应和茶马交易，同时减少财政支出而采用交引制。据《宋史·食货志》记载：“民之欲茶者售于官，给其日用者，谓之食茶。出境者则给券。商贾贸易，入钱若金帛京师榷货务，以射六务、十三场茶……”[3] 作为普通民众消费的茶叶称为食茶，在官营的榷货务购买。如果是出境的茶叶贸易，则缴纳金帛货币之后，由官府发给引券，到在官营的榷货务或者十三场购买茶叶，再到官方指定的地方销售。这种交引制度与茶引制和引票制一脉相承。

---

[1] 张廷玉. 明史［G］//陈祖槼，朱自振. 中国茶叶历史资料选编. 北京：农业出版社，1981：578.

[2] 宋史·食货志［G］//陈祖槼，朱自振. 中国茶叶历史资料选编. 北京：农业出版社，1981：505.

[3] 宋史·食货志［G］//陈祖槼，朱自振. 中国茶叶历史资料选编. 北京：农业出版社，1981：491，492.

当边关发生战事，交引的方式有所不同。“雍熙后用兵，切于馈响，多令商人入搊粮塞下，酌地之远近而为其直，取市价而厚增之，授以要券，谓之交引，至京师给以缗钱，又移文江、淮、荆湖给以茶及颗、末盐。”❶ 这段记载讲述了交引制的流程及价值体现过程。宋雍熙年间，因为边塞战事，国家财力匮乏，募商人运粮食至塞下边关，根据路程的远近，以高于市场的价格“授以要券”，其券称为交引。到京师，凭交引领取缗钱，相当于现代的支票，随缗钱发给随行公文，到江淮、荆湖购买茶叶、盐等榷货。

商人凭缗钱和官方文书在江淮、荆湖十三场购买茶叶，可以得到45% ~50%的折扣。《宋史・食货志》记载：“其于京师入金银、绵帛实直钱五十千者，给百贯实茶，若须海州茶者，入见缗钱五十五千。”这里没有计算货物运输的成本。

这种交引制是因为战事及国家财政困难的一种保证边储的手段，这不失为一种解决战争期间，后勤保障和财政困难的应急手段。而商人在交引过程中却获得了丰厚的利润，商人运输粮食到边塞，最后得到大量的茶叶，按照宋朝官吏的话讲，是以虚钱得到实钱。因利益所驱，大量商号加入交引的队伍，以至于引券贬值，茶价日贱。《宋史・食货志》记载：“乾兴以来，西北兵费不足，募商人入中搊粟如雍熙法给券，以茶偿之。……而塞下急于兵食，欲广储偫，不爱虚估，入中者以虚钱得实利，人竞趋焉。及其法既弊，则虚估日益高，茶日益贱。”交引的大量使用，如同大量地发行货币，导致交引贬值，同时也造成茶叶价格下跌。据《宋史・食货志》记载：“十三场茶岁课缗钱五十万，天禧五年才及缗钱二十三万，每券直钱十万，鬻之售钱五万五千，总为缗钱实十三万，除九万余缗钱为本钱，岁才得息钱三万余缗，而官吏廪给杂费不预，是则虚数多而实利寡，……”❷ 上述记载说明，十三场价值 23 万缗的茶叶，

---

❶ 宋史・食货志［G］//陈祖槼，朱自振．中国茶叶历史资料选编．北京：农业出版社，1981：491，492.

❷ 宋史・食货志［G］//陈祖槼，朱自振．中国茶叶历史资料选编．北京：农业出版社，1981：496.

生产成本9万缗，结果仅卖出13万缗。尚未计算官吏的费用，得实利3万多缗，因此天禧之后，改行贴射法。

2. 贴射法

贴射法是因为交引制不能给官府带来实际利益，因此而改行的一种茶叶专营方法。《宋史·食货志》记载："其法以十三场茶买卖本息并计其数，罢官给本钱，使商人与园户自相交易，一切定为中估，而官收其息。如鬻舒州罗源场茶，斤售五十有六，其本钱二十有五，官不复给，但使商人输息钱三十有一而已，然必辇茶入官，随商人所指予之，给券为验，以防私害，故有贴射之名。若岁课贴射不尽，或无人贴射，则官市之如旧。园户过期而输不足者，计所负数如商人入息。"❶

贴射法是由商人与园户直接进行交易，交易地点在官营的茶场，官府不再支付园户的茶叶生产成本。商人直接将缗钱分别交给园户和官场。支付的缗钱包括两个部分：其一是应该由官府支付给园户的生产成本，由商人直接付给茶农；其二是官府应该收取的息钱。贴射法实行之初，茶叶价值56缗钱，园户得25缗，官府得31缗。园户按照计划每年交给官场茶叶，如果园户输入（交纳）的茶叶不足，则园户将不足部分按照商人应付息钱部分补足。当贴射不足，则官市继续开市售茶。为了防止走私，商人购买茶叶之后，凭购货券运售。虽然贴射法保证了官府的实际收入，但必须用严厉的法律防止私茶交易。

天圣三年（公元1025年），贴射法的弊端逐步显露。"'十三场茶积而未出售者六百一十三万余斤，盖许商人贴射，则善者皆入商人，其入官者皆粗恶不食，故人莫肯售，又园户输岁课不足者，使如商人入息，而园户皆细民，贫弱力不能给，烦扰益甚。又奸人倚贴射为名，强市盗贩，侵夺官利，其弊不可不革。'十月，遂罢贴射法，官复给本钱市茶。"

当茶叶生产过剩或者市价过高，私茶难禁时，必然出现官场茶叶过

---

❶ 宋史·食货志［G］//陈祖椝，朱自振. 中国茶叶历史资料选编. 北京：农业出版社，1981：496.

剩。实行贴射法必然是好茶出售给商人，留下的则是粗老茶叶，而奸商则以贴射为名，操控市场，盗贩私茶，侵夺官利。园户输茶（实物纳税）不足时，又无力支付成本之外的官息部分（所欠官税），烦扰益甚，天圣三年罢贴射法，并允许通商。庆历之后，法制浸坏，私贩公行，遂罢禁榷，行通商之法。❶

3. 金牌堪合

明洪武时期，与西部少数民族的茶马交易采用金牌堪合的制度。《明会典》记载："洪武初，令陕西洮州、河州、西宁三茶马司收贮官茶，每三年一次，差京官选调边军，捧金牌信符，往附近蕃族，以茶易马。原额牌四十一面，上号藏内府，下号降各蕃。篆文曰'皇帝圣旨'左曰'合当差发'，右曰'不信者斩'。洮州火把藏、思曩日等族，牌六面，纳马三千五十匹；河州必理卫二州七站西番二十九族，牌二十一面，纳马七千七百五匹；西宁曲先、阿端、罕东、安定四卫，巴哇申、申中、申藏等族，牌一十六面，纳马三千五十匹。先期于四川征茶一百万斤，官军转运各茶马司，分贮给用。"在四川成都、重庆、保宁三府及播州宣府使司，各置茶仓贮茶，以待客商纳米中买，及与西蕃易马。

对于金牌勘合制度，朝廷也有不同的声音。"番人纳马，意在得茶，严私贩之禁，则番人自顺，虽不给金牌，马可集也。若私贩盛行，吾无以系其心、制其命，虽给金牌，马也不至。"❷ 至永乐十四年（公元1416年），停止了金牌勘合的茶马交易。

明永乐十六年（公元1418年）之后，除在四川和陕西设立茶马司之外，其他地方则完全通商。"宋人始置茶马司，本朝捐茶利予民而不利其入，凡前代所谓榷务、贴射、交引、茶繇诸种名色今皆无之，惟于四川置茶马司一，陕西置茶马司四，间于关津要害置数批验茶引所而已，……'川陕西路所出茶货北方，东南诸处十不及一，诸路既许通商，

---

❶ 宋史·食货志［G］//陈祖槼，朱自振．中国茶叶历史资料选编．北京：农业出版社，1981：510.

❷ 张廷玉．明史［G］//陈祖槼，朱自振．中国茶叶历史资料选编．北京：农业出版社，1981：582.

两川却为禁地，……”❶ 明代除四川之外，其他茶区全部通商，同时在陕西设立了四个茶马司，四川设立一个茶马司，目的是控制茶叶出境和茶马交易。

明代把茶马交易作为以茶治边的重要手段，正如梁材在《议茶马事宜疏》中所载：“盖西边之藩篱，莫切于诸番；诸番之饮食，切莫于吾茶。得之则生，不得则死，故严法以禁之，易马以酬之。禁之使彼有所畏，酬之使彼有所慕。所以制番人之死命，壮中国之藩篱，断匈奴之右臂者。其所系诚重且大，而非可以寻常处之也。”❷ 以茶换马以取利，严禁私茶而制夷。这就是明代在四川和陕西设立茶马司，控制私茶出境的主要目的。

4. 引票制

引票制是为了防止茶叶被私买私卖的制度，或者在完全通商的情况下，保证官府茶税收入的制度。引票制不是官府直接经营茶叶，而是商人纳钱买引，凭官府印制的引票，直接与园户进行交易、贩运。引票制是从宋代茶引制度发展演变而来。“宋庆历之后，行通商之法，……荆湖、江淮、两浙、福建七路所产茶，仍旧禁榷官卖，勿复科民，即产茶州郡随所置场，申商人园户私易之禁，凡置场地园户租折税仍旧。产茶州军许其民赴场输息，量限斤数，给短引，于旁近郡县便鬻；余悉听商人于榷货务入纳金银、缗钱或并边粮草，即本务给钞，取便算请于场，别给长引，从所指州军鬻之。商税自场给长引，沿道登时批发，至所指地，然后计税尽输……”❸ 茶引不仅是商人纳钱买引的凭证，在榷禁制度下，也是在官场购买茶叶的凭证，并且允许运输到其他地方出售。短引只能在附近州县出售，而长引可以运输到指定的军州出售。

---

❶ 明丘濬. 大学衍义补［G］//陈祖槼，朱自振. 中国茶叶历史资料选编. 北京：农业出版社，1981：540.

❷ 梁材. 议茶马事宜疏［G］//陈祖槼，朱自振. 中国茶叶历史资料选编. 北京：农业出版社，1981：556.

❸ 宋史·食货志［G］//陈祖槼，朱自振. 中国茶叶历史资料选编. 北京：农业出版社，1981：510.

到了明代，除在四川、陕西设立茶马司管理与少数民族的茶马交易之外，其余地区完全通商。据《明会典》记载："凡引由，洪武初议定：官给茶引付产茶府州县。凡商人买茶，具数赴官纳钱给引，方许出境货卖。每引照茶一百斤。茶不及引者，谓之畸零，别置由帖付之。……凡茶引一道，纳铜钱一千文，照茶一百斤；茶由一道，纳铜钱六百文，照茶六十斤。"❶

嘉靖三年（公元 1524 年），"令四川茶引五万道，二万六千道为腹引，二万四千道为边引，芽茶引三钱，叶茶引二钱，……"❷

清代的茶法基本沿袭了明代的茶引制，"茶百斤为一引，不及百斤谓之畸零，另给护帖。行过残引皆交部。……司茶之官，初沿明制。陕西设巡视茶马御史五：西宁司驻西宁，洮州司驻岷州，河州司驻河州，庄浪司驻平番，甘州司驻兰州。……四川设盐茶道。……四川有腹引、边引、土引之分，腹引行内地，边引行边地，土引行土司。而边引又分三道，其行销打箭炉者，曰南路边引；行销松潘庭者，曰西路边引；行销邛崃者，曰邛州边引。"❸

"每引行茶一百觔（斤），交官中马，五十觔中马，五十觔听商自卖，外带附茶十四觔为运脚之费。"❹

清代早期的茶引，按照一引运输交易茶叶 100 斤，另外加附茶 14 斤。之后，为了方便商户，"采用以票代引，一票若干引，不必定以限制，惟视商人资本多寡，能认销若干，按引合算给票。"❺

以票代引是在茶叶商品交易规模扩大之后，特别是在茶叶出口不断

---

❶ 明会典［G］//陈祖椝，朱自振．中国茶叶历史资料选编．北京：农业出版社，1981：563.

❷ 明史［G］//陈祖椝，朱自振．中国茶叶历史资料选编．北京：农业出版社，1981：581.

❸ 清史稿［G］//陈祖椝，朱自振．中国茶叶历史资料选编．北京：农业出版社，1981，617.

❹ 酌筹甘省茶政疏［G］//陈祖椝，朱自振．中国茶叶历史资料选编．北京：农业出版社，1981：594.

❺ 征收起运运销茶税未能定额情形折［G］//陈祖椝，朱自振．中国茶叶历史资料选编．北京：农业出版社，1981：614.

扩大的情况下，许多洋商也到中国经营茶叶。为了简化管理，确保税收，方便商人经营。只要商人有足够的资本缴纳税款，则可按照税款额度购买、运输、经营与税额相符的茶叶。

二、榷茶机构

为了保证榷茶制度的顺利实施，自宋代以来，历代都设立了不同的榷茶机构。宋代的榷茶机构有榷货务、茶场、茶课司、批验茶引所和茶马司。天禧末（公元 1021 年），“天下茶皆禁，唯川陕、广南听民自买卖，禁其出境。”熙宁七年（公元 1074 年），宋王朝在成都设立茶马司，而在京都和其他产茶州县，设立榷货务、茶场；对四川茶叶实行榷禁，其目的是为了控制茶马交易，四川的榷茶也始于此。

1. 榷货务与茶场

榷货务是官办的商品经营机构，宋代设立六大榷货务和十三茶场。据《宋史·食货志》记载，“宋榷茶之制，择要会之地，曰江陵府，曰真州，曰海州，曰汉阳军，曰无为军，曰蕲州之蕲口，为榷货务六。……在淮南则蕲、黄、庐、舒、光、寿六州，官自为场，置吏总之，谓之山场者十三；六州采茶之民皆隶焉，谓之园户。岁课作茶输租，余则官悉市之。”[1] 榷货务不仅经营茶叶，也经营盐、铁等国家专营的物质。商人纳钱可以直接在榷货务购买茶叶，也可以到其他茶场取货。大多数榷货务备有仓库储存茶叶，而京城的榷货务则没有储藏茶叶。商人可以到榷货务纳钱购买茶叶，也可以在京城榷货务纳钱，到十三茶场取茶。

2. 茶马司

宋熙宁七年（公元 1074 年），开始在四川成都设立茶马司，严禁私茶出境，垄断与少数民族的茶马交易。“蜀茶旧无榷禁，熙宁间始令官买官卖，置提举司以专榷收之政，其始岁课三十万，李稷为提举，增至五

[1] 宋史·食货志［G］//陈祖槼，朱自振. 中国茶叶历史资料选编. 北京：农业出版社，1981：490.

十万缗，其后岁益多至百万缗。”❶“自熙宁七年至元丰八年，蜀道茶场四十一。”❷

明代，仅在陕西、四川设立茶马司，专门负责购买茶叶，进行茶马交易。明代永乐之后，除陕西、四川之外，其他地方茶叶完全通商，采用茶引制，以防止茶叶私下买卖。

明代四川茶马司设立于碉门（康定），❸四川之茶，自巴州、通江、南江等处买者，卖于松潘与腹里地方。自巫山、建始等处买者，卖于黎雅、乌思藏地方。巴州、通江、南江等处茶引，本州县截一角。江油听茶法道委官盘验截一角。松潘截一角，然后发卖。巫山、建始等处茶引，夔州府截一角，嘉定州截一角，雅州截一角，碉门茶马司盘验。

清代在陕西设巡视茶马御史，四川设盐茶道，管理茶马交易，以防止私茶买卖。为了保证榷茶制的实行，严禁私茶交易非常重要，如果私茶泛滥，必然出现官茶价高质差，不仅收不到茶税，而且会造成茶叶大量积压，甚至腐烂变质。因此，为了防止贩运私茶，确保合法商人长途贩茶，在各关隘要道设立批验所，对照茶引、引票，检验所运输的茶叶是否合法，有无夹带。

3. 批验茶引所

批验茶引所是禁制私茶的一个重要机构，无论是榷茶制，还是在全面通商的情况下，批验茶引所是检验茶引、茶票的官府机构。

批验茶引所通常设置在茶叶运输的主要通道、关隘以及必经之路上。商人运输的商茶或者运输的官茶，所经之地必须经批验茶引所检验，所运输的茶叶与茶引、茶票是否相符。

无茶引和茶票的茶叶即为私茶，一旦发现则按律定罪，即使有茶引、

---

❶ 李心傅. 建炎以来朝野杂记［G］//陈祖槼，朱自振. 中国茶叶历史资料选编. 北京：农业出版社，1981：480.

❷ 宋史·食货志［G］//陈祖槼，朱自振. 中国茶叶历史资料选编. 北京：农业出版社，1981：508.

❸ 明会典［G］//陈祖槼，朱自振. 中国茶叶历史资料选编. 北京：农业出版社，1981：562.

茶票，如果与所运输的茶叶不相符合，也将按律定罪。如果茶引、茶票与所运输的茶叶相符合，批验茶引所则将茶引或者茶票截取一角，表明该茶引或者茶票代表的茶叶已经通过此地，不得再使用。经过下一处批验茶引所再截一角，直到茶引或者茶票所指定的茶叶交易地。

榷茶制度是因为茶马交易而出现的官营茶叶制度，唐中期以后，因为茶马互市，大规模的茶叶生产迅速地发展起来，最初的榷茶制度主要是为了获得茶税和经营茶叶之利益。唐代的榷茶制度移植园户之根本，仅仅实行了三个月便废止。

宋代以后，茶叶生产进一步发展，饮茶之风在民间日益普及，榷茶制度尽管有利于管理茶马交易、保证边储的需要，但是容易造成供求关系严重背离。茶叶生产过剩时，茶叶价格低迷，茶叶则大量积压。即使是用于茶马交易的茶叶，如果茶贵马贱，番民则不愿驱马换茶。在榷茶制度下，从宋代一直到清代，官茶大量积压，两三年都无法出售，沤烂变质、焚烧的事情在历史上经常出现。

因此，在唐代开始茶马互市之后的1000多年历史中，除茶马交易一直由政府管控之外，内地的茶叶交易多数时候都实行通商，制定严格的茶引、茶票检验制度，严厉禁止私茶交易，以保证官营茶马交易的正常进行。因此，早期的榷茶制度主要是官府垄断经营以获得更多的利益和保证茶马交易。榷茶制度与茶马交易相辅相成，保证了茶马古道1000多年的繁荣和兴旺。

第四章

制茶原料

在人类发展的历史上，出现过许多饮料植物，其中有很多至今仍然作为饮料植物。世界上其他国家也找到了许多可以作为饮料的植物，比如咖啡、可可等。几千年来，流行最广、普及程度最高的当属茶叶。

第一节 饮料植物

在古代的中国，作为饮料的植物有许许多多，如菊花、金银花、苦丁茶、桑叶、大麦、苦荞等。此外，许多植物嫩芽也掺和入茶，据北宋苏颂撰写的《图经本草》记载："茶之别者有枳壳芽、枸杞芽，枇杷芽，皆治风湿。又有皂荚芽、槐芽、柳芽，乃上春摘其芽，和茶作之。"❶ 除了茶叶之外，目前市场上仍然比较流行几种非茶类植物饮料。

一、老鹰茶

老鹰茶是一种传统饮料，制成的产品也称红白茶。老鹰茶是一种樟科植物，为常绿乔木或小乔木，广泛分布于南方许多地方，其大都生长

---

❶ 苏颂. 图经本草［G］//陈祖槼，朱自振. 中国茶叶历史资料选编. 北京：农业出版社，1981：233.

在海拔1000米左右的低山地区。

老鹰茶树叶为椭圆形、长椭圆形或卵形，叶片互生，叶平均大小10.3厘米×3.5厘米。花呈蜡黄色，数朵族生于叶腋。花期在8~9月，果实在次年5月成熟。

传统的老鹰茶制作，一般是在立夏之前，采收当年萌发的嫩芽和新梢，蒸熟之后，晒干收储。也可以在没有完全干燥之前，压制成方块，再晒干收储，与古代饼茶的制造方法颇为相似。现在，一些老鹰茶产区采用春季的嫩芽，按照茶叶加工方法制作。

老鹰茶不含咖啡碱，可溶性糖含量高达8.65%，[1] 制成饮料清香、回甘。老鹰茶的饮用主要采用煮饮方法，也可以采用与茶叶相同的冲泡方法。

二、苦丁茶

苦丁茶是冬青科冬青属植物，苦丁茶为常绿乔木，俗称茶丁、富丁茶、皋卢茶，主要分布在四川、重庆、贵州、湖南、湖北、江西、云南、广东、福建、海南等地，是我国一种传统的纯天然饮料。

国内称为苦丁茶的植物有十多种，在分类上不属于同一种植物，品质也大不相同。目前，只有冬青科的大叶冬青苦丁茶才是最理想的饮用苦丁茶。大叶冬青为常绿乔木，树高可达数米，通常生长于阴湿的山谷、溪边的杂木林中。叶质厚，呈螺旋状互生，叶形有长椭圆形、卵形等，叶端锐尖或稍圆。根据叶形大小，又可分为长叶种、柳叶种和小叶种。

采摘其幼嫩芽叶，制成外形类似茶叶的饮料，冲泡之后，其滋味清香可口、苦而回甘。苦丁茶中含有苦丁皂甙、氨基酸、维生素C、多酚类等200多种成分。具有清热消暑、明目益智、生津止渴、利尿强心、润喉止咳、降压减肥等多种功效。近年来，对苦丁茶的研究多集中在加工成品茶和茶饮料等营养保健方面。目前，也开展了有关苦丁茶的栽培、加工、生理生化及应用等方面的研究。

---

[1] 四川名山县茶业发展局2010年编印的《名山茶经》第47页。

四川省宜宾市筠连县青山绿水茶叶专业合作社以种植、生产、销售筠连特色苦丁茶为主。其主要商品名称为“青山绿水”，在四川地区有一定的销售市场。

三、菊花

菊花为菊科植物，多年生草本植物，头状花序，有200多种，中国有50多种。由于菊花的栽培历史悠久，现在人工选育出来的菊花品种有7000多个。

根据菊花的实际用途，又分为食用菊、茶用菊和观赏菊。观赏菊花是中国十大名花之一，品种有上千种。食用菊的主要品种有蜡黄、细黄、细迟白、广州红等，广东为主要产地。这些食用菊主要作为酒宴汤类、火锅的名贵配料，流行、畅销于港澳地区。菊花脑则是为江苏南京地区老百姓喜爱的蔬菜，通常用于做汤或炒食，具有清热明目之功效。

茶用菊主要有浙江杭菊、河南怀菊、安徽滁菊和亳菊。茶用菊经干燥之后，可与茶叶混用，亦可单独饮用。饮用茶用菊泡出的茶水，不仅具有菊花特有的清香，而且可去火、养肝明目。此外，还有药用菊，主要有黄菊和白菊，还有安徽歙县的贡菊、河北的泸菊、四川的川菊等。以上的茶菊亦可入药。药用菊具有抗菌、消炎、降压、防冠心病等作用。近年来，新疆雪菊又成为一种新的饮料。

四、金银花

金银花属忍冬科，多年生藤本，原产中国，属温带或亚热带植物。其种类有红腺忍冬、山银花和毛花柱忍冬。金银花喜阳、耐阴、耐寒、也耐干旱，适应性强，对土壤要求不严，但以湿润、肥沃的沙质土为佳。

金银花初开为白色，后转为黄色，因此得名金银花。金银花主要作为药材，自古被誉为清热解毒的良药。其性甘寒，清热而不伤胃，芳香透达又可祛邪。金银花既能宣散风热，还可清解血毒。

金银花主要是利用其鲜花，采摘其尚未开放或者初开的金银花，采用烘焙或者晒干的方法干燥。干燥之后的花干即可作为成品。金银花作为饮料可以直接冲泡，也可以与茶叶拌和，或者用鲜花窨制茶叶，制成金银花茶。

人类曾经使用大量的饮料植物，许多非茶饮料植物在文献中也多被提及。“茶之别者，其枳壳芽、枸杞芽、枇杷芽，……又有皂荚芽、槐芽、柳芽”，并且将这些植物的嫩芽掺入茶叶，这种掺入其他植物嫩芽的现象，在历代都视为假茶。现在许多地方也有将桑叶、杜仲、绞股蓝、银杏等植物的叶片烘干或者晒干冲泡饮用的习惯，这些植物嫩芽或者叶片可以单独饮用，也可以与茶拼合饮用。

苦荞是现在流行的一种饮料，苦荞不属禾本科，而属蓼科，与何首乌、大黄同属一科。主要是利用苦荞果实制成饮料。

第二节　制茶原料的采摘标准

尽管作为饮料的植物有很多种类，但茶叶仍然是其他植物不可替代的。从人类开始种植茶树以来，历经2000多年，经过长期的努力，从野生茶树资源中人工选育出了大量的茶树新品种，为茶叶制造提供了丰富的原料。在茶叶制造的发展过程中，茶叶原料的采收标准也发生了相应的改变。

一、茶叶采摘标准的发展变化

古代利用茶叶作为食物主要是成熟的叶片。无论是《诗经》记载的“予手拮据，予所捋荼，予所蓄租”，还是《茶经》记载的“伐而掇之”，都可以从中发现古代利用成熟枝叶的情况。

1. 唐代之前的制茶原料

《诗经》记载的“予手拮据，予所捋荼，予所蓄租”是在茶叶成熟之后，从茶树枝条上捋下。三国时期的《广雅》记载：“荆巴间采茶作饼，成以米膏出之。”这表明三国时期的制茶原料与“伐而掇之”已经非常不同，原料以采摘的方法收获，成熟的枝叶则不可能通过采摘收获，而只能“伐而掇之”。三国时期制茶原料的嫩度，比之前有较大的提高。尽管如此，制饼时，仍然需要加入米膏，才能压制成饼，这说明三国时期的茶叶原料仍然粗老。到了唐代，制造原料发生了根本性的改变。

唐代制饼茶的原料正如《茶经》所记载："凡采茶，在二月三月四月之间。茶之笋者生烂石沃土上，长四五寸，若薇蕨始抽，凌露采焉。"茶芽伸长到四五寸，采摘作饼茶。在不修剪的状态下，春茶新梢长四五寸，也比较柔嫩，并没有木质化。

制造炒青绿茶，则采摘"鹰嘴"，即一芽一叶初展的嫩芽，"自旁芳丛摘鹰嘴，斯须炒成满屋香"。"青城，其横源雀舌、鸟嘴、麦颗，盖取其嫩芽所造。"❶ 由此可见，唐代制茶原料从独芽到一芽一、二叶，一芽三、四叶都是有的。"鹰嘴"这样的原料制造的茶叶主要是作为贡品，供皇室及上层社会享用或者祭祀之用。

2. 宋代的制茶原料

宋代的制茶原料与唐代基本相同，普通茶叶原料通常采用一芽三、四叶，曰片茶或者散茶，制成饼茶或者散茶。宋代的贡茶原料则要求很高，"凡芽如雀舌谷粒者为斗品，一枪一旗为拣芽，一枪二旗为次之，余斯为下"。❷"茶有小芽，有中芽，有紫芽，有白合，有乌蒂，此不可不辨。小芽者，其小如鹰爪，初造龙团胜雪，白茶，以其芽先次蒸熟，置水盆中，剔取其精英，仅如针小，谓之水芽。是小芽中之最精者。中芽古谓一枪一旗是也。紫芽，叶之紫者是也。白合，乃小芽有两叶抱而生者是也。乌蒂，茶之蒂头是也。凡茶以水芽为上，小芽次之，中芽又次之，紫芽、白合、乌蒂，皆在所不取。"❸ 所谓一枪一旗，即一芽一叶，以此类推。

宋代由于特别重视贡茶制造，对于制茶原料精益求精，因此，将茶

❶ 毛文锡．茶谱［G］//陈祖椝，朱自振．中国茶叶历史资料选编．北京：农业出版社，1981：24.

❷ 赵佶．大观茶论［G］//陈祖椝，朱自振．中国茶叶历史资料选编．北京：农业出版社，1981：45.

❸ 赵汝砺．北苑别录［G］//陈祖椝，朱自振．中国茶叶历史资料选编．北京：农业出版社，1981：87.

叶制造原料分为水芽、小芽、中芽、紫芽、白合、乌蒂等。不同的原料制造不同等级的贡茶。宋代贡茶原料的分类是制造原料分类、分级的开始。

3. 明代制茶原料

明代茶叶产品主要以散茶为主，贡茶则以芽茶以进，而四川普通茶叶则分为内销的腹茶和边销的篾包茶，也称为边茶。[1] 因此，明代的茶叶原料相对于宋代没有太大的改变。由于明王朝迷信夷人不得茶则死，采取了严厉的以茶治边政策，一度茶贵马贱。由此造成了茶马交易茶叶的原料质量大幅度下降，剪刀麤（粗）叶在明代的篾包茶原料中出现，并且一直持续到现代。剪刀粗叶即刀割的粗老原料，而非手指可以采摘。

二、不同品种的茶叶原料

茶叶的真味、真香、真色来自茶叶中固有的内含物质。生产上通常将茶树品种分为大叶种、中叶种和小叶种三种类型。从植物分类学的角度区分茶树则更加复杂。不同的品种，其内含物质的含量有明显的差异，这种差异对制造不同类型的茶叶产品产生重大影响。

根据对茶叶内含物的测定，对茶叶品质产生重要影响的内含物有茶多酚、氨基酸、咖啡碱和各种生物酶，品种不同，这些内含物的相对含量不同。大叶型茶树品种以云南大叶种最为著名，其生长速度快，芽叶粗壮、柔嫩，一芽三叶的重量是小叶品种的 2 倍以上。大叶品种的茶树普遍都有茶多酚含量高的特点，是制造红茶的主要栽培品种。云南大叶种因其多酚类物质含量高，氨基酸含量适宜，酚氨比（多酚类物质的总含量与氨基酸总量之比）高，制成的红茶汤色红浓、明亮、滋味浓强、鲜爽。因此，云南大叶种作为世界上最主要的红茶品种之一。

中小叶茶树品种的氨基酸含量相对较高，而茶多酚含量相对比较低，多酚类和氨基酸之比相对较低。适宜制造绿茶、黄茶、白茶等茶类，制

---

[1] “边茶”是指销往少数民族地区的茶叶，在宋代的茶叶历史文献中不见记载，是在明代出现的。

造红茶则滋味的浓、强、鲜稍逊。不同的茶树品种具有不同的适制性。

因此，不同品种的原料，其差异主要表现在芽叶的大小、重量不同，主要内含物茶多酚、氨基酸等含量不同，芽叶的色泽不同。

三、不同季节的茶叶原料

季节不同，茶叶原料的品质不同。春季茶叶原料质量比夏、秋季节的质量好，这是针对用不同季节的原料，制造同类茶叶产品而言。质量差异的形成，是因为不同季节的茶叶内含物不同所致。同一茶树品种，在相同的栽培条件下，并且同批采摘的原料，其外部形态比较一致，如果原料嫩度相同，其茶叶原料的主要内含物质则基本相同。但是，在不同季节采收的茶叶原料，尽管采摘标准都高度一致，但主要内含物的差异却十分明显。

这些差异主要是因为不同季节的温度、光照（特别是紫外线的强度对茶树嫩梢的影响非常明显）、雨水等条件不同造成的。春季茶叶新梢从萌发到形成驻芽停止生长，需要60天左右。而从5月份开始萌发的第二轮新梢，从茶芽萌发到新梢形成驻芽（休眠）停止生长，仅需要30天左右。

这些条件的不同对茶叶品质产生了很大影响。无论制造什么茶类，春茶原料制造的茶叶产品，其色、香、味、形等质量指标都明显高于其他季节的原料生产的同类产品。由于不同季节的鲜叶原料，因萌发、生长时间的周期不同，其鲜叶的适制性也大不相同。春茶原料氨基酸含量高，适宜制造绿茶；夏季原料多酚类物质含量高，可溶性糖的含量高，适宜制造红茶；秋季茶叶原料氨基酸含量和多酚类物质含量介于春、夏季节之间，适宜制造黄茶。

四、茶叶的采收标准

茶树的根、茎、叶、花、果皮都可以食用或者作为饮料。从茶叶产业经济和食用的角度讲，主要还是利用其幼嫩芽叶或者当年生的成熟枝叶。就鲜叶原料而言，同一品种因为采摘标准不同，可分为芽及一芽一叶，一芽二、三叶，对夹叶，成熟枝叶，修剪叶等（见文前图4－1）。

1. 芽及一芽一叶

当年茶树萌发的营养芽在不同季节孕育而成，又分为春芽、夏芽和秋芽，叶片开展之后，分别称为春梢、夏梢和秋梢。在茶芽萌发初期，茶芽外有2枚以上小小的鳞片。芽伸出之后，首先长出一片小小的鱼叶，鱼叶展开后，真叶还没有展开。此时在鱼叶之上采摘的芽，制茶学上称为全芽。早春也有在鱼叶尚未展开之前进行采摘，甚至包含鳞片的全芽。当茶树新梢展开2～3片真叶之后，也可以只采摘其芽作为原料。

一芽一叶原料是以当年萌发的新芽，第一片真叶初展或展开之后，采摘下来的茶树芽叶，或者是茶树栽培需要留叶采，从已经长成的一芽二叶、一芽三叶上留下一片或两片真叶，而采摘下来的一芽一叶初展或展开的鲜叶原料。

2. 一芽二、三叶

当年萌发的新梢，当第三片叶以上的叶片展开后，采摘下来的鲜叶原料。从栽培学的角度去理解，当茶叶新梢生长到展开三片以上的叶片之后，无论是否留叶采摘，其采摘下来的制茶原料通常为一芽带两片叶或三片叶。从茶叶品质、经济和营养等方面综合考虑，除青茶、黑茶因为制造工艺和成本的关系，需要鲜叶有一定的成熟度外，无论绿茶、白茶还是红茶，一芽一、二叶的原料是最具营养价值和经济价值的，春茶的一芽三叶也比较柔嫩。

3. 对夹叶

茶树新梢在正常生长周期完成之后，停止生长，转入休眠状态，称为“驻芽”。在不良的环境条件下，茶树新梢也可能提前形成驻芽，驻芽是一种休眠芽。在茶树栽培学中，只展开2～3片叶之后形成驻芽的，称为“对夹叶”。对夹叶一般是在每一茶季的后期形成，新梢展开二叶、三叶，芽已停止生长，不再有新叶片展开。需要到下一个季节，茶芽萌动才有新叶长出，形成驻芽或对夹叶的原料。如果及时采摘，鲜叶仍比较嫩。驻芽或者对夹叶是制造青茶的主要原料。

4. 成熟枝叶

在长江以南茶区，茶树在一年的生长周期中，可以萌发生长四至六轮新梢。当年春季萌发的茶芽，如果不经采摘，主枝可以长到1米左右的长度。如果春季采摘一轮新芽（一般是一芽二、三叶），采摘之后，主枝可以长到50厘米以上，这些枝条主要是作为黑茶原料。四川生产黑茶的历史比较悠久，主要是销往西藏、青海和四川的藏族地区，因此又称为边茶，根据销区不同分为南路边茶和西路边茶。销往不同地区的边茶，茶树枝条的采割方式和时间有所不同。作为边茶的原料，成熟枝条一般长度都在40厘米以上。这些枝条包含了茶叶、茶梗以及茶果壳，都是制造黑茶的原料。近年来，随着茶树栽培面积的不断增加，茶叶原料日益丰富。一年生以上的茶树枝叶，已经很少用于生产黑茶。

5. 修剪叶

修剪叶也是成熟的枝叶，是现代生产茶园一年生产周期结束之后，茶树进入冬眠期之前或冬眠结束前（春茶萌发前），为了调整茶蓬采摘高度，并保持一定的留叶量而进行的冬（春）季轻修剪或深修剪，剪下的枝叶。此外，还包括幼龄茶树定型修剪的枝叶。修剪的枝叶都属于当年生的成熟枝叶。

第三节　茶叶原料的物理学特点

茶叶加工的对象是茶树鲜叶原料。由于茶树作为一种生物，在生长期内茶芽不断萌发、生长，茶叶的制造是利用在生长期间的芽叶或停止生长的枝叶作为原料，不同品种、不同生长时期、不同季节、不同时间、不同采摘标准的茶叶原料，其物理性质也是不同的。

一、含水量

茶叶原料包括了刚刚萌发的茶芽、叶、嫩梗、成熟的枝条、茶果壳等，这些原料的含水量差异比较大。据测定，幼嫩茶叶（一芽一叶）的含水量一般为75%左右，有的品种可以达到78%，而成熟枝叶的含水量仅60%左右。茶叶含水量不同，对热的传导能力也不同，对制造过程中的揉捻耐受力也不相同。

茶叶原料的水分含量，对茶叶制造工艺和技术标准的制定有重大影响。比如杀青，对含水量高的嫩叶，就会采取高温老杀、多抖的方式；而对粗老的茶叶，就会采取少抖多闷的杀青方式。相同采摘标准的原料，其含水量比较接近。茶叶原料的含水量与其物理性质有极强的相关性。茶叶原料含水量高，表明原料柔嫩、柔软，纤维含量低，可塑性强，容易造型。茶叶原料含水量低，则茶叶老化，纤维含量增加，可塑性降低，难以造型。

二、茶叶原料的外形与色泽

茶树新梢从萌发到成熟需要几十天，不同生长阶段的嫩梢，其鲜叶的颜色从黄绿到深绿，逐步变得浓绿，叶片也由小长大，不同的茶树品种幼嫩芽叶的色泽也不相同。

1. 不同品种的外形特点

不同的茶树品种，表现出明显的个体差异，特别是大叶型茶树和小叶型茶树品种之间，相同采摘标准的一芽三叶，在长度和重量上有明显的差异。在群体茶树品种中，也存在个体差异，这种差异远不如大叶品种和小叶品种之间的差异明显。无性系品种一芽三叶原料的差异就非常小，作为制茶原料，其产品均匀一致。大叶种成熟叶片，在野生状态下长宽可达到20厘米×8厘米，小叶种成熟叶片在野生状态下仅13厘米×5厘米。

2. 色泽

在生产茶园中，所有成熟的茶树叶片都是深绿色，但是未成熟的芽叶却因品种不同和季节不同存在较大的差别。在嫩芽萌发时呈现不同的颜色，比如：紫色、黄白色、乳白色、浅绿色、深绿色等，特别是一芽一叶初展，颜色的差异特别突出。

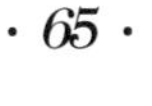

福建的福鼎大白茶品种，其幼嫩芽叶与四川中小叶群体品种相比较，表现出明显的黄绿色。浙江安吉白茶（见文前图4－2）以及其他一些白化茶树品种的嫩芽及一芽一、二叶都是呈现乳白色。经过一段时间，大约20多天的生长，叶片开始逐步恢复绿色。在夏季，气温比较高时，嫩芽则不表现出黄绿色。安吉白茶树品种，其幼嫩芽叶的氨基酸含量比普通茶树品种高出一倍以上。

三、纤维化程度

茶树的鲜叶原料，从萌发到成熟，在生长过程中叶片纤维含量不断增加。因此，生长期不同，木质化程度不同，随着鲜叶原料的老化、纤维含量不断增加，果胶减少，可溶性糖含量减少。同时，茶叶细胞壁不断增厚，叶片表面蜡质化程度不断提高。嫩梗随着纤维含量的增加，逐步木质化，颜色也从绿色变成浅褐色。柔嫩的茶叶原料在制茶工艺上要尽量保持其完整性，以增加品茶的观赏性。芽或一芽一叶原料在干燥中容易碎断，是因为其纤维含量低。青茶如果采用柔嫩的原料，在摇青过程中容易造成幼嫩部分细胞破碎，致使茶叶红变，不能够形成青茶的品质特点。因此，不同的原料需要选用适合的制茶工艺，既保持芽叶的完整又减少损耗。而木质化程度高的原料，制成的茶叶缺乏观赏性，而且比较粗大。特别粗老的枝叶、修剪叶，往往都采取堆渥发酵、压制成型的方法，提高其内含物的浸出率。

四、茶叶的物理特点

茶叶是植物有机体，具有植物的生物学特点，新鲜的有机体水分含量高达75%，随着植物的生长成熟，纤维素含量大幅度提高。植物细胞内含有大量的有机物质，组成了细胞内的原生质，原生质在高温高压等物理因素的影响下，会发生不可逆转的凝固反应。在茶叶制造过程中，其物理特点表现在以下几个方面。

1. 茶叶的热导率

茶叶具有导热性，其导热性与茶叶含水量、密度、形状有关。当茶叶含水量较高时，其导热性也高，热能的传导主要是靠水分子进行，通过水分的热传导，可以迅速提高制造过程中的茶叶温度。水分不仅导热，也因为吸收热能之后，水分子从液态变成气态，从而使茶叶缓慢失去水分，达到干燥的目的。通常杀青锅温达到200℃，茶叶烘干温度也达到100℃，甚至更高。含有水分的茶叶吸收热能，通过水分的蒸发消耗热能，始终将茶叶组织内温度保持在100℃以下。高温使原生质凝固变性，但是，大部分原生质仍然保持了原有的化学结构。高温使一些有机化合物发生氧化、分解，一些低沸点的香气物质挥发，提高了茶叶的香气。因此，在茶叶制造过程中，利用水分的导热性，使茶叶脱水干燥。同时，又保护了茶叶细胞内的原生质的结构、营养成分不被彻底破坏，从而保证了茶叶的营养功效。茶叶干燥之后，其导热性基本不受水分的影响，而与物理结构相关。

2. 茶叶水分的扩散系数

茶叶水分的扩散系数是表示茶叶水分扩散能力的大小，其意义是在水分梯度为1的条件下，每秒钟通过单位面积扩散的水分量。根据布朗运动理论，在茶叶内部水分分布不均匀或者茶叶表面水汽分压较高时，水分由细胞浓度低的向浓度高的方向扩散（茶叶越干燥，茶叶细胞浓度越高），从而使茶叶内部的水分含量趋于一致。在茶叶表面水分子不断扩散的情况下，茶叶内部的水分向外部扩散，最终到达茶叶干燥的目的。

3. 茶叶的吸湿性与平衡含水量

茶叶在充分干燥之后，具有较强的吸湿性，茶叶是一种有机体，含有大量的多酚类、蛋白质、糖类和纤维素。这些物质在充分脱水干燥之后，具有较强的吸附水分子的能力。茶叶的吸湿性受环境中水分子的影响，环境湿度越大，茶叶含水量越低，茶叶的吸湿力就越强，就会迅速吸收空气中的水分子。当茶叶不再吸收水分子时，即茶叶吸收的水分子与茶叶失去的水分子处于平衡状态。茶叶含水量不再增加时——茶叶表面和空气中的水蒸气分压相等，此时，茶叶的含水量称平衡含水量。因此，在茶叶存储保管中，必须保持环境的干燥，降低茶叶的平衡含水量，以缓解茶叶的质变。

4. 茶叶的光分解作用

鲜叶在光能的作用下，其内含物会被激活而发生分解反应，并生成一系列的新产物。光能提高了鲜叶内的生物酶活性，可促进鲜叶内化学反应。比如在日光萎凋中，细胞内蛋白质、淀粉、果胶等大分子物质在酶的作用下，降解成为可溶性小分子物质，有利于提高红茶、青茶和白茶的质量。

此外，日光中的紫外线可以直接造成有机物的化学键断裂，促进有机物的分子重新排列，并且产生氧化、分解。晒青茶的青气就由于日光的照射而产生。成品茶在储藏过程中，也会因为日光照射造成茶叶变质。

5. 茶叶的摩擦系数与静电特性

茶叶原料因成熟度不同，梗、叶的物理特点也不同，在干燥之后，茶叶表面形成的光洁度也不相同。因此，与不同材料表面产生的摩擦系数也不相同。叶和梗在物理结构上也不同，茶叶经过揉捻、干燥之后，外形特点差异比较大，而梗则细而直，叶则卷曲，表面粗糙；在相同的干燥条件下，叶和梗的含水量会有所不同，因叶和梗的含水量不同，会产生不同的静电，在静电场的作用下，会产生不同的吸附力。在茶叶精制过程中，就是充分利用芽叶和梗产生的不同的摩擦力、叶和梗不同的物理特点以及产生的不同静电，而到达梗、叶分离之目的。

6. 茶叶的吸附性

茶叶具有极强的吸附性，茶叶对气体分子的吸附是一种物理吸附。在一定的温度条件下，增加芳香分子的浓度、增加窨制过程中的压力，可以提高茶叶吸附气体分子的量。近代研究发现隔离窨制不能够窨制出芬芳花茶，其原因在于，隔离窨制过程中，没有在茶叶表面形成高浓度的花香分子，没有浓度就没有压力，因为高浓度分子存在一定的压力。作者研究了茶叶吸附茉莉花芳香成分的规律，通过实验证明：茶叶含水量在4% ~15%，茶叶吸附的茉莉花芳香成分随着茶叶含水量的增加而增加。[1] 后来的研究证明，茶叶含水量在30%以下，其吸附量随含水量的增加而增加，提高茶叶含水量可以增加茶叶吸附茉莉花芳香成分。

从物理学的观点来看，物理吸附是多层吸附。当吸附质的平衡气相压力达到饱和蒸汽压时，就会发生吸附质在表面的凝聚现象。此时表面上被吸附的分子数会远远大于第一层的吸附分子数。要使气体分子发生表面凝聚力现象，就必须达到吸附质的饱和蒸气压，此时，茶叶的吸附就达到了最大值。茶叶在窨制过程中，由于茶叶与鲜花密切接触，在鲜花放香的高峰时期，花香分子的浓度在茶叶表面达到最大，此时可能会出现花香分子的凝聚现象。由于茶叶处于开放的体系中，凝聚现象出现是暂时的，当茶、花分开之后，随着花香分子的脱吸附，凝聚现象就会消失。在开放的体系中，凝聚现象是不可能持久的。

茶叶吸附芳香分子与吸附水分子都是属于物理吸附，由于芳香分子与水分子结构不同，受到茶叶表面分子的吸附力也存在差异。芳香分子结构复杂，分子量大，一个芳香分子有多处化学键可以与茶叶表面结合，因此，芳香分子被茶叶表面吸附比水分子稳定。

利用茶叶的吸附性，可以窨制各种花香茶。同时，在茶叶存储时，要特别注意将茶叶与其他带有异味的物质分开。以防止茶叶吸收异味，影响茶叶质量。

---

❶ 阚能才，郑定贵，等. 茶叶吸附茉莉花芳香成分的规律的研究［J］. 西南农业学报，1991，4（1）：40 -45.

第五章

茶叶制造

茶叶的制造最早是为了储存和运输的方便，经过了2000多年的发展，茶叶制造工艺有了很大的发展。通常把中国茶叶制造分为4个历史阶段：第一个阶段是先秦时期，古人主要是利用野生茶树资源，“伐而掇之”，晒干收藏，这种原始的利用方法，算不上茶叶制造。第二个阶段是秦汉至唐宋时期，茶叶制造的方法是将鲜叶通过蒸青之后，捣拍成饼，进行烘焙，干燥之后，即为产品，称为饼茶。第三阶段是明代的散茶制造，即近现代手工生产炒青、烘青方法，这些制造方法尽管在汉唐时期就已经出现，但不是主要的制茶方法。明代还出现了红茶、青茶的制造方法，明代是中国茶叶制造技术的大发展时期。第四个阶段是现代的机械化制茶时期。中国的茶叶制造机械在清代中后期开始出现，经过了100多年的发展，到20世纪60年代，茶叶制造机械才有了较快的发展，到20世纪末，中国茶叶的机械化制造才基本实现。

近代茶叶制造技术又分为初制和精制。茶叶初制是人们利用茶树幼嫩芽叶、成熟枝叶等作为原料，并且针对茶叶原料不同的物理特点，使用一定的工具或者机械设备，通过高温，或蒸，或炒，或发酵、渥堆；或经过萎调、揉、切、发酵、干燥等工艺制成六大茶类。

茶叶精制则是将经过初制的产品，进行筛分、切扎、风选、拣梗和拼配，使茶叶外形规格统一，内质更加协调。初制之后，茶叶的内在品质和分类就已经基本确定，精制主要是除去杂质，统一茶叶的外形。

经过初制和精制的茶叶，还可以进行再加工。将茶叶的初制产品，通过除去杂质，并适当拼配，然后蒸热、压制造型，干燥，可以制造成各种紧压茶。精制后的茶叶，通过与各种鲜花拼合，可以制造各种花茶，这些都属于茶叶再加工。茶叶精制过程或者再加工对茶叶的品质没有根本改变，但是再加工过程中，如果采用渥堆或者经过较长时间的高温、高湿过程，茶叶的品质会发生本质的改变。本章主要介绍古今茶叶的主要初制方法以及现代的花茶窨制。

第一节　古代制茶工具

在古代，茶叶制造与饮用的器具都统称为茶具，实际上茶叶制造的工具与饮具是完全不同的。明代以前，茶叶主要是制成饼茶，制茶的工具与现代制茶机具有很大的不同。同时，在煎煮、饮用茶叶之前，需要先炙烤茶叶，再进行碾磨、罗筛。因此，需要一些烘烤、碾磨茶叶的工具，这些工具也称为茶具。明代之后，散茶制造技术迅速发展，逐步形成了中国的六大茶类，也逐步形成了现代的制茶机具，饮茶的茶具与制茶工具也完全分开。

一、唐代之前的制茶工具

中国的茶叶制造出现在汉代以前，其产品主要是饼茶。尽管从茶叶制造技术出现到明代初期，也有大量的散茶生产，包括各种芽茶。饼茶始终是唐宋时期的主要产品。这种饼茶的制造方法都是将茶鲜叶蒸熟，经过捣、拍，制饼，焙干。唐代陆羽的《茶经》对唐代及其之前的制茶工具有比较详细的记载。

籯：“一曰篮，一曰笼、一曰筥，以竹织之，受五升，或一斗、二斗、三斗者，茶人负以采茶也。”籯为现在的竹篮或者竹筐，其大小、样式可能不完全相同，主要用于采茶和制造过程中盛茶。

灶：“无用突者”。突则烟囱，灶不需要安装烟囱，与近代家庭做饭

的灶完全相同，现在的农村家庭也采用这种灶做饭。

釜：“用唇口者。”釜为铁锅，铁锅采用有唇边的，即锅口边缘向外翻出，形成口唇。

甑：“或木或瓦，匪腰而泥。篮以箅之，篾以系之。始其蒸也，入乎箅；既其熟也，出乎箅。釜涸，注于甑中，又以榖木枝三亚者制之，散所蒸芽笋并叶，畏流其膏。”甑采用木质，或者陶器，甑中安放一箅，蒸茶时，将茶芽、叶放在箅上，蒸熟之后，将茶叶倒出。锅里的水干了，直接在甑里加水。

杵臼：“一名碓，惟恒用者为佳。”杵臼也称为碓，用于捣茶。在古代碓用于舂米或者捣细食物的工具，杵用木或者石头，碓主要用铁或者石头制成，以经常使用的为好。

规：“一曰模，一曰棬。以铁制之，或圆，或方，或花。”规即各种形状的模具，有圆、有方，还有花边状。有铁制、木制，大小规格各不相同，捣拍之后的茶膏倒入规里以定形。制成的茶饼形状不同，重量一斤或者半斤不等。

承：“一曰台，一曰砧。以石为之。不然，以槐、桑木半埋地中，遣无所摇动。”承是用于放置模具的平台，有用石头制作，或者用槐、桑木半埋地下，稳定不动摇则可。

襜：“一曰衣。以油绢或雨衫单服败者为之。以襜置承上，又以规置襜上，以造茶也。茶成，举而易之。”襜用布或旧布衣服，放置在承上，用于承放模具，以防止模具滑动。

芘莉：“一曰籝子，一曰筹筤，以二小竹，长三尺，躯二尺五寸，柄五寸。以篾织方眼，如圃人箩，阔二尺，以列茶也。”用竹篾编织，用于承放茶饼，放入焙中。四川称为篾笆，面积主要根据茶焙的大小决定。

棨：“一曰锥刀。柄以坚木为之，穿茶用也。”茶饼干燥定型之后，用于茶饼穿孔。

朴：“一曰鞭，以竹为之，穿茶以解茶也。”

焙：“凿地深二尺，阔二尺五寸，长一丈。上作短墙，高二尺，泥之。”焙内安置火炉以焙茶饼。

贯："削竹为之，长二尺五寸，以贯茶焙之。"当茶饼在芘莉上烘焙定型，基本干燥之后，为了提高烘焙效率，可以用细竹将茶饼穿起来，挂在焙上层，继续烘焙至完全干燥。

棚："一曰栈。以木构于焙上，编木两层，高一尺，以焙茶也。茶之半干，升下棚；全干，升上棚。"棚是搭建在焙上面的，以保证茶焙内有一定的温度。

陆羽《茶经》所记述的茶叶制造工具，可以说是自中国古代茶叶制造出现以来，形成的比较完善的制茶技术，所需要的基本制茶工具。采用这一套制茶工具，制造的茶叶代表了当时的主流茶叶产品。

对于唐代的制造工具，《皮日修集·茶中杂咏·茶具》也有详细的描述：茶籯，"筤篣晓携去，蓦过山桑坞。开时送紫茗，负处沾清露。歇把傍云泉，归将挂烟树。满此是生涯，黄金何足数。"茶灶，"南山茶事动，灶起岩根傍，水煮石发气，薪燃杉脂香。青琼蒸后凝，绿髓炊来光，如何重辛苦，一一输膏粱。"茶焙，"凿彼碧岩下，恰应深二尺。泥易带云根，烧难碍石脉。初能燥金饼，渐见干琼液。九里共杉林，相望在山侧。"❶ 尽管这是几首诗歌，也概括地提到唐代饼茶制造的主要工具。

二、宋代的制茶工具

宋代茶叶制造基本上沿袭了唐代的制茶方法，因此，宋代的制茶工具与唐代的制茶工具基本相同。主要有灶、釜、甑、杵臼、盆、榨、模具、承、襜、芘莉、焙等。除了研盆和榨之外，这些工具与唐代的制茶工具大同小异，不再详述。

宋代虽然以制造饼茶为主，但是贡茶的选料、制造无不盛造其极，特别是贡茶的制造工艺更是精益求精。因此，在制造贡茶时，增加了研盆和压榨的工具。同时，贡茶的模具也不断创新，龙飞凤舞、栩栩如生，表现出贡茶的华丽和高贵（见文前图5-1）。

❶ 皮日修集·茶中杂咏·茶具［M］//陆羽，陆廷灿. 茶经·续茶经. 沈阳：万卷出版公司，2009：106.

1. 研盆

研盆是宋代贡茶制造最重要的工具之一，研盆用瓦盆、陶或瓷制成，用木杵作为研制工具。由于制造的龙团凤饼都是小团饼茶，为了使模具上的龙凤图案能够清晰的反映在饼茶上，一是原料嫩度要高，只有柔嫩的原料才能够研得细腻，二是原料嫩度要高度一致，才能保证茶膏的色泽一致，三是研茶要用功力，研茶过程中，要多次研、多次酌水，最高的酌水次数达到16次，尽量使茶膏研磨得细腻，龙凤图案才可能在茶饼上栩栩如生地表现出来。

2. 茶榨

“方入小榨，以去其水，又入大榨出其膏。”这是宋代贡茶制造的一大特点，宋代的茶叶文献中没有对大榨、小榨的描述。据《北苑别录》记载：“茶既熟谓之‘茶黄’。……先是包以布帛，束以竹皮，然后入大榨压之，至中夜，取出，揉匀，复如前入榨。彻晓奋击，必至于干净而后已。”❶ 从文献资料的记载可以知道，榨茶使用的是原始的压榨方法，先用布袋将蒸熟的茶叶包紧，再用竹篾捆扎，使用杠杆进行加压，或者在茶包加上重物。

宋代制茶相对于唐代的不同主要在于贡茶的研茶和压榨，研茶和榨茶在宋代的许多茶叶文献资料中都有记载。普通饼茶的制造也比较简单，与唐代制造饼茶大同小异。

三、明代的制茶工具

明代的茶叶制造方法，与唐宋时期相比已经有了很大的变化，明代主要是生产散茶，即现在的炒青绿茶、烘青绿茶和晒青绿茶，四川则主要制造蔑包茶。散茶与饼茶的制造工艺有很大的不同，因此，制茶的工具也有了新的的变化。明代罗廪的《茶解》记载了明代的主要制茶工具。

器，箪（dān）以竹篾为之，用以采茶，须紧密，不令透风。箪是盛

---

❶ 赵汝砺. 北苑别录［G］//陈祖槼，朱自振. 中国茶叶历史资料选辑. 北京：农业出版社，1981：87.

茶的工具，与唐代的籯相同，只是叫法不同，现代则称为竹筐，用竹篾编织。

竈（灶），置铛（铁锅）二，一炒一焙，火分文武。灶与现在农村的煮饭灶并无不同，安装两口铁锅，是否是斜锅，即锅口平面与水平面是否存在一定的夹角，文献中没有记载。两口铁锅，一文一武，即一口温度高，用于杀青，一口温度低，用于炒二青、炒三青和干燥。

箕，大小各数个，小者盈尺，用以出茶，大者二尺，用以摊茶，揉挼其上，并细篾为之。箕与现在农村家庭使用的簸箕相同，为圆形，直径 40～70 厘米，用于杀青之后的茶叶摊晾、揉捻。

扇，茶出箕中，用以扇冷，或藤，或箬，或蒲。茶叶杀青之后，处于高温高湿的条件下，容易变黄。扇则用于降低杀青叶的温度，避免茶叶在高温、高湿的环境下变黄。

笼，茶从铛中焙燥，复于此中再总焙入甕（瓮），无用纸衬。笼，即现在仍然使用的烘笼，茶叶含水量在铁锅中焙炒到 30% 以下，则可以用烘笼烘干。

幔，用新麻布，洗至洁，悬之茶室，时时拭手。

从明代使用的制茶工具来看，比唐宋时期简单了许多，明代的制茶工具主要有灶、铛、箕、扇、笼和焙。生产篾包茶需要蒸灶、甑、木模、篾包、杵棒等。

焙，据明代闻龙的《茶笺》记载："《经》云：'焙，凿地深二尺，阔二尺五寸，长一丈，上作短墙，高二尺，泥之，以木构于焙上，编木两层，高一尺，以焙茶也。茶之半干升下棚，全干升上棚。'愚谓今人不必全用此法，予尝构一焙室，高不逾寻，方不及丈，纵广正等；四围及顶，绵纸密糊，无小罅隙，置三四火缺，于中安新竹筛，于缺内预洗新麻布一片衬之；散所炒茶于筛上，阖户而焙，上面不可覆盖，盖茶叶尚润，一覆则气闷、奄黄，须焙二三时，候润气尽，然后覆以竹箕，焙极干出缺，待冷入器收藏。"明代制造的茶叶不是饼茶，而是散茶，容易干燥。因此，明代的茶焙比唐宋时期的茶焙大，不用"凿地深二尺"，在平地上构置木者竹架，"四围及顶，绵纸密糊，无小罅隙"，内置三四个火炉，在焙内放置竹筛，铺上干净麻布，将茶叶撒在麻布上。进行烘焙。

明代的茶叶制造大多数采用锅炒杀青的方法，但是岕茶仍然采用蒸青的方法杀青，主要是因为岕茶采摘粗老。茶叶的干燥则主要采用烘焙的方法，《岕茶笺》记载："茶焙每年一修，修时杂以湿土便有土气，先将干柴隔宿薰烧，令焙内外干透，先用粗茶入焙，次日，然后以上品焙之。焙上之帘，又不可用新竹，恐惹竹气，又须匀摊，不可厚薄如焙中。用炭有烟者，急剔去，又宜轻摇大扇，使火气旋转，竹帘上下更换……"❶ 规模稍大的制茶场，一般使用这种大焙，这种大焙可以放置多层竹帘，烘焙的效率大大提高。

明代手工制造炒青茶和烘青茶的器具，一直传承、使用到20世纪50年代，直到现在有些工具也仍然在使用。使用这种简单的生产工具制造茶叶，效率很低，一个人一天工作10小时以上，仅可生产炒青绿茶或烘青绿3~5公斤。安装成斜锅或者采用烘焙的方法，可以提高劳动生产率，当然生产晒青茶又当别论。

在明代的茶叶文献中没有关于篾包茶制造的详细记载，也没有制造篾包茶的工具描述。"毋分黑黄正附，一例蒸晒，每篾重不过七斤"的记载表明，篾包茶的制造需要将原料茶进行蒸晒，蒸是为了增加茶叶的黏性，晒是为了减少蒸茶之后的水分。因此，蒸茶需要灶、锅、甑，舂压需要模具和杵棒。

第二节　现代茶叶初制机具

茶叶制造机具的发展是与茶叶制造技术的发展相辅相成的，茶叶制造技术的发展，对茶叶制造工具不断地提出新的要求，推动制茶工具的改进和发展，新的制茶机具的出现，又反过来推动制茶技术的进步。

现代茶叶制造机具出现在19世纪中叶，据《整饬皖茶文牍》记载：

❶ 冯可宾. 岕茶笺［G］//陈祖椝，朱自振. 中国茶叶历史资料选编. 北京：农业出版社，1981：178.

"皖南歙休婺三县，及江西之德兴，向做绿茶，花色繁多，不能用机器焙制。徽之祁门，饶之浮梁，向做红茶，比来各省红茶间用机器。"❶ 何润生《徽属茶务条陈》(1896 年) 记载："徽属素产绿茶，绿茶名色不一，机器能否制造，茫无把握，招商购置，力多不及，承办无人。传闻汉口现有置备机械制造茶砖者，大都宜于红茶，若能派令茶师密赴印度，得其制法，果于绿茶制法相宜，再行试办。"❷ 从上述记载来看，到 19 世纪末，我国茶叶制造机械仅限于紧压茶的压制，而且并不普及。其他茶类则基本上采用手工生产的方法。印度东印度公司此前在印度大规模使用机械制茶，这些机械也仅仅是生产红碎茶，并不适合中国的绿茶制造。中国创造了世界上的六大茶类，其外形基本以条形为主，为了实现条形茶叶机械化揉捻，现代茶学家张天福于20 世纪30 年代发明了中国第一台木质绿茶揉捻机（见文前图 5－2)。❸

茶叶制造机具的发展，尽管已有了 2000 多年的历史，古代制造茶叶也使用了许多制茶工具。随着时代的进步，这些制造工具也在不断地发展和改变，一直到20 世纪 50 年代之后，才开始被大量的加工机械所替代。时至今日，茶叶制造机具仍在不断发展，正在不断地向自动化、连续化、程控化发展。茶叶的初制机械是指茶叶初制过程中所有机具的总称，包括鲜叶的分选、摊晾、杀青、萎凋、做青、揉捻、揉切、发酵、干燥等机械设备。目前，国内使用的茶叶初制机械主要有以下类型。

一、鲜叶贮青装置

鲜叶原料进入茶厂之后，通常需要经过贮放或者摊晾，以防止鲜叶变质，早期的绿茶制造，其鲜叶不需要经过摊晾，但是需要贮放。过去茶叶直接摊晾在晒席或者清洁的地上，现在茶叶贮青都采用茶叶摊晾装

---

❶ 程雨亭．整饬皖茶文牍［G］//陈祖椝，朱自振．中国茶叶历史资料选编．北京：农业出版社，1981：196.

❷ 何润生．徽属茶务条陈［G］//陈祖椝，朱自振．中国茶叶历史资料选编．北京：农业出版社，1981：434.

❸ 林光华．茶界泰斗张天福画传［M］．福州：海潮摄影艺术出版社，2006：4－6.

置、贮青架、萎凋槽等，茶叶不再落地。

1. 茶叶摊晾装置

茶叶摊晾装置呈正方形，也可以是长方形。在贮青车间内向地下开挖，根据贮青车间的大小决定摊晾装置的大小。摊晾装置由三部分组成：一是坑槽，如果按照10米×10米的规格在室内开挖30～60厘米深正方形的坑槽，坑底呈一坡面，安置风机的一侧深度60厘米，另外一侧深30厘米。从坑底沿坑四边用砖砌出四面挡墙，挡墙高50～80厘米，四周均高出地面20厘米，厚20厘米。从坑底到四面挡墙，全部用白色瓷砖贴面。二是在坑底安装支撑架，高度25～55厘米，支撑架上安放摊晾板，形成一个水平面。摊晾板使用铝合金材料，规格根据摊晾面积确定。在铝合金板上钻有直径2毫米小孔，小孔之间的距离8～10毫米，整个摊晾坑槽铺满铝合金板，板与板之间不留间隙。三是在摊晾装置的一侧安装3～4台风机。该装置既可以摊晾茶叶，也可以用于茶叶的萎凋。

2. 茶叶萎凋槽

萎凋槽广泛地应用于大规模的红茶制造厂，可以用于红茶萎凋、青茶的萎凋和白茶的萎凋。萎凋槽由四部分组成：一是槽体，长8～10米，宽1.5米，高0.8米，萎凋槽通常用砖砌成，槽底的横截面呈半圆形，而纵向是一端高，一端低（空气进口端低），该结构可以使整个槽体的前后各部分风压一致。二是竹簾，宽1.2米（与萎凋槽的内宽相等）。长10～12米，竹簾可以收卷，以利于萎凋叶的摊放和下叶。三是热风炉，通常采用烘干机产生热风，一台烘干机可为8～10条，长10米的萎凋槽供热。四是鼓风机，安装在热风炉出风口与萎凋槽进风口之间，进风道上设有冷风门，用来调节风温。

3. 茶叶摊晾架

许多茶厂采用茶叶摊晾架，摊晾架可以放置多层摊晾盘，摊晾盘用铝合金材料制成，长宽为60厘米×80厘米，边高3厘米。摊晾盘的大小也可以视摊晾架的大小而定，也可以使用竹筛（见文前图5-3）。摊晾盘使用时，层层放置于摊晾架上，摊晾架高2米，最多可以放置10层摊晾盘，每个摊晾盘可以摊晾茶叶 1.5 ~ 2 公斤。

传统的摊晾方法采用竹筛或者竹筐，还有晒席，使用竹筛或者竹筐摊晾也可以放置在摊晾架上。

二、杀青机械

1. 瓶式杀青机

瓶式炒茶机是山区使用最广泛的杀青机械，既可以用于杀青，也可以用茶叶干燥，制造炒青茶。瓶炒机由铁制瓶式滚筒、传动装置、排风装置，电动机和机架等组成。瓶式筒体内安装螺旋导叶板，顺时针旋转时，茶叶保持在筒体内，处于杀青状态。杀青结束后，通过反向开关使滚筒逆时针旋转时，茶叶通过导叶板导出滚筒。排风机用于杀青时排除水蒸气，达到抖炒的效果。

2. 滚筒杀青机

滚筒杀青机是 20 世纪末推广普及的茶叶初制机具，滚筒杀青机仅用于杀青，在一些小茶厂也用于炒茶。滚筒杀青机由滚筒、传动装置、排风机、电动机和机架等组成（见文前图 5 - 4）。滚筒的直径有 40 厘米、50 厘米、60 厘米等几种规格，滚筒长 4 ~ 4.5 米。滚筒分为 3 段，第一段为进叶区，长 40 厘米，安装 4 ~ 6 条螺旋导叶板，导叶板的螺旋角为 60°；第二段为工作区（杀青区），长 3 米左右，螺旋导叶板的螺旋角为 15°；第三段为出叶区，在滚筒末端，长 30 厘米，导叶板螺旋角 45°。

3. 炒锅杀青

传统的茶叶杀青大多数采用锅炒杀青方式，铁锅采用普通家用饭锅，或者与饭锅相似专用茶叶杀青锅，铁锅直径 60 ~ 100 厘米。主要使用木柴和电作为燃料，不同的燃料，炉灶的样式不一样，使用木柴作为燃料的炉灶，铁锅大多数都安装成为斜锅，锅口平面与水平面呈 40°左右的夹角。为了防止木柴燃烧的烟火污染茶叶，烧火区与炒茶区用挡墙隔开。铁锅还可两锅、三锅或者多口锅连排安装。电热炒茶锅则一般呈水平安装。

双锅杀青机是一种半机械化的杀青机械，在铁锅上安装炒手，炒手安装在一根转轴上，由电动机带动旋转。炒手在转轴的带动下转动，刚好与铁锅的圆弧一致，炒手进入铁锅时，与铁锅始终保持2~3毫米的间距。杀青时，炒手不停地旋转带动茶叶翻炒。此外，还有蒸汽杀青机、微波杀青机、高温热风杀青机等。

三、茶叶揉捻机械

茶叶揉捻机械主要用于茶叶的揉捻、揉切，使其达到一定的细胞破碎率，一是有利于茶叶造型，二是有利于红茶发酵，三是提高茶叶的水浸出率。因此，茶叶揉捻机械分为揉条机和揉切机两大类，分别用于条形茶的揉捻和颗粒型（碎茶）茶的揉切。

1. 茶叶揉捻机

揉捻机由揉盘、揉桶、曲臂回转机构、旋转加压装置和传动装置组成（见文前图5-5）。主要用于条形茶的揉捻，生产上通常称为盘式揉捻机。揉捻机根据揉桶的直径大小，分为不同的型号，揉桶的直径一般有40厘米、45厘米、50厘米、……80厘米等，因此，揉捻机的型号也分为40型、45型、50型、……80型等。盘式揉捻机的揉盘上安装有固定的辐条，茶叶在揉桶内随揉桶运动，在揉盘内固定辐条的阻滞作用下，不停地滚动、翻动，茶叶逐步揉捻成条。装叶或者出叶都必须关闭电源，停止揉捻，因此，该揉捻机又称为间隙式揉捻机。

2. 红碎茶揉切机

红茶起源于明代，清代之前生产的红茶都是条形红茶称为工夫红茶，与条形绿茶的外形相同。红碎茶是中国红茶形状上的改良，是将制造过程中的揉捻改为揉切，因此而形成的颗粒状红碎茶。用于红碎茶揉切的机械有以下几种。

1）转子机

转子机是红碎茶制造的主要揉切机械，根据洛托凡（Rotor Vane）揉切机改进而成，转子机由筒体、转子、十字切刀、尾盘、传动装置和机架组成。筒体内径有20厘米、25厘米、30厘米等规格。筒内壁由铜质材料制成，安装6条纵向楞骨，转子上安装不等距的螺纹，尾部安装十字刀片，出茶口安装尾盘。茶叶进入转子机之后，在转子上的螺纹推进下前进，受到转子与筒壁的挤压，最后通过旋转的十字切刀被切碎，并通过尾盘的小圆孔挤出转子机。筒壁与转子之间的最小距离为0.5毫米，因此，转子机有比较强的挤压力，红碎茶的颗粒比较紧实。转子机适宜于纤维含量高的中小叶茶树品种和稍粗老的原料。

2）辊切机

辊切机（Crashing Tearing Machine），于1930年由印度人麦克彻尔在阿萨姆创制，由传动装置、齿辊、输送装置等组成。辊切机由一对或者数对齿辊组成，齿辊上有比较锋利的齿，两辊作相向运动，转速分别为70转/分钟和700转/分钟。齿辊之间的可调距离为0.05~0.2毫米。萎凋叶经过两辊之间，被齿辊卷紧、撕碎，并且挤压成为颗粒。

3）劳瑞切茶机

劳瑞切茶机（Lawrie Tea Processor，LTP）也称为锤切机，锤切机由英国人于20世纪70年代发明。锤切机由筒体、转子、传动装置和机架组成。筒体内径56厘米，内衬为不锈钢，转子转轴上间隔安装41块圆钢板，在钢板半径约15厘米左右圆周上，钻有4个对称的小孔，在小孔中安装小圆轴，轴上带有锤片或者锤刀，4个锤刀一组，一共164片。作业时，转子带动圆钢板转动，钢板上安装带有锤刀的小轴也飞快旋转，将萎凋叶打碎。

四、茶叶发酵设备

（1）发酵室。红茶发酵都是在发酵室内进行，发酵室根据茶叶产量的大小设计建设。室内层高4米以上，通风、透光，现代发酵室可以进行调温、调湿。

（2）发酵架。发酵架高2米左右，可以放置多层发酵盘或者发酵筐等盛茶器具。发酵架用木质材料或者金属材料制成，安置在发酵室内，发酵茶叶装入发酵筐、发酵盘内，放置于发酵架上。

此外，在其他红茶产区也采用一种发酵车，发酵车长100厘米、宽70厘米、高50厘米。下面设置通气管道，中间放置一层隔板，隔板上有小孔，发酵叶放置于隔板上，厚40厘米。发酵时，向发酵车管道内通入自然冷空气，以提供氧气，排除二氧化碳和降低发酵温度。通入空气的时间根据季节不同而有所不同。

五、青茶初制机械

我国福建是青茶的主要产区，制造青茶的设备不同于其他茶类的制造设备，主要有摇青机和包揉机。

1. 摇青机

摇青是青茶制造的特殊工艺，是将萎凋叶与竹筛或竹筐发生碰撞，产生茶叶的机械损伤。破损的茶叶细胞内，茶多酚与多酚氧化酶接触，催化茶多酚发生氧化，形成茶黄素、茶红素，同时形成青茶的特殊香味。

传统的青茶摇青采用手工方法，使用簸箕，也称为竹筛，直径60厘米左右，筛沿高4厘米左右。20世纪70年代之后，摇青机开始大量地在生产上应用。

摇青机由摇青滚筒、传动装置和机架组成（见文前图5-6），摇青滚筒用8毫米竹篾编织而成，外用木质或者铁质骨架以保证其强度，筒体长约2米，直径80厘米，筒体上设置可开启的进出茶门。筒体两端安装木质或者铁质的十字架，传动轴穿过两端的十字架，带动筒体转动。早期的摇青机依靠人工摇动，之后改由电机带动。

2. 包揉机

青茶的传统包揉采用手工揉捻，将杀青叶装入小布袋里，每袋0.8公斤左右，完全用手工方法完成揉捻。揉捻机出现之后，将装有杀青叶的小袋装入普通揉捻机，一次可以装入10多小袋。这种揉捻方式大大提高了揉捻效率。现在采用的包揉机（见文前图5-7）由揉盘和压盘组成，传动装置与普通盘式揉捻机相同，由电机作为动力。揉捻时将杀青叶装入大布袋，扎紧袋口，放在揉盘上，每次揉捻可以放入两袋揉捻叶。开始揉捻时，将压盘适当加压，启动揉捻机，并逐步加压。

六、茶叶干燥机械

1. 烘干机

烘干机是现代茶叶制造的主要干燥设备，应用最广泛的是自动链板式烘干机和手拉百叶式烘干机。

1）自动链板式烘干机

自动链板式烘干机简称自动烘干机（见文前图5－8），由箱体、4～6层独立运行的链板（链板由宽8厘米左右，可以在一定范围内旋转的小板组成）、进叶装置（包括茶叶厚度调节）、热风炉、风机等组成。茶叶进入烘干机之后，在茶叶下落区（在每一层链板的端头，约10厘米宽）小板旋转至垂直于水平面的状态，经过下落区，小板恢复水平状态。在小板处于垂直状态时，链板上茶叶自动下落至下一层链板。链板带动茶叶前进到另一端时，茶叶又自动下落到下一层链板。第二层链板承接下落的茶叶之后，往相反方向运动，如此反复下落到最下面一层，最后输送到烘干机外。自动烘干机有6CH10、6CH16、6CH20等多种型号，第一位数字6，表示烘干机有6层链板，C表示茶叶，H表示烘干机，后面的数字表示烘干机的有效摊晾面积。

茶叶烘干过程中，上层茶叶含水量最高，最下层含水量最低，在红茶烘焙过程中为了迅速钝化生物酶的活性，必须保证进入上层热空气的温度达到120℃。现在的烘干机都是采用分层送风的方式，保持进入上层的热空气温度与其他各层相同。

2）手拉百叶式烘干机

手拉百叶式烘干机由箱体、4～5层百叶板组成。每一层百叶板由数量相等，宽8厘米，可以在180°以内旋转的小百叶板组成。配置热风炉、风机等装置，或者在烘干机底部安装电热装置。手拉百叶式烘干机的百叶板是依靠箱体外的操作杆，改变小百叶板的工作状态。用操作杆将全部百叶板调整到水平状态时，百叶板形成一个平面，茶叶均匀的铺撒在百叶板上，将百叶板旋转90°，每一块小百叶板与水平面呈垂直状态，茶叶则自动下落到下一层。操作时，当上层茶叶下落时，下一层百叶板一定要调整到水平状态。

2. 多槽扁茶炒制机

多槽扁茶炒制机也称为“多功能理条机”，既可以炒制扁形茶，也可以炒制针形茶（见文前图5－9）。该炒茶机由槽形锅体、炉灶、传动装置、压辊和机架等组成。槽形锅体有6～12条，平行排列，每条槽长60厘米，槽口宽12厘米。槽形锅体由电动机通过传动装置带动，作往复运动，往复频率为90～140次/分钟。根据制茶的需要，可以调整其往复运动频率。可以分别使用煤、电、气作为能源。作业时将杀青之后的芽叶均匀地投入各槽内。茶叶在槽内往复运动，不断翻动，逐步失去水分，并逐渐由交替状态变为顺槽体运动，起到理条的作用。若炒制扁形茶，将压辊放进槽体，压辊在炒制过程中不断更换，由轻而重，茶叶在炒制过程中被压扁。炒制针形茶则不加压辊，直接炒干。

3. 茶叶提香机

茶叶提香机是根据绿茶制造过程中，高温提香的原理研制的一种设备，这种设备适用于绿茶、黄茶、白茶、青茶和红茶。在传统的手工制茶过程中，各种茶类在干燥的最后阶段，无论是炒干还是烘干，都要保持适宜的温度。在结束干燥之前，需要适当提高干燥温度，保持1分钟左右，这样有利于提高茶叶香气，称为高温提香。提香机由烘焙箱、电热系统、控温装置组成，有些还有配置远红外系统等。茶叶提香机适宜于各种完全干燥的茶叶，通常在茶叶出厂包装之前使用。

七、蒸青设备

明代之后，锅炒杀青成为茶叶杀青的主要方式，仅湖北恩施玉露和芥茶还保留了蒸汽杀青。在日本，茶叶杀青则大都采用蒸汽杀青。21世纪初，日本川崎机工株式会社在浙江建立了浙江日本川崎茶业机械有限公司，生产蒸青茶成套设备。由蒸青机、冷却机、叶打机、粗揉机、揉捻机、中揉机、精揉机和自动烘干机8个主要机具组成，完全实现了蒸青煎茶全自动连续化生产。

蒸青机利用高温蒸汽杀青，其结构由外筒和可转动的内筒组成蒸青杀青区，内筒中安装带有叶片的搅拌轴。筒体的水平角度可以调节，以控制鲜叶在筒体内蒸青的时间。蒸青机附有蒸汽发生器，鲜叶输送装置，机械传动装置。鲜叶经过蒸汽杀青之后直接输入冷却机。冷却机采用冷空气将蒸青叶冷却，并且在输送过程中完成。

叶打是日本蒸青绿茶的一道重要工序，其作用是散失茶叶的水分，并实现初步揉捻。叶打机由槽锅、炒手、热风供应系统和传动装置组成。冷却后的茶叶输入叶打机槽锅内，在竹片炒手的转动过程中，不停翻动，并且受到轻度的揉捻，同时热风机不断地供应热风，使茶叶逐步失去水分，并且输入到下一工序。

初揉机由进茶口、出茶口、热风进口、揉捻筒组成，揉捻筒内壁安装竹质棱骨、可调节力量的揉手。揉捻时开启热风，输入茶叶，热风量、揉手的压力及转动都可以调节。蒸青茶叶经过叶打之后，再经过粗揉、揉捻、中揉、精揉之后，再进行干燥。

第三节　古代茶叶制造

古人利用茶叶作为食物，生煮羹饮，“荼”虽然苦，“其甘如荠”为了一年四季都能够“吃”到茶叶，古人将成熟的茶叶从茶树上“捋”下来，或者“伐而掇之”，晒干收藏。在茶树新梢生长的季节食用鲜叶，非生长季节，则烹煮羹饮。晒干收藏算是茶叶加工的初始阶段。早期的这种原始加工方法，有点类似现在白茶制造过程，白茶的制造盖源于此。但从制茶学的角度，还不能说是现代的白茶制造工艺，更不能认为中国最早出现的茶类是白茶。因为茶叶的制造应该有明确的原料和原料的分类，有明确的工序和技术指标。因此，这种晒干收藏还不能认为是制茶学意义上的茶叶制造，但是茶叶制造起源于此。

一、唐代及之前的茶叶制造

中国早在西汉时期就有了商品茶叶的记载，到了三国时期才有了关于茶叶制造的文字记载。张揖著的《广雅》（约公元230年）中有：“荆、巴间采叶作饼，叶老者，饼成以米膏出之”的记载。“荆、巴间”是指长江中上游重庆与湖北的长江两岸地区。从中可以看出，在三国时期四川（包括现在重庆市）就普遍将茶树鲜叶制成茶饼，这是三国时期及其之前的茶叶制造方法。这种制造茶饼的方法一直传承到唐宋时期。

饼茶是唐代的主要茶叶产品，其制造方法在陆羽的《茶经》中有比较详尽的描述：“晴采之，蒸之，捣之，拍之，焙之，穿之，封之，茶之干矣。茶有千万状，鲁莽而言，如胡人靴者蹙缩然。犎牛臆者廉襜然，浮云出山者轮囷然。轻飚拂水者，涵澹然。有如陶家之子罗，膏土以水澄泚之。……自采至于封七经目，自胡靴至于霜荷八等，……出膏者光，含膏者皱，宿制者则黑，日成者则黄，蒸压则平正，纵之则坳垤，……”陆羽将饼茶的制造过程及产品形状、等级、质量都作了详细的描述。其中也提到茶饼不及时干燥会发黑，当天干燥则显黄色。

“采之，蒸之”是将采摘之后的鲜叶置于甑中，甑用木制或陶制，甑内底部用箅承放鲜叶，并将鲜叶与锅中的水分开。蒸熟后将茶叶取出，散其团块，摊晾冷却。“捣之，拍之”是将冷却后的芽叶放入杵臼内捣碎至细，然后把捣碎的芽叶放在规（一种木或者金属制成的或方或圆的模具）中，置于固定不动的“承”上，而承上要先垫上“襜”（一种织物），规放襜上，将捣碎至细的芽叶放入规中拍压成型。然后将茶饼放置在“芘莉”（一种竹制器物，宽二尺五，长三尺，类似筛子）上。“焙之，穿之”是焙干后就成饼茶。用“棨”将茶片凿一个孔，“棨”是古代的锥子，“穿”是用竹丝将焙干的茶饼穿起来。“封”则是包装，以便搬运。

在唐代，茶叶的制造似乎很简单，陆羽仅仅用了七个字，就把饼茶制造过程描述完成。但是，茶叶制造过程中需要的各种器具则是纷繁复杂的。茶饼也有大小，一斤为上串，半斤为中串，四五两为小串。四川东部以榖皮穿成串，120 斤为大串，80 斤为中串，50 斤为小串。茶饼贮存时用“育”的器具。育用木材制成框架，外用竹编制，糊上纸，上有盖，下有底，中间有隔，旁开一扇门，育内底部放一器物，可盛无焰的火，在梅雨季节可防潮。

唐代茶叶制造以生产饼茶为主，也同时有散茶生产，也有用全芽生产的芽茶。除饼茶采用蒸汽杀青外，同时也出现了锅炒杀青的方式。

二、宋代的茶叶制造

宋代的茶叶生产，在唐代的基础上有了进一步的发展，极其重视贡茶生产，贡茶在原料的选择和制造的技术上无不盛造其极。“凡茶芽数品，最上曰小芽、如雀舌、鹰爪以其劲直纤锐，故号芽茶。次曰中芽，乃一芽带一叶者，号一枪一旗。次曰紫芽，乃一芽带两叶者，号一枪两旗。其带三叶、四叶，皆渐老矣。”“芽茶只作早茶，驰奉万乘尝之可矣”。贡茶仍以蒸青饼茶为主，沿袭唐代制法，但是与唐代的制造方法颇有不同。蒸茶，茶芽再四洗涤，取令洁净，然后入甑。榨茶，茶既熟，谓茶黄，须淋洗数过，小榨以去其水，又入大榨出其膏。唐代尽管也要捣、拍，但远不如宋代贡茶制造的烦琐和精细。

宋代开始了对制茶的鲜叶原料进行分类，主要是贡茶的生产，其原料一般分为小芽、中芽、紫芽、白合、乌蒂等级别。同时，对级别不同的原料分别制造。作为质量最高的斗茶，则不能掺入其他等级的原料，这样一来可以保证制作出的茶叶质量。在民间生产普通的茶叶，则原料通常也是一芽二、三叶，或更加粗老。

1. 宋代的贡茶制度

宋代的皇室、士大夫及上层社会都非常崇尚饮茶，为了满足皇室及上层社会的需要，宋代专门建立了贡焙，以生产皇室所需要的茶叶。宋代的贡茶在中国历史上达到了登峰造极的地步。

宋代的贡茶有两种方式生产：一种是由朝廷在地方建立的官办生产机构，称为官焙，其茶叶产品主要供应皇室之需。官焙有专门的茶树种植园，提供贡茶原料，春茶采摘期间，由地方官员组织劳力，集中采摘。

制造贡茶有专门的贡焙，即加工作坊。每年贡茶的数量是有一定的计划，宋代的贡焙主要集中在建州。[1] 另一种是地方的贡茶，地方贡茶的生产，没有专门的茶园，也没有专门的贡焙，是各茶叶产地长期沿袭的一种土特产品的进贡方式。

1）贡茶种植园

据宋子安《东溪试茶录》[2] 记载："建溪之焙有三十有二，北苑首其一，而园别为二十五，苦竹园头甲之，鼯鼠窠次之，张坑头又次之。"壑源、北苑、佛岭、沙溪等地都是为贡茶生产原料的茶园。这些茶园分布于山间沟壑，土壤不同，阴坡、阳面也各不相同，茶叶原料质量也存在差异。苦竹园茶叶原料最上，壑源陇北，税官山，其茶甘香。壑源大窠之东，茶色黄而味多土气。北苑之南山、佛岭、沙溪等地部分茶园，土薄而茶树不茂，茶汤不鲜明，味短而香少，苦而少甘。尽管处于同一地区，由于土壤酸碱度不同，土壤肥沃程度不同，阴坡、阳坡不同，茶叶原料的质量也不尽相同。

除《东溪试茶录》记载的茶园外，另据《北苑别录》记载，供应北苑官焙的茶园有46所。"……方广袤三十余里。……自官平而上为内园，官坑而下为外园。"有"横坑""张坑""带园""西际""官平""曾坑""阮坑""新园""上下官坑"等茶园。

2）贡焙

宋代的贡焙制度始于宋太宗时期（公元980年前后），"太平兴国初，特制龙凤模，遣使即北苑造团茶，……庆历中，蔡君谟将漕，创造小龙团以进，被旨仍岁贡之。……元丰间，有旨造蜜云龙，其品又加于小团之上。"到宋徽宗政和年间（公元1111～1118年），贡茶制造发展到了一个新高度，在北宋时期的160多年间，贡茶的产品不断创新。

据《东溪试茶录》（公元1064年前后撰）记载："旧记建安郡官焙三十有八，……我宋建隆以来，环北苑近焙，岁取上贡，外焙俱还民间而

---

[1] 宋代建州即今福建省建瓯市。

[2] 宋子安．东溪试茶录［G］//陈祖椝，朱自振．中国茶叶历史资料选编．北京：农业出版社，1981：32.

裁税之。……官私之焙千三百三十有六，而独记官焙三十二……。”官焙生产的贡茶都是为宋朝的宫廷之需，民间不能享用。如此大规模的官焙，一年生产的贡茶达到几十万斤。

3）贡茶的形制

宋代的贡茶，从太宗朝太平兴国年间开始，在建州北苑设立贡焙并且制造龙团凤饼。直到宋徽宗政和年间，以茶叶嫩梢剔叶取心，制成银丝水芽、龙团胜雪。这些贡茶采摘之精、制作之工、品第之胜、烹点之妙，莫不盛造其极。贡茶的品类繁多，不同年代有不同的形制，总体趋势是小型化、原料高度精细化。

南宋时期的贡茶品第，有细色五纲、麤（粗）色七纲。据《北苑别录》记载：“细色第一纲，龙焙新贡，水芽；……细色第二纲，龙焙试新，水芽；……细色第三纲，龙团胜雪，水芽；……细色第四纲，龙团胜雪，……无比寿芽，……万寿银芽，……宜年宝玉，……玉清庆云，……无疆寿芽，……玉叶长春，……瑞云翔龙，……长寿玉圭，……细色第五纲，太平嘉瑞，……龙苑报春，……南山应瑞。”细色的第一纲至第三纲，全部用水芽制造。据《宣和北苑贡茶录》记载：“至于水芽，则旷古未之闻也。……盖将已拣熟芽再剔去，只取其心一缕，……光明莹洁，若银线然。其制方寸新銙，有小龙蜿蜒其上，号龙团胜雪。”

细色第四纲以下，用小芽或者中芽制造。麤色一共有七纲，主要采用拣芽❶制成。麤色七纲茶大部分加入龙脑，同时也有不加入龙脑的。入香龙茶，每斤不过用脑子一钱❷（约3克）。细色各纲，麤色各纲都是属于正贡。麤色七纲茶，每一纲又有不同花色，每个花色的贡茶都超过1000片，并且用白描手法绘制了部分龙团凤饼等贡茶的图案。

据《杨文公谈苑》记载：“建州，……迄今岁出三十余万觔，凡十品，曰龙茶，凤茶，京挺，的乳，石乳，头金，白乳，蜡面，头骨，次骨。龙茶以贡乘舆，及赐执政亲王长主，余皇族学士将帅皆凤茶，舍人

❶ 拣芽，一芽一叶称为拣芽或者中芽，也称一枪一旗。

❷ 庄季裕．雏肋篇［G］//陈祖椝，朱自振．中国茶叶历史资料选编．北京：农业出版社，1981：252.

近臣赐京挺、的乳，馆阁赐白乳。”

宋代的贡茶尽管品第凡多，数量高达几十万斤，但从皇帝及皇族到不同等级的官员，对贡茶的享受有严格的等级制度。龙茶只能供皇帝享用，或由皇帝赐给皇族大学士；凤茶赐给将帅、舍人，依次降低等级。

2. 宋代贡茶的制造方法

宋代的茶叶生产在中国制茶历史上有十分重要的意义。为了满足宫廷对茶叶的需求，宋王朝在福建建立了生产贡茶的官焙。这些官焙在茶叶制造技术方面进行了深入的探索和研究，为茶叶制造技术的发展作出了贡献。

1）原料

贡焙生产贡茶的原料，采自官场，《北苑别录》记载，供应北苑官焙的茶园有 46 所。“……广袤三十余里。自官平而上为内园，官坑而下为外园。……采茶之法，须是侵晨，不可见日。侵晨则夜露未晞，茶芽肥润，见日则为阳气所薄，使芽之膏腴内耗，至受水而不鲜明。故每日常以五更挝鼓，集群夫于凤凰山，监采官人给一牌，入山，至晨刻则复鸣锣以聚之，……茶有小芽，有中芽，有紫芽，有白合，有乌蒂，此不可不辨。小芽者，其小如鹰爪。初造龙团胜雪、白茶，以其芽先次蒸熟，置水盆中，剔取其精英，仅如针小，谓之水芽。是小芽中之最精者也。中芽，古谓一枪一旗是也。紫芽，叶之紫者是也。白合，乃小芽有两叶相抱而生者是也。乌蒂，茶之蒂头是也。凡茶以水芽为上，小芽次之，中芽又次之，紫芽、白合、乌蒂，皆在所不取。”

2）蒸茶

“茶芽再四洗涤，取令洁净，然后入甑，候汤沸蒸之。然蒸有过熟之患，有不熟之患。过熟则色黄而味淡，不熟则色青而易沉，而有草木之气。唯在得中为当也。”❶ 蒸茶其实质就是杀青，利用高温水蒸气使茶叶中的各种生物酶失去活性。蒸青要掌握适度，以生物酶完全失去活性为

---

❶ 赵汝砺. 北苑别录［G］//陈祖槼，朱自振. 中国茶叶历史资料选编. 北京：农业出版社，1981：87.

标准。

宋代制茶，虽然不知道茶叶内含物质的成分和制茶过程中的变化规律，但是已经能够准确地掌握这种表面的变化。蒸青程度不够，茶叶中的各种生物酶没有完全失去活性，特别是茶叶中多酚氧化酶的残存活性，会造成茶多酚的进一步氧化，使茶汤变黑；蒸青过熟时，由于原料的柔嫩，则会造成烂芽。宋代用煎茶的方法饮茶，蒸青不熟，茶汤青绿、色沉，甚至发黑，滋味苦涩，存在草木之气；蒸茶过熟，叶黄、汤黄，滋味熟闷。

3）压黄

茶芽蒸熟之后称为茶黄，宋代贡茶制造过程中，压黄是一道重要的工艺过程，宋代也是茶叶制造历史中非常重视压黄工艺的时代。压黄又称为出膏，采用压榨的方法，除去茶黄中的水分和部分茶汁。

据《大观茶论》记载："茶之美恶，尤系于蒸芽压黄之得失，蒸太生则芽滑，故色清而味烈，过熟则芽烂，故茶色赤而不胶。压久则气竭味漓，不及则色暗味涩。蒸芽欲及熟而香，压黄欲膏尽急止。如此，则制造之功十已得七、八矣。"

黄儒《品茶要录》认为："榨欲尽去其膏，膏尽则有如干竹叶之色，唯饰首面者，故榨不欲干，以利易售。试时色虽鲜白，其味带苦者，渍膏之病也。"

宋代制造贡茶，非常重视压黄工艺，对压黄也普遍认同，但是对于压黄对茶叶品质的影响，也有不同的认识。宋子安《东溪试茶录》却认为："去膏未尽则色浊而味重。受烟则香夺，压黄则味失，此皆茶之病也。"❶ 压黄会造成"味失"，是对压黄掌控不当，时间过长，茶叶黄变，失去茶香。

压黄是采用压榨的方法，"茶既熟，谓之'茶黄'，须淋洗数过，方入小榨以去其水，又入大榨出其膏。先是包以布帛，束以竹皮，然后入

❶ 宋子安. 东溪试茶录［G］//陈祖槼，朱自振. 中国茶叶历史资料选编. 北京：农业出版社，1981：38.

大榨压之。至中夜，取出，揉匀，复如前入榨。彻晓奋击，必至于干净而后已。盖建茶味远而力厚，非江茶之比，江茶畏沉其膏，建茶惟恐其膏之不尽，膏不尽，则色味重浊矣。”❶

根据以上记载，压黄是采用压榨的方法，从文献描述的压榨过程来看，蒸熟的茶叶，先用干净的冷水淋洗数次，然后用干净的布将茶叶包起来，再用竹篾捆扎，入榨压黄。压至半夜，取出揉散，再重新包束压榨。由此看来，这种压榨的方式是一种静压，而不是用杠杆加压。压榨出膏，压出茶汁，减少苦涩，从宋代的文献记载中，认为压黄十分重要，对茶叶的品质影响很大。宋代的小榨、大榨究竟压出了多少茶汁，对茶叶品质有多大的影响，一方面可以根据压榨的情况去推测，另一方面可以根据现代揉捻技术去对比分析。压榨是一种静压力，远不如现代的揉捻。宋代的茶黄蒸熟之后，本身有比较高的含水量，又淋洗数次，表面水分比较多，小榨压过之后，除去了部分表面水分。再入大榨，茶叶用布帛包裹，用竹篾束缚，这种包起来的茶包，有比较大的表面积，用几百斤上千斤的重量压榨，其静压力产生的压强也很小，远远达不到现代揉捻机对茶叶产生的挤压力。即使用现代揉捻机械，在揉捻过程中，有茶汁溢出，也是仅仅达到揉捻叶的表面润湿，并不能够形成大量的茶汁流出。因此，宋代的压榨方法压出的茶汁也非常有限的，压出的茶汁应该主要是表面水分。因此，压榨出膏以减少苦涩味缺乏科学理论依据。

宋代制造贡茶明显地夸大了压黄的出膏作用，从现代制茶原理去分析，宋代的制茶者认为，经过压黄之后，茶叶苦涩味减少，是压出茶汁的结果。其实不然，从压榨过程来看，茶叶包束在布帛里，外用竹篾束缚，茶叶含水量高达60%以上。经过十几个小时的压榨，其内含物质不可避免地发生自然氧化，自然减轻了茶叶的苦涩味，而不是因为压黄压出了茶汁的原因。这就是为什么压黄工艺在宋代之后逐步被淘汰的原因。压黄工艺被淘汰还有一个重要原因，就是锅炒杀青的大量应用，杀青之

---

❶ 赵汝砺．北苑别录［G］//陈祖椝，朱自振．中国茶叶历史资料选编．北京：农业出版社，1981：87．

后茶叶的含水量大幅度减少，而用压榨的方法不可能压出茶汁。

4）研茶

据《北苑别录》记载："研茶之具，以柯为杵，以瓦为盆，分团酌水，亦皆有数。上而胜雪、白茶以十六水，下而拣芽之水六，小龙凤四，大龙凤二，其余皆十二焉。自十二水以上，日研一团，自六水而下，日研三团，至七团，每水研之，必至于水干茶熟而后已。水不干，则茶不熟，茶不熟，则首面不匀，煎试易沉。故研夫尤贵于强而有力者也。"

研茶是宋代贡茶制造过程中最重要的工艺之一，研茶就是唐代制饼茶过程中的捣拍，是将蒸熟之后茶叶捣碎，或者研碎。宋代研茶以柯为杵，使用木制杵棒，在瓦盆里研（捣）制。研茶过程中要分团酌水，酌水的量和次数因为原料嫩度不同而不同。贡茶因为原料嫩度不同而制造等级不同的贡茶。原料嫩度越高，用白茶品种或者水芽作原料，制造等级最高的龙团胜雪，研茶时间最长，酌水次数越多。

酌水，顾名思义就是根据研茶过程中茶叶干湿情况，适量地加入水分，研制高级别的贡茶，酌水次数达到十六次。每一次酌水都是研制到水干茶熟，水干并不是指茶叶完全干燥，只是研茶过程中，水分太少而已。水分太少，茶叶则粗细不匀。用拣芽（一芽一叶）作原料的龙团凤饼，则酌水二至六次。研茶需要强壮而有力者，才能研得细腻而均匀。酌水十二次以上的茶饼，一天只能研制一团，酌水六次以下的，一天可以研制三到七团。可见宋代贡茶制造过程中研茶所花费的功夫和时间。

研茶既需要强劳动力，更需要时间。根据现代制茶学的理论，研茶的目的是为了提高茶叶细胞的破碎率，增加水浸出物。宋代贡茶制造过程中，研茶的目的不完全是为了达到一定程度的细胞破碎率，而是为了茶饼的外观形状，达到"首面均匀"。据《大观茶论》记载："茶之范度不同，如人之有首面也。膏稀者，其肤蹙以文；膏稠者，其理歙以实。"研茶采用木杵在瓦盆里将茶捣碎，原料嫩度不同，酌水、研茶的次数不同。研次越多，酌水适当，则研膏细腻，干湿得当，制造的茶饼自然光洁，模具上的图案也会在饼茶上栩栩如生地表现出来。因此，宋代贡茶的研制工艺主要是为了提升茶饼的外观形态。

5）过黄

过黄也是贡茶制造过程中的一道重要工序。《北苑别录》记载了过黄的详细过程："茶之过黄，初入烈火焙之，次过沸汤爁之，凡如是者三，而后宿一火，至翌日遂过烟焙之火，不欲烈，烈则面炮而色黑。又不欲烟，烟则香尽而味焦。但取其温温而已，凡火数之多寡，皆视其銙之厚薄。銙之厚者，有十火，至于十五火。銙之薄者，七、八、九火至于十火。"❶

从上述记载的过黄过程来看，过黄是饼茶制造过程中的一道工艺，是指茶饼在初焙定型之后，用沸水淋之，重复三次。散茶不可能入烈火烘焙，也不能够将茶饼投入沸水。只有干燥成型的茶饼，才能够过沸水。如此反复过黄，其目的是减少茶叶的苦涩味。因此，过黄工艺仅适用于粗老原料制造的饼茶。龙团、凤饼不可以过黄，如此反复过黄，茶饼上的图案将不复存在。

过黄是宋代制茶的一种探索过程，通过反复的烘焙、过沸水，以减少茶叶的苦涩味。从现代制茶学的理论来解释这种方法，过黄是非常不科学的，反复烘焙、过沸水，将会大量地失去茶叶的内含物质，虽然可以达到降低苦涩味的目的，但是弊大于利。通过反复过黄，茶饼的外观形象将受到很大的影响。

6）烘焙

宋代的茶焙与唐代的茶焙基本相同，茶饼用焙干燥，而散茶使用烘笼干燥。"夫茶本以芽叶之物就之棬模，既出棬，上笪焙之，用火务令通彻，即以灰覆之，虚其中，以热火气。然茶民不喜欢用实碳，号为冷火，以茶饼新湿，欲速干以见售，故用火常带烟焰，烟焰既多，稍失看候，以故熏损茶饼，试时其色昏红，气味带焦者，伤焙之病也。"❷"焙用热火置炉中，以静灰拥合七分，露火三分，亦以轻灰掺覆。良久即置焙篓上，

---

❶ 赵汝砺．北苑别录［G］//陈祖椝，朱自振．中国茶叶历史资料选编．北京：农业出版社，1981：88.

❷ 黄儒．品茶要录［G］//陈祖椝，朱自振．中国茶叶历史资料选编．北京：农业出版社，1981：41.

以逼散焙中润气。然后列茶于其中，尽展角焙，未可蒙蔽，候火速彻覆之。火之多少，以焙之大小增减。探手中炉：火气虽热，而不至逼人手者为良。”

贡茶的烘焙方法与唐代制饼茶相同，先做好茶焙，烘焙时先将火炉放置于焙中，待焙中温度升高之后，再将茶饼放置于焙中。焙中温度以不灼手为适度。

“官焙有紧慢火候，慢火养数十日，故官茶色多紫。民间无力养火，故茶虽好而色亦青黑。”[1] 凡火之数多寡，皆视其銙之厚薄，銙之厚者，有十火至于十五火，銙之薄者，六火至于八火，火数既足，然后过汤上出色。贡茶的烘焙过程是很漫长的过程，多则十日、十数火，少者七八火。民间也生产饼茶，没有贡茶制造过程中的榨茶、研茶、酌水、过黄等烦琐复杂工艺。

3. 宋代的散茶制造

宋代是中国茶叶大发展的时期，又是特别注重贡茶生产的时代，因此，贡茶制造方法多见于历史文献，而关于普通茶叶的制造方法则很少，也不全面。贡茶的制造对民间茶叶生产和饮茶的普及影响则是非常广泛和深远的。

宋代散茶出淮南、归州、江南、荆湖，有龙溪、雨前、雨后之类十一等。宋代散茶产地和种类都比较多，“南渡之后，茶渐以不蒸为贵”，散茶制造主要是在南宋开始大发展。北宋之前，尽管也采用炒青的方法杀青，其主要的杀青方法仍然是蒸青。由于宋代特别重视贡茶的生产，而关于散茶制造方法的记载，则鲜见于文献记载。元代的茶叶文献记载了散茶的制造方法，元代的茶叶制造传承了南宋时期的茶叶制造方法。因此，宋元时期的散茶制造方法是基本相同的。

4. 窨花茶的起源

宋代开始出现花茶窨制，木樨、茉莉、玫瑰、蔷薇、兰蕙、橘花、

[1] 庄季裕. 雞肋编［G］//陈祖槼，朱自振. 中国茶叶历史资料选编. 北京：农业出版社，1981：252.

栀子、木香、梅花皆可作茶。诸花开时，摘其半含半放香气全者，三停茶叶一停花，即三倍茶叶量于鲜花量。用鲜花窨茶，始于宋代，一直到清代中期，花茶的窨制，还仅限于文人雅士的雅好，没有形成大规模的生产。

三、明、清时期的茶叶制造

在中国的制茶历史上，明、清两代是一个非常重要的时期。明代之前的元代，其茶叶制造方法基本上沿袭了宋代的制茶方法，在生产饼茶的同时，也大量生产散茶，在制茶工艺上没有明显的改变。

在明代的茶叶文献中尽管没有看到关于红茶制造的介绍，但是红茶在明代已经出现却是事实。明末清初，出现了青茶。清初王草堂的《茶说》中有了关于青茶制造过程的详细记载："武夷茶自谷雨采至立夏，谓之头春，约隔二旬复采，谓之二春，又隔又采，谓之三春。头春叶粗味浓，二春三春叶渐细，味渐薄，且带苦矣。夏末初秋，又采一次为秋露，香更浓，味亦佳。……茶采后以竹筐匀铺，架于风日中，名曰晒青，候其青色渐收，然后再加炒焙，……烹出之时，半青半红，……茶采而摊，摊而摝香气发越即炒，过时不及皆不好……"青茶产生于明末，还是清初尚无定论。由此以来，中国六大茶类的制造工艺，在明末清初基本形成。

到了清代，中国的六大茶类的制造已经十分完善，只是制造过程基本上是手工生产，仅仅使用极其简单的工具。到了清中期，英国东印度公司将中国的茶种带到印度，并且带去了工夫红茶的制造技术，通过机械将茶叶切成细小的颗粒，加工成为红碎茶。茶叶切细之后，使发酵更加均匀，茶汤更加红亮，滋味更加浓爽。

第四节　茶叶初制工艺

现代茶叶制造分为初制、精制和再加工。初制是将茶树鲜叶按照不同茶类的质量要求，制成六大茶类的初级产品。而精制的目的则是在初级产品的基础上使之规格化，并除去非杂质和不符合要求的碎、片、末等，然后进行拼配，使之符合标准茶样或者买方的要求。初制决定了不同茶类的品质，精制只是改变茶叶的外部形态。茶叶再加工则主要是指各种紧压茶的压制和花茶的窨制。茶叶的初制工艺根据茶类不同而有所不同，主要有以下11种。

一、摊晾

在六大茶类的制造过程中，都要进行摊晾。摊晾是将茶树鲜叶，或在制过程中有一定含水量或者在制过程中温度高于室温的茶叶，薄摊于专用的设备上，以达到降低茶叶含水量和叶温，防止鲜叶和在制品变质的工艺技术。因此，就摊晾的目的而言，一是防止鲜叶在堆放过程中，因呼吸作用产生高温而变质；二是在茶叶杀青、烘焙、揉捻、干燥等制造工序之后，茶叶有很高含水量，茶叶温度也高，茶叶内含物也不可避免地发生的发生氧化、水解等化学反应。为了防止茶叶在高温、温热的作用下，其主要内含物发生氧化、分解，甚至腐败变质，需要摊凉散热。

鲜叶的摊晾的方式，在手工生产的时代一般在室内使用竹筛、竹廉、或者晒席进行摊晾，在大规模生产中，鲜叶摊晾采用晾青架的方式进行摊晾，摊晾架可以放置多层竹筛。现代的茶叶摊晾，都有大规模的摊晾车间，或者采用萎凋槽进行摊晾。

摊晾的目的不同，掌握的标准也不相同。为了防止鲜叶变质，宜低温薄摊，为了提高茶叶香气，可以采用间断地吹风摊晾，为了降低鲜叶水分含量，则需要适当地吹入热风，热风温度30℃左右，这种摊晾称为萎凋。

二、杀青

杀青的目的是利用蛋白质在高温下钝化变性，不可逆转这一原理，通过各种加温方法，提高鲜叶温度，达到生物酶变性失去活性并且不可逆转的目的。目前的研究证明，茶叶中的多酚氧化酶和过氧化物酶是造成茶叶红变的主要生物酶类，在75℃的高温条件下，这两种酶才完全失去活性，因此，制茶学将杀青叶温设定到80℃，作为杀青的临界温度。根据实践，杀青通常要迅速提高茶叶温度，使叶温迅速、均匀地达到80℃以上，并且保持数分钟，使各种生物酶完全失去活性。

高温杀青在短时间内迅速停止鲜叶的新陈代谢，尽可能保持鲜叶的各种生化成分在杀青前的状态。高温对茶叶中的主要化学物质的结构和性质有明显的改变，比如蛋白质、淀粉通过高温变性之后，虽然成分没有变化，但是性质却完全不同。茶多酚也是如此，通过高温杀青之后，即使在制造过程中存在多酚氧化酶，也不可能制造出与红茶相同的色、香、味。在高温、高湿的作用下，促进一系列的非酶性化学反应，将低沸点的青草气的芳香成分进行转化或挥发，形成茶叶的基础香型物质。同时，茶叶在杀青过程中失去水分，有利于下一步进行揉捻和对茶叶进行造型。茶叶产品是否存在草青气、生青气，绿茶汤色是否发黑完全取决于杀青温度。

现在的杀青方式有蒸汽杀青、锅炒杀青、微波杀青等方式，应用最广泛的仍然是锅炒杀青。目前，生产使用最多的是瓶式杀青机、滚筒杀青机及电热锅杀青（主要用于高级芽茶杀青）。

无论杀青机械发生怎样地改变，在生产中总结出来的杀青三原则始终没有改变："高温杀青，先高后低；抖闷结合，以抖为主；老叶嫩杀，嫩叶老杀。""高温杀青，先高后低"，是指开始杀青时，无论采用哪一种杀青机械，都要将"锅温"提高到220～300℃。手工生产，杀青鲜叶在500g以下，温度可以低至150℃左右。高温可以使茶叶中的水分迅速蒸发，产生大量的水蒸气。高温水蒸气具有极强的穿透能力，很快将鲜叶内部温度提高到80℃以上，从而使茶叶中的各种生物酶失去活性，鲜叶温度在80℃以上要维持几分钟，才能使生物酶彻底失去活性。"抖闷结合，以抖为主"，是要求大量水蒸气产生之后，要及时排除，尽管水蒸气有提高茶叶温度，钝化生物酶的作用，但是，如果不排除大量的水蒸气，又会造成茶叶产生水闷气，降低茶叶的品质。"老叶嫩杀，嫩叶老杀"，是因为成熟的茶叶含水量低，杀青时间宜短，嫩叶含水量高，而且生物酶活性强，多酚类物质含量高，杀青时间宜长，以防止红变、防止残余的生物酶在杀青之后恢复活性。无论杀青时间长短都要做到杀透杀匀。杀青是绿茶、青茶、黑茶、黄茶等茶类制造最基础的工艺。

三、萎凋

萎凋是红茶、青茶和白茶制造过程中最重要的工艺之一。萎凋的目的是减少茶叶的含水量，使茶叶变得柔软，以利于揉捻或者揉切；同时，茶叶水分减少这一过程，提高了茶叶细胞汁的相对浓度，细胞内的水解酶活性因此而大大增强，其内含物在生物酶的作用下发生氧化、分解等化学反应，形成红茶、青茶、白茶等茶类的物质基础。萎凋过程中，没有发生细胞的破损，氧气不能够直接进入茶叶细胞，但是茶多酚在多酚氧化酶的作用下进行缓慢的氧化。

萎凋和摊晾的区别：人们在生产实践中发现，大量的鲜叶从茶树上采摘下来，不能够及时进行制造，必须把鲜叶进行摊晾，以防止离体鲜叶的呼吸作用而产生高温，造成鲜叶变质。摊晾能够在短时间内，保持鲜叶不变质。与此同时，人们还发现摊晾过程不仅能保持鲜叶质量，同时还有助于鲜叶内含物的转化，提高茶叶的香气。因此，在现代茶叶制造技术的形成过程中，人们有意促进这种变化，通过控制温度的摊晾，并且使鲜叶含水量减少到一定程度，以提高茶叶品质。这种通过控制温度和含水量的摊晾，在现代茶叶制造中称为萎凋。萎凋通常需要加温，温度控制在25～35℃，并且采用风机将一定温度的热空气吹入萎凋叶中，气温高时，也可以只吹入冷风。摊晾是不需要加温，通常在室温条件下自然摊晾，摊晾过程也可以使用风机吹入冷风，降低摊晾叶的温度。在六大茶类的制造过程中，红茶、白茶、青茶前期的摊晾，都需要控制温度和湿度，因此都称为萎凋。

鲜叶的摊晾和萎凋在茶叶内含物的化学变化上，没有实质区别，只是生产茶类的不同，采用的加温、吹风的方法和程度不同。通常在杀青类茶叶的杀青之前，称为摊晾；发酵类茶叶的鲜叶摊晾称为萎凋；在所有茶类的制造过程中，因为高温、高湿可能导致茶叶变质，需要降低温度，都称为摊晾。

萎凋和摊晾在形式上基本相同，使用的工具、场地略有差异。萎凋是通过鲜叶离体之后的生命活力促进其内含物的变化，以提高茶叶香气和滋味。而摊晾则是以散热为主要目的，尽可能保留在前一道工序中形成的茶叶品质特点，并保持茶叶不因为高温、高湿而发生变质。

四、做青

做青是青茶制造的主要工艺之一，做青由晾青（也称为萎凋或晒青）、摇青组合而成。实际上，晾青就是一个萎凋过程，本质上是为了促进茶叶内含物质的化学变化，因为在做青过程中晾青、摇青反复进行，为了与红茶和白茶制造过程中的萎凋加以区别，把青茶的做青过程中的萎凋称为晾青。做青的基本程序是：晾青—摇青—晾青—摇青，是两个工艺过程重复进行，一般重复4～6次，每次晾青的时间也不相同，每次的摇青的强度也不相同。

1. 晾青

晾青有两个目的：一是促进茶叶内化学物质的转化。在没有摇青之前，鲜叶保持完整，晾青在自然气温下进行，茶叶组织细胞内仍然进行着新陈代谢，代谢过程中的水解、氧化大于合成和还原，大分子物质分解成为小分子物质，并且不断地消耗和减少，发生不可逆转的变化。二是鲜叶水分在不断减少，通过几次晾青，到做青结束，茶叶含水量从75%左右减少到66%～68%。

传统的晾青工艺使用竹筛，直径70厘米左右，将鲜叶摊晾在竹筛中，随着生产规模的扩大，许多茶厂都建造了晾青车间。车间里安装了多层的晾青架，将茶叶薄摊于竹筛或者竹帘里，分层放置。

2. 摇青

摇青的目的是有控制地促进茶叶中的各种生物酶活性，特别是促进茶多酚在多酚氧化酶催化作用下发生氧化，生成茶黄素和茶红素。摇青造成茶叶与竹筛或者摇青机的竹制转筒发生机械碰撞，造成茶叶部分组织细胞的机械损伤。茶叶细胞的损伤增加了细胞的通透性，造成了茶多酚和多酚氧化酶的直接接触而发生酶性氧化。同时，也加快细胞内主要化学物质的分解和氧化，产生一些有利于提高茶叶香气的物质。摇青是有控制的细胞损伤，最多达到30%的茶叶组织破损，产生这种机械损伤，最后形成了青茶“三红七绿”的特点。茶叶细胞内的其他化学变化则是从摇青开始就持续地进行，一直到做青结束。摇青的强度和次数与青茶的香气有密切的关系。

手工摇青使用直径70~80厘米的竹筛，晾青结束之后，直接用晾青的竹筛进行摇青，之后继续晾青，反复进行，直到符合做青要求。随着生产规模的扩大，推动了摇青机械化的发展，目前，青茶生产上的摇青都是采用机械摇青。

五、晒青

晒青工艺在制茶学里有两个概念，一个是干燥，古代先民在发现利用茶叶时就利用太阳能将茶叶晒干，此种方式一直延续了数千年。云南普洱茶的原料生产大都是采用晒青的方法进行干燥。现在的许多山区生产晒青茶，也是利用太阳将茶叶晒干。不同的是现在的晒青茶，是首先将鲜叶通过蒸汽杀青，或锅炒杀青之后，经过揉捻，将茶叶晒干。直接将鲜叶晒干作为原料或者商品的茶叶已经基本绝迹。

另外一个是晒青，以适当减少鲜叶的水分为目的，其实质就是摊晾。主要目的是促进茶叶内主要化学物质的缓慢变化，同时缓慢减少鲜叶水分。在早春季节，由于气温比较低，在青茶做青过程中，茶叶组织细胞内化学反应缓慢，做青过程延长。为了加快做青的进程，利用太阳能，适当提高晾青叶的温度，加快细胞新陈代谢，促进鲜叶内主要化学物质的转化，加快水分的散失。其方式是用竹筛将鲜叶在春、秋季节斑驳的太阳下进行晾晒，晒青的时间一般是在2~3小时，要严格避免在强烈的阳光下暴晒。白茶的萎调通常也采用这种方法。

六、揉捻

揉捻因茶类不同而目的有所不同，其目的主要有三个：第一个目的是通过揉捻，在机械搓揉力的作用下，造成茶叶细胞组织的损伤，破坏茶叶的细胞膜和细胞壁，增加细胞的通透性，以利于提高茶叶内水溶性物质的浸出率。

第二个目的是造型，在绿茶、工夫红茶和其他条型茶叶的制造过程中，通过揉捻，使茶叶紧卷成条，紧细卷曲。转子揉切机则把萎凋之后的鲜叶揉切挤压成颗粒状态。

第三个目的是在红茶制造过程中，通过揉捻促进茶叶发酵和转色。不经过揉捻或者揉切，红茶就不能发酵。揉捻造成了茶叶的细胞膜和细胞壁破坏，增加细胞的通透性，细胞内的各种化学物质与各种生物酶发生接触。氧气可以直接进入茶叶细胞，从而推动酶促反应迅速进行。特别是多酚类物质在多酚氧化酶的催化作用下，氧化、缩合成为茶黄素和茶红素，奠定红茶的色、香、味等物质基础。

在传统的手工制茶的时代，揉捻完全是手工进行，随着茶叶制造机械化水平的提高，除少量的特殊造型的茶叶采用手工揉捻外，基本上都使用机械揉捻。

红碎茶制造则使用揉捻强度更大、更加快速的揉切机。不仅具有揉捻的作用，而且具有切碎的功能，将鲜叶揉切成为颗粒状。揉切的目的是为提高茶叶组织细胞的破损率，增加氧气的供应，缩短发酵时间，提高红碎茶发酵的匀度。因此，红碎茶的揉切方式要求更加快速，对茶叶组织细胞的破坏强度更大。

七、发酵

红茶制造过程中，茶多酚在多酚氧化酶（内源酶）的催化作用下氧化，转化成为茶黄素、茶红素和茶褐素，形成红茶的红汤、红叶。早期的制茶学把茶多酚的这种氧化过程称为发酵。但是，在本质上与食品工业中的发酵却完全不同，红茶发酵没有微生物的参与，完全是茶叶中的多酚氧化酶（包括其他内源酶系统）催化茶多酚及其他内含物的氧化、水解。制茶学沿用了这一习惯的叫法，把红茶制造过程中茶多酚在多酚氧化酶作用下的氧化称为发酵。

1. 发酵的目的

红茶制造过程中的发酵，是利用茶鲜叶内的多酚氧化酶及其他生物酶系统，在充分供氧的情况下，催化茶叶细胞内的各种化学物质，主要是茶多酚的氧化形成茶黄素、茶红素，促进蛋白质、淀粉、脂肪类等大分子物质发生水解、缩合、氧化，形成氨基酸、糖类和其他芳香物质及先质。因此，茶叶的发酵不需要其他任何微生物的参与，也不需要添加任何其他物质。仅仅需要维持多酚氧化酶及其他生物酶的活性，提供足够的氧气，并且做到保温、保湿。

发酵是红茶制造的核心技术之一，对红茶品质的影响主要表现在对茶多酚的生物酶氧化过程的控制。茶多酚在生物酶的催化作用下氧化与杀青之后茶多酚的自然氧化，是两种完全不同的氧化途径。氧化方式和氧化产物也完全不同，形成的茶叶品质也大不相同，因此，也成为茶叶分类的依据。

2. 发酵方式

茶叶发酵，是红茶包括工夫红茶等非杀青类茶叶制造的一项关键技术，发酵的质量决定了红茶品质的优劣。红茶类的发酵在专门的发酵车间进行，发酵车间保持良好的清洁卫生，保持通风、透气、保温、保湿。红茶的发酵使用专用的竹筐，将揉切之后的茶叶经解块筛分之后，装入竹筐，放在发酵室的木架上自然发酵。同时也采用发酵车或其他设备进行发酵，发酵温度控制在25℃左右，相对湿度保持在95%左右。青茶和白茶的发酵是在做青和萎调过程中完成的。

八、发花

发花是茯砖茶（黑茶）的特殊制造工艺，茯砖茶的发花与黑茶渥堆在原理上是相同的，利用微生物在一定的湿、热条件下生长繁殖，微生物在繁殖的过程中会分泌各种生物酶，促进茶叶内含物质的水解、氧化，如纤维素、淀粉等大分子物质分解成水溶性糖如葡萄糖、果糖等，使其滋味更加甜香；蛋白质分解成氨基酸，使得茶汤滋味更加鲜爽可口。发

花过程中还能促进黑茶香气的形成。这对茯砖茶的滋味和香气产生直接的影响。

根据相关研究，发花过程中有许多微生物参与其中，但在茯砖茶表面出现的“金花”，则是一种叫冠突曲霉的真菌。其子囊壳为金黄色，当其生长阶段出现子囊壳时，则在茯砖茶表面形成金黄色子囊壳，在制茶上称为“金花”，生产上则把产生金花的过程叫“发花”。由于金花的产生对茶叶质量有提高，不仅茯砖茶把发花的好坏作为质量好坏的标准，南路边茶的金尖和康砖茶中，有金花的砖茶也很受消费者的欢迎。

发花的条件：一是茶砖的松紧程度，松紧适度的茶砖有利于发花。茶砖过松，氧气充足，但水分易散失，不利发花；茶砖过紧，通透性差，氧气不足，也不利于发花。二是茶砖大比茶砖小的发花好，这是因为微生物的生长需要一定的水分和氧气，茶砖大水分不容易散失，又有较好的通透性，能提供足够的水分和氧气供微生物生长繁殖。三是含梗量适中的比含梗量少的发花好。茶梗中的纤维素含量高，为微生物的糖代谢提供了主要物质基础。同时，适量的茶梗，增加了茶砖的孔隙，有利于微生物的生长和繁殖；含梗量太高，又会造成茶砖难以成型。四是茶砖含水量在27%～28%有利于发花，在低温期由28%降低到25%，中温期由25%降低到20%，高温期由20%降低到16%。五是环境温度、湿度对发花的影响较大。发花初期，温度在25～26℃，中期温度在28℃，后期温度可以高于30℃。在发花过程中，环境湿度由85%逐渐降到65%为宜，湿度过低，水分散失太快，不利于发花，湿度太高会产生酸馊味和滋生白霉菌和黑霉菌，严重影响质量。

九、闷黄

闷黄是黄茶制造过程中的一种特有的工艺。闷黄是利用茶叶在高温高湿的条件下，其内部化学物质，主要是多酚类发生自然氧化形成黄色。闷黄的前提条件是茶叶必须是经过杀青，使茶叶中的生物酶完全失去活性。如果不经过杀青而将茶叶进行“堆闷”，茶叶就会变红，而不是变黄。这就充分说明，茶叶中的多酚类物质在不同条件下氧化，会产生不同的氧化产物，也同时说明，自然氧化和生物酶催化的氧化途径是不完全相同的。

目前，对闷黄过程中的化学变化缺乏深入的研究，其氧化过程和氧化产物尚不完全清楚，但从氧化结果来看，黄茶产生的黄色，无论是干茶、汤色的黄色，黄亮而无褐色，这可能是没有形成大量的茶褐素，这种黄色也完全不同于红茶的红色和金黄色。

在闷黄过程中，叶绿素在湿热条件下分解，这种黄色不仅表现在干茶的色泽呈现黄褐色，也表现在黄茶汤色也呈现淡黄色，不同种类的黄茶，其闷堆的方法有所不同。

在沱茶的蒸压、干燥和花茶的窨制过程中，茶叶中的多酚类物质同样发生了与闷黄过程中相似的自然氧化。

十、渥堆

渥堆是制造黑茶类的关键工艺。渥堆是茶叶的深度自然氧化过程，与黄茶的“闷黄”在本质上是完全相同的，只是程度不同。由于渥堆时间比较长，在渥堆的后期，大量的微生物开始滋生，微生物的活动使得渥堆与闷黄产生不同的结果。

近年的研究发现，一些微生物参与了黑茶的渥堆过程，因此，现代制茶学认为，黑茶的发花和渥堆过程，实际上是真正意义上的发酵，为了与红茶的“发酵”相区别，用黑茶的渥堆工艺代表黑茶发酵过程。渥堆是工艺，发酵是内含物转化的过程，是本质，是黑茶色、香、味形成的实质。研究发现，黑茶的渥堆是自然接种的微生物分泌的各种生物酶主导了茶叶内含物的转化。近年对黑茶进行了深入的研究，在黑茶渥堆过程中，检测出大量的微生物种群，有真菌和细菌，真菌类包括许多霉菌、如黑曲霉、黄曲霉、根霉、灰绿曲霉、酵母等。各种微生物种群在渥堆过程中共生，对黑茶色、香、味的形成发挥了重要的作用。

微生物在黑茶制造过程中究竟发挥主要的作用，还是次要作用，目前还有两种不同的观点：一种观点认为，传统的渥堆环境，为微生物的生长繁殖提供了非常适宜的温度、湿度条件，微生物能够在茶堆中生长繁殖。从黑茶的渥堆过程中，检出了大量的微生物，这些微生物的存在，不可避免地对黑茶品质的形成产生影响。另外一种观点认为：黑茶渥堆的堆内温度通常达到70℃以上，微生物在堆内不能够正常生长，茶堆表面温度不高，适宜微生物生长繁殖，而黑茶的渥堆却是堆内的转色快，首先达到渥堆的目的和效果，而表面的茶叶转色慢，达不到渥堆的目的和效果，需要进行翻堆，才能达到内外一致。特别是近年来，采用的保温、保湿渥堆新工艺，渥堆的时间缩短到了36小时，其黑茶的内含物转化与传统渥堆相似。从保温、保湿的渥堆过程来看，微生物的作用有限，仍然可以达到黑茶转色的效果，因此，黑茶汤色的形成，主要是茶多酚在高温、高湿条件下自然氧化的结果。但是，微生物在促进茶叶中的其他内含物的水解、氧化过程中发挥重要作用，也有促进转色的效果，因此，黑茶渥堆是茶叶内含物的自然氧化和微生物的共同作用形成了黑茶的品质。

1. 渥堆目的

黑茶渥堆，一是转色，在高温、高湿的条件下，茶叶内含物的自然氧化是黑茶转色的主要原因；二是各种微生物以茶叶为基质，在微生物的生长繁殖过程中，分泌大量的生物酶，如纤维素酶、淀粉酶、蛋白酶等水解酶类，以及其他氧化酶类，促进了茶叶内的大分子化合物的氧化、分解，也促进了黑茶的转色，形成了黑茶的色、香、味。

2. 渥堆方式

四川黑茶的传统渥堆工艺分四次完成。第一次为杀青叶的渥堆，在杀青叶出锅后，趁热堆放，并把堆子扎紧，保持温度在50℃左右，茶堆的高度在1.5~1.7米。如果杀青叶量小，可放入大型的木桶内进行渥堆，并且在渥堆叶上面覆盖棕垫、麻袋等保温。渥堆的时间长短根据堆子大小和天气状况而定，大约6~12小时。如果堆子大，气温高，时间控制较短，反之亦然。第一次渥堆的目的是让梗叶分离，便于拣梗之后，进入以后的加工程序。

第二次渥堆是在第一次蒸揉（蹓）以后，将蒸揉叶直接趁热倒堆，并压紧。其目的是形成黑茶的色、香、味。渥堆的条件与第一次相同，而时间一般在24～48小时，也要根据气温的高低、茶堆的大小和观测堆心温度的变化来确定，如果气温高、堆子大，渥堆转色就快，所需要的渥堆时间就短，反之所需时间就更长。

第三次、第四次渥堆是在第二次、第三次蒸揉以后进行，同第二次渥堆的操作方式相同，目的是加深茶叶的转色程度，并使茶叶转色更加均匀。如果前三次渥堆转色不足，第四次就要延长渥堆时间来补充。

经过四次的渥堆，茶叶色泽棕褐油润，俗称“猪肝色”或“偷油婆色”。条索呈“鱼儿型”或“辣椒型”，香气纯正，带陈茶香，无青草气和土腥气。滋味醇和，无苦涩味、汤色褐红且亮、叶底均匀。

近年来，四川的黑茶渥堆采用了加温、保湿新工艺，渥堆时间缩短到了36小时，渥堆过程中温度达到65℃以上，每次渥堆的茶叶量可以达到15吨。

在36小时以内完成渥堆，堆心温度达到70℃以上，在这样短的时间和温度条件下，微生物的生长繁殖会受到抑制，微生物的群落不够大，对黑茶的品质形成影响有限。因此，有理由认为保温、保湿新工艺对黑茶色、香、味的形成，主要是高温、高湿的条件下的自然氧化过程，微生物的作用是有限的。但是在传统的渥堆过程中，微生物的作用是明显的。

十一、干燥

各种茶叶制造的最后工艺都是干燥，干燥有三个目的：一是减少茶叶中的水分，最终降低至含水量6%左右（黑茶、花茶的含水量通常要高一些）以固定茶叶各种造型；二是降低茶叶含水量以保证茶叶能在常温下能够储存一定的时间不会变质；三是形成和提高茶叶的品质，特别是对茶叶香气的形成至关重要。茶叶的干燥是一个渐进的过程，因此，干燥既是一个茶叶失水的过程，又是一个品质形成的过程。

由于工业的发展和进步，除云南普洱茶原料生产、黑茶原料生产及部分交通不便、生产条件差的山区，采用晒青的方法干燥外，其他茶类干燥基本上都采用煤、电、油等能源，使用烘干效率更高的百叶式烘干机、自动烘干机、瓶式炒茶机、滚筒杀青机、电热烘干机等。

第五节　茶叶的造型

茶叶的造型既是制茶的重要技术，也是茶文化的主要内容。在品茶过程中，不同形状的茶叶有不同的象征意义和不同的文化艺术价值。

一、针形茶

针形茶外形条索紧细、挺直（见文前图5－10），因原料的柔嫩程度不同，条索的紧细程度也不同。紧细、园直是针形茶的特点，针形绿茶色泽绿润，有的产品还满披白毫。南京雨花茶、永川秀芽、恩施玉露，具有以上全部特点，是针型茶的代表。绿茶、白茶都有针形茶叶产品。

针形茶的制造首先是原料的选择，比较柔嫩的鲜叶原料，芽、一芽一叶初展适合制造针形茶。

传统的针形茶叶的造型主要是靠手工理条、搓揉而成。先将原料进行杀青，将锅温加热到180℃左右，投入鲜叶，将茶叶杀透、杀匀后，出锅摊晾至室温，针形茶必须先进行揉捻，才能进行造型，无论采取手工揉捻，还是机械揉捻，以适当轻揉则可。理条的手法是将杀青叶从锅里抓起，双手对握，将手中的茶叶理顺，进行搓揉，一直到含水量降低至15%左右，再用烘笼或者小型烘干机烘焙至含水量7%左右。现在的针型茶叶的制造采用理条机理条，机器理条的成品条索比较直，但欠紧细。

二、扁形茶

扁形茶在外形上基本保持了茶叶原料的完整，其特点是：扁平、挺直、芽叶完整（见文前图5－11）。绿茶则色泽黄绿油润，黄芽则黄褐油润。西湖龙井、峨眉竹叶青、蒙顶黄芽、安徽的太平猴魁是扁形茶的典型代表，太平猴魁是用一芽二叶制成的，芽叶保持了很好的完整性。

传统的扁形茶完全用手工完成。茶叶在杀青之后，将锅温降低到

80℃左右，然后采用抓、压、拉、甩、磨等做型手法，一只手将杀青叶从锅里抓住，手掌稍用力下压，并带茶叶沿锅中心拉向锅沿，将手中的茶叶抓起，再甩向锅内，反复进行，直到干燥为止。在做型过程中要掌握好力度，以减少碎末。现在的扁形茶生产也采用机器辅助生产。成品率比较高，匀度好，只是扁平的程度不如手工做型。目前大多数茶厂都采用多功能扁茶机制造扁形茶，多功能扁茶炒制机也称为“多功能理条机”，既可以炒制扁形茶，也可以炒制针形茶。作业时将杀青之后的芽叶均匀地投入各槽内，也可以直接投入鲜叶。茶叶在槽内往复运动，不断翻动、滚动，逐步失去水分，并逐渐由交替状态变为顺槽体运动，炒制扁型茶时，当茶叶含水量降低到60%左右，将压辊放进槽体，压辊在炒制过程中不断更换，由轻而重，茶叶在炒制过程中压扁，并直接炒干。

三、卷曲形茶

卷曲形茶外形特点是：紧细卷曲，绿润显毫，芽叶完整（见文前图5－12）。蒙顶甘露、峨蕊、洞庭碧螺春是卷曲形茶叶的典型代表。

卷曲形茶叶的原料比较柔嫩，大都是一芽一叶初展，如果用一芽二叶原料，虽然可以生产出卷曲形茶叶，但是不仅外形粗大松散，而且没有白毫，缺乏卷曲形的风格。

传统的卷曲形茶叶制造采用手工方式，杀青与扁形茶的方法相同。杀青之后，出锅进行摊晾，待叶温度降低至室温之后，进行揉捻。手工揉捻用团揉方式，时间20分钟左右，揉捻之后，进行炒二青。炒二青的标准是将茶叶含水量降低到30%左右，也可以采用烘焙方式将含水量降低到30%左右，茶叶柔软，表面发黑、略感刺手。然后进行摊晾，叶温降低至室温之后，进行二揉，揉捻方式与第一次揉捻相同。揉捻之后，采用烘焙方式进行干燥，生产中烘焙都采用两次完成。卷曲形茶叶不能用炒干的方法，炒干的茶叶色泽枯黄，完全失去了卷曲形茶叶的特点。

四、雀舌形茶

雀舌形茶因其外形似鸟雀的舌而得名，其外形特点是：芽叶完整，稍扁，茶芽颗粒饱满，型似雀舌（见文前图5－13），色泽黄绿油润。四川早在唐、宋时期就生产雀舌型茶叶，雅安的蒙顶山、蒲江、彭州等地都产雀舌茶。

雀舌茶采用全芽的原料制造，芽叶均匀，非茶芽不能造此雀舌之形。传统的雀舌形茶叶制造采用手工方式，杀青与扁形茶的方法相同，但是压的力度较轻，否则压成扁形。杀青之后，出锅进行摊晾，待叶温度降低至室温之后，然后进行炒二青，炒二青时，稍加造型，手法似扁形茶制造手法。含水量降低到20%以下之后，出锅摊晾，叶温降低至室温之后，进行烘焙。目前雀舌形茶叶完全采用机械生产。

五、圆珠形茶

圆珠形茶的外形圆紧似珠，紧实、光结、色泽绿润，又称为珠茶。茶叶要制成圆珠形，要求原料比较柔嫩，要以一芽二叶为主。鲜叶杀青之后，经过揉捻和炒二青，先揉制成条形，然后在斜锅中炒制。在茶叶相互挤压下，条索变成“对虾”形。接着做对锅，将茶叶做成圆茶坯，最后做大锅，在水分减少的同时，将茶叶的圆珠形固定。

圆珠茶杀青方法与绿茶杀青方式相同，采用滚筒杀青机或锅式杀青机，只是杀青时间稍短。杀青要多闷少抖，出锅时茶叶含水量在60%以上，保持叶片较柔软，便于做成圆珠形。

完成杀青之后，经短时间摊晾，就要趁热揉捻。由于茶叶含水量高，揉捻时加压宜轻。根据鲜叶的老嫩程度，揉捻时间在10～20分钟。在不加压或轻压时，可以适当延长揉捻时间，有利于叶质变得更加柔软，便于炒成圆珠形。

圆珠形茶的造型过程包括炒二青、炒小锅、炒对锅和炒大锅。造型过程也是干燥过程，一边做型一边干燥，最后将造型固定。

1. 炒二青

炒二青、炒小锅和炒对锅等工序用同一型号的圆型炒锅，但需要两台小锅配套。揉捻叶的含水量高，茶汁多，也易粘锅，影响色泽和香气，生产上通常改用90型瓶炒机炒二青。炒制时锅温在100℃以上，投叶量

15～20公斤，炒制时间约30～40分钟。主要是根据杀青叶的含水量决定，要求出锅时茶叶的含水量在40%～45%。

2. 炒小锅

俗话说："小锅脚，对锅腰，大锅头。"炒小锅是嫩叶和细碎叶成圆珠形的关键。为了避免茶汁粘锅，投叶时锅温相对较高，在120～140℃。投叶量为二青叶10～15公斤，老叶少投，嫩叶多投。出锅含水量为30%（嫩叶）～35%（老叶）。

3. 炒对锅

炒对锅是中段茶成圆珠形的关键。由两小锅叶合并为一锅；锅温为60℃；出锅含水量20%（嫩叶）～25%（老叶）。

4. 炒大锅

炒大锅是在散失水分的同时将成型的圆珠炒紧并固定，也将难成型的面张茶炒成型。投叶量为两对锅叶合并为一大锅，锅温为60℃，时间为2.5～3小时，出锅含水量在6%～7%为宜。为了不让水分散失太快，影响到面张茶的成型，炒大锅时要加盖，使茶叶充分柔软。之后，边炒、边揉，炒制成圆珠形。

六、条形茶

条形茶因其呈条索状而得名，是普通绿茶和工夫红茶等主要产品具有的外形特点。由于原料包括了从一芽一叶初展到一芽三、四叶的当季嫩梢。外形特点：条索紧细弯曲，粗老的原料制成的条形茶则粗松，并且有黄片和茶梗。条形绿茶色泽灰绿油润，精制后紧直似眉，称为珍眉。工夫红茶的条形紧细卷曲，干茶呈黑褐色。

条形茶的造型方法是采用普通揉捻机揉捻，然后通过炒干或者烘焙定形。其制造方法是在杀青之后，通过普通揉捻机进行2～3次揉捻。每一次揉捻之前，需要进行炒青15～20分钟。炒青茶在锅里或者在瓶式炒茶机里进行炒制，茶叶与锅壁发生摩擦，茶叶相互挤压，水分不断减少，茶叶条索逐步变得紧细，圆浑、光滑。工夫红茶则是将萎凋叶进行揉捻，揉捻成条以后，经过发酵，直接进行烘焙，如果揉捻程度不足，第一次烘焙到含水量35%左右，再进行第二次揉捻，功夫红茶型状与烘青绿茶相似。

七、蜻蜓头形茶

蜻蜓头形茶又称螺钉形茶，也称为“青蛙腿”，其外特点是头大尾小，色泽砂绿，颗粒紧结。是青茶的外形特点。青茶的主要品种有铁观音、大红袍、乌龙茶、黄金桂等。

青茶这种外形特点的形成，与制茶原料的特殊性和揉捻方式密切相关。其原料要求为形成驻芽的嫩梢或者对夹叶，在制造工艺上采用布袋包揉的方法揉制，才能形成这种特殊的形状。青茶的包揉是一种特殊工艺，将经过普通揉捻机揉捻之后的茶叶，经过炒二青、摊晾冷却之后，装入布袋，在包揉机中揉捻，形成青茶特殊的外形。

八、压制茶

压制茶也称为紧压茶，其工艺过程比较复杂。首先必须对原料茶，包括各种炒青、晒青、烘青等，或者经过渥堆的黑茶原料，进行筛分、切扎、风选、拼配。然后按照成品茶的不同规格、大小，称量、蒸茶、压制。紧压茶的外形是由模具决定的。

云南普洱茶、沱茶，四川藏茶（原四川南路边茶、西路边茶等黑茶），湖北青砖茶，湖南茯砖、千两茶等都属于紧压茶。紧压茶并非用鲜叶原料直接压制，而是用初制的炒青、烘青、晒青等毛茶为原料。或以修剪枝叶、刀割原料经做庄工艺（杀青、渥堆、揉捻）加工，并整理之后，再经过蒸热、压制而成。传统的紧压茶使用椿棒将茶叶杵紧实，云南普洱茶则采用石制模具进行压制，先将蒸热的茶叶装入布袋，卷紧袋口，放入模具，上面用石头加压成型。而现在则是用机器压制。此外，还有经过机器揉切，成为颗粒形的红碎茶；还有将成品茶采用手工方法，用丝线或棉线扎制成菊花、梅花等形状。

茶叶造型的关键是茶叶的柔嫩程度和在制造过程中的温度和含水量。

在鲜叶原料嫩度较高、可塑性强的基础上，茶叶含水量达到40%以下，15%以上时，是造型的关键时期。含水量较高，叶温60℃左右，茶叶柔软，容易塑造，然后通过迅速减少水分，将造型固定。如果在茶叶水分减少的同时不及时造型，当茶叶含水量降低至15%以下时，就不易造型。在降低含水量的同时，用不同的造型方法，将在制的原料按照所造的形状，进行手工或机械造型，随含水量降低而将其形状固定。当含水量降低至10%以下，茶叶形态基本固定。因此，鲜叶原料的嫩度和可塑性及在制作过程中的含水量，是茶叶造型的关键。通过造型将茶叶制造成千姿百态的各种形状，并且保持了鲜叶原料的完整性，为品茶、赏茶提供丰富而具有象征意义的文化产品。

茶叶原料粗老、纤维化程度高的原料虽然难以造型，通过蒸、炒、揉捻而压制成型，也是一种有效的造型的方法。介于幼嫩鲜叶原料和粗老原料之间的一芽一叶，一芽二、三叶，对夹叶等原料，由于原料量大，则采用简单的揉捻工艺进行造型，制成条形、圆珠形、卷曲形，或通过布袋包揉，制造头大尾小的蜻蜓形。

以上各种造型方法，由于原料老嫩、净度不同及加工过程中的加工方式、作用力不同，会产生杂质、碎断、梗片等副茶。因此，最终的茶叶产品将通过精制方式，除去杂质，分离出碎、断、梗、片等。

第六节　花茶窨制

花茶出现在宋代，到清代中期才开始大规模生产，其产品主要是茉莉花茶，玉兰、珠兰、桂花、玫瑰都可以窨制花茶。其方法基本相同，只是配花量有所不同。

现代的茉莉花茶窨制称为湿坯连窨工艺，这是与20年前的传统茉莉花茶窨制工艺比较而言的。传统窨制工艺要求茶花拼和之前，必须将茶坯烘干，将含水量降低至3%～5%，这种工艺费工、费时，浪费能源和鲜花，现在已经淘汰。湿坯连窨工艺（“三窨一提”）的工艺过程如下。

一窨：茶坯（不烘焙、含水量10%左右）→茶花拼合→通花散热→

起花。

二窨：茶花拼合→通花散热→起花。

三窨：花茶拼合→通花散热→茶花混合烘焙（或者先起花再烘干）→起花。

提花：茶花拼和→起花→成品。

随着花茶窨制技术的不断发展，湿坯连窨工艺在生产中的广泛应用，头窨茶坯含水量已经高达10%左右，如果采用“三窨一提”，“三窨”之后的茶坯含水量将高达20%以上，窨制后的茶坯含水量过高，干燥时的烘焙时间会延长，因此，烘干过程会降低茶叶吸附的茉莉花芳香物质，在生产实际中，高级茉莉花茶的窨制也普遍采用“两窨一提”。

一、茉莉花茶的配花量

花茶的配花量和窨次是根据茶叶的级别确定，一般而言，高级茶坯配花量大，窨次多，低级茶坯配花量少，窨次少。在计划经济时代，茶叶行业对内销茉莉花茶和外销茉莉花茶的配花量和窨次，都作了明确的规定。茉莉花茶的配花量根据茶坯的质量（或级别）的不同而不同，通常达到30%～120%。尽管这不是强制性的规定，但成为了全国各地茉莉花茶配花量的基本标准。

压花是为了充分利用窨制之后筛除的残花（俗称花渣），因为还有余香，将其用于低档茶的窨制。半压是将50%的茶坯用于压花，即与窨制过的花渣拼和。其余50%的茶坯与茉莉花鲜花拼和窨制。窨制完成之后，将压窨的茶叶和鲜花窨制的茶叶拼和，按照各占50%的比例进行拼配。烘干之后，进行提花。

不同的鲜花在窨制时，配花量完全不同，根据各地的生产经验，珠兰花的配花量通常为22%，白兰花25%，柚花35%。

上述配花量的标准是在传统茉莉花茶窨制工艺的基础上制定的，20世纪80年代末，发现了茶叶吸附规律之后，生产上已经广泛使用湿坯连窨工艺。目前，窨制茉莉花茶，都把一窨的茶坯含水量提高到10%左右，许多茉莉花茶的窨制都降低了最高配花量标准。

二、白兰花打底

为了提高茉莉花茶的香气和浓度，改善茉莉花茶的香型，在与茉莉花拼和之前，通常使用白兰花进行打底。即先用白兰花与茶坯拼和窨制一次，使茶坯有了底香。但是，白兰花使用量要适度，过高会造成白兰花香气突出，而降低了茉莉花的鲜灵度，称为“透兰”。国家技术标准没有规定使用白兰花打底。白兰花打底一般是按照0.6%～1.5%的比例，最多不超过1.5%，白兰花用量过高会产生“透兰”，即白兰花味突出，降低茉莉花的鲜灵和幽香。用白兰花打底有两种方法：一是打底法，二是同窨法。

1. 打底法

打底法是按照1%的配花量，先将白兰花花瓣拆开，与茶坯拼和。窨制10～12小时，不需起花，花瓣干燥之后，保留在茶中。各种级别的茉莉花茶都可以采用先打底，再用茉莉花窨制。这种方法通常是用打底之后的部分茶坯加上没有打底的素茶坯，按照一定的比例混合，再与茉莉花拼和窨制。这种方法可以解决白兰花和茉莉花花期不同的问题，同时也降低了窨制成本，打底法也称为“母窨法”。

2. 同窨法

同窨法的玉兰花配花比例也是1%，在进行茉莉花窨制拼和时，高级茶坯将整朵的白兰花、茉莉花同时与茶坯同时拼和。低档茶叶也可以将白兰花切碎与茉莉花和茶坯拼和窨制，这样可以省工、省时。高级茶坯采用整朵同窨时，可以在起花时将白兰花一并筛出。低档茶可以保留白兰花的碎瓣。

三、茶花拼合

在花茶窨制过程中，茶花拼和的方法有两种：一是人工拼和，二是机械拼和。

1. 人工拼和

人工拼和是用人力是按照不同窨次、不同级别的茶坯，将规定比例的茶坯和鲜花拼和均匀。人工拼和通常在干净的茶叶生产车间（地面铺上白色瓷砖）进行，将四分之一的茶坯铺放在洁净的布上，或者直接铺放在瓷砖上，然后铺上三分之一的鲜花，再铺上四分之一的茶坯。如此，铺上三层花、四层茶，堆高 40 厘米左右。铺完之后，将茶和鲜花充分拌匀（见文前图 5－14），仍然保持窨堆高 40 厘米左右。

在生产量不大时，经过人工拼和之后，可以将拼和之后的茶花装入木箱中，静止放置 12 小时以上，称为“箱窨”。箱窨通常不需要进行通花散热。也可以进行囤窨，囤窨是用特制的竹簟窨制，竹簟高 40 厘米，围成直径 2～4 米的圆囤，窨制时将充分拌匀的茶和鲜花倒入囤内，进行窨制。囤窨、箱窨的窨制量通常在几十公斤到500 公斤不等。囤窨数量比箱窨大，窨制过程中温度容易升高，需要进行通花散热。

2. 机械拼和

随着茶叶制造机械化程度的不断提高，茉莉花茶的窨制拼和也广泛采用机械进行。茶花拼和机械有流动式窨花机、行车式窨花机、箱窨机、全自动窨花机等类型。

所有的花茶窨制拼和机主要功能是采用机械方法将茶和花进行拼和，大大地降低了劳动强度。这些机械主要由搅拌系统、输送带、动力传动装置、机架等组成。不同的花茶窨制拼和机械，在完成茶花拼和之后，将茶花混合物按照不同的窨制方法堆放，静止窨制 12 小时以上，期间要进行通花散热。箱窨机是将茶花拼和均匀之后，送入茶箱中进行窨制。通花时抽出窨箱的底板，茶花混合物下落至输送带上，完成通花过程，温度降低之后，再由输送带送入茶箱中继续窨制。

全自动窨茶机的原理与箱窨机基本相同，其自动化程度大大高于其他窨制机械。窨制拼和之前，先将茶和花输送到储料斗中，启动窨制机，窨制机可以按照预先设定的茶、花比例，自动完成配料和拼和。完成茶花拼和之后，茶花混合物在主机上（铝合金百叶板）完成窨制过程。需要通花时，启动窨茶机，茶花在铝合金百叶板上循环运动，完成通花。

四、通花散热

通花就是翻堆，其目的主要有：一是散热，茶花拼和之后，因为鲜花的呼吸作用，茶堆温度会迅速提高，温度过高会导致茉莉花停止新陈代谢，芳香物质不能释放出来。通花散热，是保证茉莉花能够正常的进行新陈代谢。二是排除堆内因鲜花呼吸产生的二氧化碳，增加堆内的新鲜空气，为茉莉花正常的新陈代谢提供氧气。避免茉莉花过早停止新陈代谢，失去吐香能力。三是提高茶叶吸附香气的均匀度，茶叶对芳香分子的吸附，除了本身的吸附能力外，需要鲜花提供高浓度的芳香分子。茶坯在局部高浓度的芳香分子中，可以大大提高吸附量。通花可以使更多的茶叶获得高浓度芳香分子的环境，增加茶坯总体吸附量。四是调剂茶叶的总体品质，无论是囤窨，还是堆窨，茶叶与鲜花接触的情况不同。密切接触的茶叶含水量增加，温度提高，茶叶内的多酚类等物质容易发生氧化。通花可以使茶叶的含水量和温度达到一致，使茶叶内含物的变化也趋于一致。

五、出花和压花

重新堆窨之后，经过 4 ~5 小时，当茶坯温度保持在 40 ~45℃之时，就要及时出花，将花从茶叶中筛分出来。筛出的鲜花虽然已经萎蔫，成为残花，但茉莉花还有余香，可以用于中、低档茶叶的窨制。用残花窨制花茶称为“压花”，压花就是利用茉莉花的余香。为了提高堆温，压花的窨堆比正常的窨堆略高。压窨的时间不超过 6 小时，及时起花，以避免堆温过高，造成茉莉花变质，而降低茉莉花的品质。

六、二窨和三窨

为了提高茉莉花茶的香气，三级以上的茶坯，通常都要经过二窨或者三窨。经过一窨之后，不经过烘焙，按照二窨配花量，重复茶花拼和、通花、起花的过程，称为二窨；按照同样的方法，再重复一次窨制过程，称为三窨。

从20世纪90年代开始，茉莉花茶窨制开始大规模推广湿坯连窨工艺，目前生产上基本上采用这种工艺。在湿坯连窨工艺中，茶坯一窨含水量已经达到10%；一窨起花之后，茶坯含水量达到15%～18%；二窨时，直接进行茶花拼和；二窨起花之后，茶坯含水量高达18%～22%，然后进行三窨；三窨时，茶坯的吸水能力明显下降，三窨结束之后，茶坯含水量高达25%左右。这种湿坯连窨工艺减少了每窨次之后的烘焙过程，提高了茶叶吸附花香分子的量，减小了劳动强度，降低了生产成本，提高了茉莉花茶的质量。

七、复火提花

为了提高花茶的鲜灵度，需要进行提花，提花是茉莉花茶的最后窨制工艺。提花前要将二窨（三窨）之后的茶坯含水量降低到6%以下，因此，首先需要进行烘焙，除去茶坯中多余的水分。烘焙通常采用自动烘干机，烘焙的温度110～120℃。

提花过程与窨制过程不同，提花要选用优质茉莉鲜花，茉莉花茶提花的配花量通常为7%～8%。茶花拼和之后，不需要进行通花，窨制时间6～8小时。提花之后，要及时出花，出花仍然使用抖筛机进行，出花之后的茶叶含水量控制在9%以下。

八、匀堆装箱

出花之后，需要拼入花干，花干的拼入量通常为1%～3%，高级别花茶的花干拼入量低，甚至可以不拼入花干，只闻花香，不见花干；中低档花茶的花干拼入量高。花干拼入之后，要拌和均匀。

花干的拼入也可以在花茶出厂之时进行，如果花茶需要储存，可以暂时不拼入花干，但是需要密封储存，待花茶出厂时，再拼入花干。

九、炒花茶的窨制

炒花茶窨制工艺是近年来在生产实践中总结出来的一种茉莉花茶的干燥方法。炒花茶的主要窨制过程与湿坯连窨工艺完全相同，其不同之处是最后的干燥方法。茉莉花茶窨制之后，在提花之前都要进行复火干燥，炒花茶的干燥方法是不起花，而将茶花混合炒干。炒干之后将花干筛出，再进行提花。提花之后，根据茶叶的级别、出厂或者储存的实际情况，再按照标准拼入花干。

第六章

茶叶食用

茶叶最早被中国先民发现，并且作为食物加以利用，源于什么时代已经无从考证。远古时代，人类对野生资源的依存度非常高，凡是在人类生存环境中可以找到的无害的食物，都可以用以果腹。茶叶进入人类的食谱远远早于文字的出现。我们现在可以找到的最早关于茶叶的文字记载，也仅仅限于先秦时期。《诗经》是关于茶叶最具考古价值的文献。《诗经》是先秦时期的诗歌汇编，有许多关于“荼”的记载。

第一节　茶叶食用的历史

一、《诗经》中的“荼”字

《诗经》收录了从西周到春秋中期大约500年间的诗歌，这些诗歌具有2500～3000年的历史。《诗经·邶风·谷风》中写道：“谁谓荼苦，其甘如荠。”《诗经·豳风·七月》中写道：“七月食瓜，八月断壶，九月叔苴。采荼薪樗，食我农夫。九月筑场圃，十月纳禾稼。”《诗经·豳风·鸱鸮》诗中写道：“今女下民，或敢侮予，予手拮据，予所捋荼，予所蓄租……”

“谁谓荼苦，其甘如荠。”这是食用茶之后的味蕾感觉，人类经过几千年的进化，对食用茶叶之后的感觉完全没有变化，现代茶叶审评学中的评茶语言，对茶叶滋味的描述是“回味甘爽”，与“其甘如荠”其意一也。

“采茶薪樗，食我农夫。”2500多年前，古人采茶，“食我农夫”是描写的一种采集食物，维持生存的生活方式。“食我农夫”中表述的茶叶是完全作为一种食物。

“予手拮据，予所捋荼，予所蓄租”是描述采茶的辛苦，由于用手捋荼，把茶叶从茶树枝条上捋下，粗糙的树枝和茶叶，把手磨得十分粗糙、拮据。捋下的茶叶，用于“蓄租”，即存储用于越冬。

《诗经》中所描述的茶叶采摘，茶叶的收藏以及茶叶的滋味，都反映出中国古代的茶叶主要用于食用，茶叶是一种非常重要的食物。晏子是春秋时期齐国的政治家，在帮助齐景公治理齐国时期作出了巨大贡献。《晏子春秋》记载：“食脱粟之饭，炙三弋五卵，茗菜而已。”茗即现代的茶叶，是当时作为菜肴的食物。

二、汉唐时期的茶叶食用

汉代之前，尽管有许多文献记载了“荼”这种植物，但是并没有关于茶叶制造和如何饮用的记载。现代人对茶叶制造和茶叶的饮用的认识，都是建立在唐代陆羽的《茶经》的记载上。从汉景帝的墓中出土的世界最古的植物芽叶，叶距今有2150多年。通过研究茶叶表面绒毛间的微小晶体并利用质谱分析法，研究人员证实这些嫩芽是茶叶。茶叶能够在墓穴中保存2000多年，实属不易。

这些出土的茶叶是嫩芽，而不是饼茶。这一发现完全改写了中国的制茶和饮茶的历史。传统的中国茶叶制茶史和饮茶史的概念，是在陆羽《茶经》及以前的文献记载的基础上建立起来的。传统的制茶史认为，唐代以前，中国的茶叶产品主要是饼茶。宋代的官焙生产饼茶，更是精益求精，达到登峰造极的地步。更强化了中国古代的茶叶以生产饼茶为主。

汉景帝陵出土的茶叶，使我们对中国古代茶叶制造有了新的认识。在秦汉时期，供应上层社会茶叶，应该以散茶为主，而且以芽为贵。对芽茶的追求与现代社会颇为相似。在制造方法上，芽茶可以用蒸青的方法，也可以用炒青的方法制造，以炒或烘的方法干燥，不用捣拍成饼。

汉代的王褒《僮约》记载："武阳买茶，烹茶净具。""武阳买茶，烹茶净具"包含的意义，不仅是茶叶在汉代成为一种商品，其实也是食物。茶叶不是像唐代中期之后，逐步演化为一种纯粹的饮料，而是用烹煮的方式加以食用，并不是冲泡，或者用点茶的方式饮用。茶叶作为食物在三国时期的《广雅》中，可以得到证实。三国时期张辑《广雅》记载："荆巴间采茶作饼，叶老者饼成以米膏出之。欲煮茗饮，先炙令赤色，捣末置瓷器中，以汤浇覆之，用葱、姜桔子之。其饮醒酒，令人不眠。"

《广雅》记载的烹煮茶叶的方法，是茶饼加米膏。尽管我们现在无法考证，茶饼中加入了多少米膏，但是茶叶加米膏就是一种食物，烹煮时，加盐、姜、葱。

《三国志·吴书》记载："(孙）皓每飨宴，无不竟日，坐席无能否率以七升为限。虽不悉口，皆浇灌取尽。曜素饮酒不过二升，初见礼异时，常为裁减，或密赐茶荈以当酒，……"以茶当酒在上层社会的出现，也表明茶叶作为纯粹饮料的开始。当然，古代的酒就是现代的米酒，也非现在的高度白酒。茶作为饮料也加入其他食物，比如米膏、茱萸之类。

西晋郭义恭撰的《广志》记载："茶丛生，真煮饮为茗茶，茱萸檄子之属，膏煎之，或以茱萸煮脯胃汁，谓之曰茶，有赤色者，亦和米膏煎，曰'无酒茶'。"西晋时期，茶叶作为食物还是比较普遍。

晋代，郭璞撰的《尔雅注·释木》记载："树小似栀子，冬生叶，可煮羹饮。今呼早取为茶，晚取为茗，或一曰荈、蜀人名之苦茶。"这表明茶在晋代以前，作食物是非常普遍的。

唐代的《封氏闻见记》记载："南人好饮之，北人初不多饮。开元中，泰山灵岩寺有降魔师，大兴禅教，学禅务于不寝，又不餐食，皆许其饮茶。人自怀挟，到处煮饮。从此传相仿效，遂成风俗。自邹齐沧棣，渐至京邑城市，多开店铺，煎茶卖之，……"

杨华的《膳夫经手录》记载："茶，古不闻食之，近晋宋降以来，吴人采其叶煮，是为茗粥。”

上述记载的茶叶饮用方法，有一个共同特点，就是将茶叶加入米膏、茱萸等食物一起煎煮，再加入盐、姜、葱等调味品。这是唐代早期以及之前食用茶叶的特点，如果说茶叶是一种食物，到唐代之前，已经发展成为一种饮料食物。

到了唐代中期，公元728年，唐王朝与吐蕃开始茶马互市。之后，长江中下游地区的茶业迅速发展起来，制茶技术也开始普及。陆羽的《茶经》问世，新的茶叶制造技术也开始出现，饮茶的方式也随之悄然改变。

刘禹锡（公元772～842年）生活的年代，正是中国茶叶大发展的时期。刘禹锡所作的《西山兰若试茶歌》，描述的是另一种制茶技术——炒青茶，诗中写道：“山僧后檐茶数丛，春来映竹抽新芽。宛若为客振衣起，自傍芳丛摘鹰嘴。斯须炒成满屋香，便酌砌下金沙水。骤雨松声入鼎来，白云满碗花徘徊。悠扬喷鼻宿醒散，清峭彻骨烦襟开。阳崖阴岭各殊气，未若竹下莓台地。炎帝虽尝未解煎，桐君有箓那知味。新芽连拳半未舒，自摘至煎俄倾余。……”这首诗歌最早记载了中国茶叶的锅炒杀青技术。“自摘至煎俄倾余”，从采摘到饮用在短时间内完成。“阳崖阴岭各殊气”，人们开始追求茶叶的真香、真色和真味，茶叶产自不同的地方，甚至阳崖、阴岭之间，其香气、滋味也不相同。炒青茶出现之后，以品茶为目的的饮茶开始出现。这是茶叶从食物到饮料的演变，这种演变不是短时期完成的。陆羽时期，饮茶仍然要加入少量的食盐。

三、宋代之后的饮茶

唐中期以后，饮茶在中原地区得以普及，饮茶也开始追求茶叶的真香、真色和真味，开启了以茶为饮料的时代。到了宋代，由于受到“官焙”制茶的影响，对饼茶的制造，无论是选料，还是制造工艺都达到了登峰造极的地步。饮茶则成为上层社会的一种时尚，特别是皇帝赐予的茶饼，则是皇帝对臣子的宠信。

宋徽宗赵佶是一个十足的文艺青年，不仅精通书、画，对制茶、饮茶也颇有研究，其撰的《大观茶论》[1] 是一部具有专业水平的茶叶著作。书中不仅讲述了茶饼的制造过程，还详细讲述了宋代出现的“点茶”方法。

“点茶不一。而调膏继刻，以汤注之，手重筅轻，无粟文蟹眼者，调之静面点。盖击拂无力，茶不发立，水乳未浃，英华沦散，茶无立作矣。有随汤击拂，干筅俱重，立文泛泛。谓之一发点，盖用汤已故，指腕不圆，粥面未凝。茶力已尽，云雾虽泛，水脚易生。妙于此者，量茶受汤，调如融胶。环注盏畔，勿使侵茶。势不砍猛，先须搅动茶膏，渐加周拂，手轻筅重，指绕腕旋，上下透彻，如酵蘖之起面。疎星皎月，灿然而生，则茶之根本立矣。第二汤自茶面注之，周回一线，急注急上，茶面不动，击拂既力，色泽渐开，珠玑磊落。三汤多置。如前击拂，渐贵轻匀，同环旋復，表里洞彻，粟文蟹眼，泛结杂起，茶之色十已得其六七。四汤尚啬。筅欲转稍宽而勿速，其清真华彩，既已焕发，云雾渐生。五汤乃可少纵。筅欲轻匀而透达，如发立未尽，则击以作之；发立已过，则拂以敛之。结浚靄，结凝雪。茶色尽矣。六汤以观立作，乳点勃结则以筅著，居缓绕拂动而已，七汤以分轻清重浊，相稀稠得中，可欲则止。乳雾汹涌，溢盏而起，周回旋而不动，谓之咬盏。宜匀其轻清浮合者饮之，……”

《大观茶论》详细地记载了宋代的点茶方法。宋代饮茶采用点茶方法，保留了唐代煎茶之前的炙烤、碾茶、罗茶，经过罗筛的细茶即可用于点试。在点茶时，根据盏之大小，加入茶末，然后加入少量沸水，“调令极匀”。“罗细则茶浮”，这是点茶或者冲泡茶叶的自然现象。用细末茶冲泡，直接加入半杯开水，茶叶就会浮在水面，与加入茶末的多少没有直接关系。古人认识到“茶浮”这一现象是因为茶细的缘故，因此，点茶时，先少量注水，使茶叶充分吸水之后，成为稀稠状态，再逐步加入沸水，同时用竹筅搅动。明代的冲泡法与宋代的点茶如出一辙，都是用

---

[1] 赵佶. 大观茶论［G］//陈祖椝，朱自振. 中国茶叶历史资料选编. 北京：农业出版社，1981：42.

沸水直接冲泡茶叶，所不同则是宋代点茶，需要将茶叶碾细、筛分，明代则直接用散茶冲泡。这种饮茶方法中，茶叶就成为纯粹的饮料。

宋代饮茶也不流行加盐，尽管在民间还保留煎茶加盐的习惯，而上层社会追求的则是茶叶的真色、真香和真味。苏轼在《和蒋夔寄茶》诗中感叹：“……紫金百饼费万钱。吟哦烹噍两奇绝，只恐偷乞烦封缠。老妻稚子不知爱，一半已入姜盐煎。……”同时在《东坡志林》中说道：“唐人煎茶用姜，……则又有用盐者矣。近世有用此二物者，辄大笑之。”

第二节　茶叶食用方法

茶叶从食物逐步演变成为纯粹的饮料是在唐代中期之后。在汉族地区，除茶叶产区之外，茶叶基本上不再作为食物；而在少数民族地区，茶叶作为食物至今仍然被保留。现在许多地方不叫喝茶，而叫“吃茶”。吃、喝是两种不同的概念，这可以证明茶叶最早是食物，用来吃而不是喝的。现在，青藏高原、新疆、内蒙古、甘肃等地的少数民族喜欢酥油茶、奶茶；江西、湖南、湖北、广东、广西、云南、贵州的许多地方都有喝擂茶、油茶的习惯。

一、饮料食物

1. 酥油茶

酥油茶（见文前图6－1）是典型的食物，茶叶传入青藏高原远比我们想象得要早。茶叶从四川盆地西部传入藏区之后，逐步成为高原牧区不可或缺的食物。在藏区，酥油茶的熬制、煎煮非常简单。取10～20克黑茶（砖茶），加水煎煮，茶水沸腾之后，滤取茶汤，将酥油放入酥油桶，倒入茶汤，加入适量的盐。然后在酥油桶内打制，使酥油与茶汤形成均匀的乳浊液。牧民外出放牧，将熬制好的酥油茶装入皮囊中，既可以解渴又可以果腹。

牧民回到帐篷，也以酥油茶为主要食物，即使是宰牛烹羊，酥油茶也是必不可少的食物和饮料。在不能种植农作物的高原牧区，茶叶对于牧民的健康的作用是不言而喻的。

在少数民族与汉族的混居地，酥油茶的制作就更加复杂。由于这些地区可以获得更多的食物原料，黑桃、花生、芝麻等。这些牧民，包括汉族，煎制酥油茶就复杂得多。除砖茶（黑茶）、酥油和盐外，可以将花生、芝麻、黑桃等原料捣碎，加入酥油茶里，还可以加入鸡蛋等。

2. 擂茶

擂茶是广东、福建、台湾等地客家人最喜欢的一种茶叶食物，也是湖南、湖北、广西、四川、贵州等地的土家族喜欢的食物。擂茶，顾名思义，就是在陶罐或者其他容器中，用木杵将茶叶捣碎。“捣”在许多地方也称为“擂”，因此称为擂茶（见文前图6－2）。

由于地区气候差异，物产不同、食物不同、生活习惯也不同，各地擂茶制作方法各有不同，主要是其配料不同，其熬制方法基本相同。

福建西北部的擂茶，是用茶叶和适量的芝麻，置于陶制的擂罐中，用木杵研成细末后，加沸水而成。广东的清远、英德、陆河、揭西、普宁等地的客家人制作擂茶，是把茶叶放进牙钵（一种内壁有纹路的陶盆），擂成粉末后，依次加上熟花生、芝麻后旋转研捣，再加上一点盐和香菜，用沸水冲泡而成。湖南的桃花源一带有喝芝麻擂茶的特殊习俗，是把茶叶、生姜、炒米放入一种木质的碾钵里擂碎，然后加入沸水。有条件的地方，加入一些芝麻、细盐，则滋味更为清香可口。喝擂茶一要趁热，二要慢咽，只有这样才会有“九曲回肠，心旷神怡”之感。湖南的桃江擂茶是芝麻和花生为主，放入碾钵里擂碎，后用白开水冲泡，再放点白糖。擂茶制成后稠黏如糊，色呈淡咖啡色，香气扑鼻，入口滑溜柔润、甜爽。制法大致和桃源相同，只是在吃法上各有不同。桃江擂茶一般放糖，成为“甜饮”，而桃源擂茶则放盐，大多为“咸食”。

3. 油茶

广西、湖南、贵州等少数民族地区，至今也流行吃油茶，特别是苗族、侗族和土家族等，特别喜欢打油茶。制作油茶，称为打油茶。制作油茶的原料主要有茶叶、茶油、花生、爆米花、油炸麻花、猪肝（或者猪肉、鸡肉、虾仁等）、葱、姜、盐等。

打制油茶之前，先将猪肝或者猪肉、鸡肉、虾仁等炒熟备用。然后，在铁锅中加入适量的茶油，油烧热之后，投入茶叶炒制；再加入姜丝、芝麻、花生混炒；待炒至香气四溢，加入清水煎煮，沸腾之后，加入适量的盐和淀粉，使之成为糊状。

将预先制好的肉类食物、葱、爆米花、油炸食物放入碗中，然后将煎煮好的油茶汤冲入碗中。则成为一碗美味可口、营养丰富的油茶。

4. 奶茶

在内蒙古、新疆、宁夏等北方少数民族地区，奶茶则是他们最喜欢的食物。在内蒙古草原，牧民最喜欢喝奶茶。熬制奶茶的原料主要有茶叶、牛奶、奶皮（奶酪）、小米、纯碱（小苏打）、盐、羊油或者牛油。茶叶主要是湖北生产的青砖茶。

奶茶熬制前，将砖茶捣碎，然后烧一锅开水；水沸腾之后，投入茶叶；茶水熬煮几分钟之后，滤去茶叶，茶水备用。如果有两口锅，可以用另一口锅，烧热之后，放入适量的羊油或者牛油，再倒入少量茶汤，然后投入小米炒制。小米煮熟之后，倒入全部茶汤、纯碱和盐，煮沸几分钟。

将牛奶或者羊奶、奶酪、黄油等倒入木桶，搅拌均匀，然后再倒入熬煮好的茶汤，继续搅拌。待奶茶上层出现油层，一碗美味可口的奶茶就熬成了。

尽管时代发生了变化，交通条件得到极大的改善，牧区可以获得更多的食物。但是以茶、盐、奶和酥油为基本原料熬制奶茶和酥油茶，深深地植根于牧民的生活之中。西北地区少数民族长期饮用来自四川和湖南茯砖茶，内蒙古地区则喜欢湖北的青砖茶，西藏牧民则喜欢来自四川的康砖茶。

5. 白族三道茶

云南是茶树的原产地，世世代代生活在这一片土地上的人们，食用茶叶早已成为一种嗜好。白族三道茶，当初只是白族人用来作为求学、学艺、经商、婚嫁时，长辈对晚辈的一种祝愿。情随事迁，三道茶逐步成了白族人民喜庆迎宾时的一种习俗。

古代西南南诏、大理国，是一方佛教净土。南诏后期，佛教被奉为国教，寺庙众多，饮茶之风盛行。茶成为寺庙中日常饮用、佛事供奉、招待香客和游人的必备饮品。这种待人接物的饮茶也对民间饮茶产生了重大影响，并发展成为现代的一种礼仪“三道茶”。

“三道茶”第一道为“苦茶”。制作时，先将水烧开，将一只小砂罐（或陶罐）置于文火上烘烤。待罐烤热后，即取适量茶叶放入罐内，并不停地转动砂罐，使茶叶受热均匀。待罐内茶叶变黄，茶香喷鼻，即注入已经烧沸的开水。少顷，将沸腾的茶水倾入茶盅，泡出第一道茶。茶经烘烤、煮沸而成，看上去色如琥珀，闻起来焦香扑鼻，喝下去滋味苦涩。一道茶通常只有半杯，一饮而尽，寓意人生首先要学会吃苦。

第二道茶称之为“甜茶”。饮了第一道茶后，重新用小砂罐置茶、烤茶、煮茶，并在茶盅里放入少许红糖、乳扇（一种奶制品）、芝麻、黑桃等。这第二道茶，香甜可口，寓意人生苦尽甘来。

第三道茶是“回味茶”，其煮茶方法相同，只是在茶盅内放的原料已换成适量蜂蜜，少许炒米花、核桃仁，几粒花椒。这第三道茶，喝起来甜、酸、苦、辣，五味俱全，回味无穷。寓意人生旅途，必须经历酸、甜、苦、辣，人生才是完美的。

少数民族把茶叶作为食物，主要还是因为食用肉、奶、油太多，缺乏植物纤维和维生素。长期缺乏植物纤维和维生素对人体健康是不利的。过去许多人迷信高原牧民不得茶则死，虽然夸张，但是，“茶之为物，西戎，吐蕃古今皆仰给之。以其腥肉之物，非茶不消，青稞之热，非茶不解”，却在长期的生活实践中得到了证实。

二、茶叶膳食

将茶叶加入食物、菜肴之中，称为茶膳食。茶膳食通常是将茶叶磨成茶粉，加入食品中，或者以新鲜的嫩梢，烹制菜肴。

1. 茶粉

茶叶作为食物，其食用方法有很多，把茶叶碾磨成粉煎煮、羹饮，在唐代之前就已经出现。近代以来，将茶叶碾磨成粉，作为各种食品的添加物，则成为一种健康的饮食。

制作茶粉的方法非常简单，现代家用电器粉碎机的广泛使用，相对于过去用碾子磨粉，非常快捷和方便。作为食品添加物的茶粉，尽量选择普通的成品茶叶。无论是绿茶、黄茶、白茶、青茶，还是红茶，都可以打磨成粉。茶叶作为食品添加物，目的是为了健康，而不是从品茶中获得色、香、味、形的心理满足。选择高级茶叶作茶粉，就算是“明珠暗投”了。为了获得比较好的口感，尽量将茶叶磨细。

家庭中可以将茶粉加入任何食物中，包括米饭、粥、馒头、面条、煎饼等。各种煲汤、炖肉、烧菜中加入适量茶粉，可以增加菜肴或汤的鲜爽，减少腥味和油腻，也有助于消化蛋白质和脂肪。

茶叶粉在食品工业中不仅可以作为健康、保健的食物添加物，同时也是非常好的抗氧化剂，可以加入各种糖果、糕点、面包中。

茶叶味苦涩，添加必须适量。家庭食品的用量，一个人每天以 5 克左右为宜。

2. 茶汁

茶汁可用茶叶冲泡制作，也可以用茶叶煎煮。为了提高茶叶内含物的水浸出率，可以采用煎煮的方法。待水沸腾之后，投入茶叶，煮沸 1 分钟即可。

茶汁可用于很多食物中，可以煲汤，可以炖肉，也可以烧菜。为了减少茶叶内含物的氧化和损失，茶汁入锅之后，炖煮的时间不宜太长，不宜超过 5 分钟。茶汁可以用于煮饭，无论干饭、稀饭，都可以加入茶汁。茶汁的浓淡，因人而异。

通常情况下，无论是做菜，还是煮饭，用 5 ~ 10 克茶叶，熬煮 500 ~ 800 毫升茶汁。茶汁必须即时制作，不宜放置太久。各种茶类均可制作茶汁，最好选择普通绿茶。氧化程度太高的茶叶不宜制作茶汁。

3. 茶鲜叶膳食

在茶叶产区，人们可以用鲜叶制作菜肴和食物。用茶鲜叶制作菜肴，通常选择一芽二叶的嫩梢，新梢如果已经木质化，则粗纤维过多，难以下咽。春梢氨基酸含量高，滋味鲜爽，少苦涩，适宜制作菜肴。

茶鲜叶可以作凉菜，云南基诺族一直有吃凉拌茶的习惯。将茶鲜叶投入沸水中，水重新沸腾之后，捞起茶叶，拌以辣椒、大蒜、葱、姜、盐等佐料。

茶叶炒鸡蛋，选择一芽一叶的茶嫩梢 50 克，鸡蛋 4 个。将茶芽投入沸水中迅速捞起，冷却之后，装入较大的盆内。将鸡蛋打开，把蛋清、蛋黄与茶芽一起搅拌均匀。然后在铁锅中放入适量的食用油，油热之后，倒入拌匀的茶芽，煎熟即可。

茶鲜叶作菜肴，可与鱼、猪肉、牛肉、羊肉等各种肉食类一起烹制，消减肉类的油腻，增加菜肴的鲜味，也有助于消化。同样，以茶鲜叶或者成品茶制作的佳肴，龙井虾仁、孔府茶烧肉、四川樟茶鸭、茶叶粉蒸肉、嫩茶炒腰花等也登上大雅之堂。

三、欧洲奶茶

茶叶在 17 世纪传入欧洲，最早主要是上层社会的奢侈品。欧洲文艺复兴之后，欧洲上层社会的妇女喜欢各种社交活动，经常举办各种派对、舞会。妇女们的聚会，主要是闲聊，容易困乏，聚会时间一长，就需要解决饥渴。喝酒容易醉人，有些人还会酒醉失态。喝果汁，不仅花费很高，而且具有非常强的季节性。茶传入欧洲之后，很快就风靡一时。喝茶不仅可以解渴，还可以使人兴奋，解除困乏。饮茶时，再加上甜点，聚会也因此多姿多彩。

1. 午后茶

17 世纪，中国有红茶、绿茶、青茶销往欧洲，由于运输距离遥远，机动船没有出现之前，都是依靠帆船往返于欧亚之间。茶叶从中国沿海运往欧洲至少需要半年以上。在大海上航行，高温、高湿的环境，使得绿茶、青茶很快失去了风韵和滋味。红茶由于在制造过程中就已经充分氧化，长时间的运输和存储，红茶的色、香、味，并没有太多的改变。特别是红茶加入牛奶和糖，既解渴又果腹。因此，红茶加牛奶、糖，再配备点心，成为欧洲上层社会妇女聚会必不可少的配置，称为“午后茶”。之所以称为午后茶，是因为欧洲上层社会妇女的聚会往往都是在下午开始。随着饮茶的普及，午后茶也成为欧洲普通人的生活习惯。

欧洲奶茶来源于上层社会妇女聚会的午后茶习俗，主要原料是红茶、糖和鲜牛奶，还可以加入柠檬或者其他水果汁。

红茶从外形上主要分为两大类：一是条形的红茶，也称为工夫红茶，主要产于中国；二是红碎茶，主要生产国家是印度、斯里兰卡、肯尼亚等。中国在20世纪七八十年代也曾经大量生产红碎茶，主要用于出口。中国每一个产茶省市，都生产工夫红茶。在国内，特别是汉族地区，过去没有喝奶茶的习惯。由于产地不同，工夫红茶具有非常突出的区域特点，福建有小种红茶、安徽有祁门红茶、江西有休宁红茶、四川有川红工夫、云南有滇红工夫等。

欧洲的奶茶则选择用红碎茶作原料。红碎茶与工夫红茶的制造工艺基本相同。红茶制造的工艺过程主要有萎凋、揉捻（揉切）、发酵和干燥。工夫红茶与红碎茶的不同，在于揉捻和揉切的不同。通过揉捻得到的是条形茶，通过揉切，得到的是红碎茶。工夫红茶追求一种特殊的香气和茶韵，红碎茶则追求浓、强、鲜爽，水浸出率高。红碎茶用90℃沸水冲泡3次，90%的茶叶内含物被浸出，而工夫红茶冲泡5次以上，仍然有比较浓的茶味。工夫红茶适宜品茶，红碎茶适宜制作奶茶。

通常作为午后茶的奶茶，主要以饮茶为主。5克红碎茶冲泡出300~400毫升茶水，加入50~100毫升鲜牛奶、适量红糖或者白糖。

2. 早餐茶

随着世界经济的发展，生活节奏加快，午后茶演变成为西方国家的早餐茶。我国港台地区和内地也开始流行这种早餐茶。制作早餐茶非常简单快捷，主要配料为红碎茶、鲜牛奶、红糖或者白糖、果汁，早餐还要配置面包、饼干、糕点、香肠等食物（见文前图6－3）。

制作奶茶，通常根据人数确定茶叶、牛奶的用量，配置面包、点心的多少，平均一个人5克红碎茶、250毫升鲜牛奶、红糖或者白糖20克。

5克红碎茶，冲泡300毫升茶水，分两次冲泡。第一次用150毫升沸水冲泡，冲泡3分钟，然后滤出茶汤；再冲入沸水冲泡3分钟，滤出茶汤。将250毫升鲜牛奶加入茶汤中，然后加入适量的糖、果汁，搅拌均匀，早餐奶茶也就制作完成。这种早餐茶非常适合现代快节奏的生活，一大杯奶茶、几块糕点、几片面包，就是现代人营养丰富的一顿早餐。

茶叶自从进入人类的食谱之后，作为食物从未间断过。汉、唐以后，茶叶发展成为一种纯粹、自然、高雅的饮料。汉代皇室饮用的茶叶已经是全芽制造了。特别是宋代以来，官焙所造之贡茶，成为皇室和达官贵人的专属品，普通人不可以享用。品茶是高雅，是阳春白雪，是上层社会的生活。不可否认，宋代之后，品茶作为上层社会的生活方式，文人无不歌之，雅士无不颂之。

但是在少数民族地区，茶叶仍然是其主要食物。自从茶叶传入少数民族地区，用茶熬制酥油茶、奶茶，成为少数民族不可或缺的食物。腥肉之食，非茶不消，茶叶可以帮助消化肉食，可以除去腥味。但是，从品茶的角度去理解少数民族用茶制作奶茶、酥油茶的行为，这是降低了茶叶的身价。

据《洛阳伽蓝记》记载：南北朝时，“肃初入国，不食羊肉及酪浆等物，常饭鲫鱼羹，渴饮茗汁。京师士子见肃一饮一斗，号为‘漏卮’，经数年已后，肃与高祖殿会，食羊肉酪粥甚多。高祖怪之，谓肃曰：‘卿中国之味也，羊肉何如鱼羹？茗饮何如酪浆？’肃对曰：‘羊者是陆产之最，鱼者乃水族之长，所好不同，并各称珍。以味言之，甚是优劣，羊比齐、鲁大邦，鱼比邾、莒小国，惟茗不中，与酪作奴’”。

王肃，山东临沂人，曾经在南齐担任秘书丞，后来投奔北魏都城平城（今山西大同）。王肃在南方生活，不喜欢牛羊肉、奶酪，养成了饮茶的习惯。到北魏之后，逐步习惯了食用牛羊肉和奶酪。但是仍然不喜欢饮奶茶，仍喜欢品一杯清茶，因此有：“唯茗不中，与酪作奴”之说。在王肃看来，茶叶高雅，自有天然的色、香、味，茶是不可以与奶酪混合，作酪奴。

自汉唐以来，茶叶的食用在少数民族与汉族之间，形成了两种完全不同的习惯。少数民族始终将茶叶作为健康的食物，与奶酪、鲜奶混合，制成酥油茶、奶茶。这就证明了茶叶对于肉食民族健康的重要性；而在汉族地区，茶叶则成为一种纯粹的饮料。

茶叶是一种食物，仅仅作为饮料，远不能发挥其应有的健康作用。特别是在今天的中国，肉类、奶制品、脂肪的大量摄入，造成因为肥胖而产生的疾病不断增加。为了健康，应该让茶叶作为食物，更多地进入人们的日常生活之中。

第七章

茶为本

品茶是一种高雅、惬意的生活方式，可以通过简单的、或者艺术化的形式将茶叶内敛的高雅释放，既是健康的获得，也是友情的付出，更是和谐的创造。品茶是一种境界，需要以茶叶作为基础。必须认识茶叶、了解茶叶，以茶为本，方可品茶。本章主要介绍茶叶鉴别的方法，以及中国各地的主要名茶。

第一节　茶叶鉴别

鉴别茶叶有两层含义，一是对于真假茶叶的鉴别，当今的饮料中，称为茶叶的植物有许多，但是，这些植物并不属于山茶科，对于这些称为茶的饮料，一些通过外观形态就可以加以区别，另外一些外形相同，但添加其他植物嫩芽的“茶叶”，则无法通过外形进行区分，需要通过其他物理或者化学的方法进行鉴别。二是对茶叶质量高低作出评判，又称为茶叶审评。在生活中，也要具有鉴别不同季节茶叶的能力，鉴别新茶和陈茶的能力。

一、真假茶叶的鉴别

在历史上，古人就把许多植物作为饮料，并且称为“茶”，直到现在这些植物“茶”仍然在茶叶市场流行。比如：老鹰茶、枸杞茶、苦丁茶、桑茶、杜仲茶、菊花茶等，这些茶实际上都是用枸杞叶、桑叶、冬青、杜仲等芽或叶，晒干或者按照绿茶的制造方法制成，而很少采用其他的制造方法。

（一）物理鉴别

物理鉴别茶叶的真伪，主要是根据茶叶与其他植物在物理特性方面的差异从而加以区别。

1. 外形鉴别

在现代生活中，商品经济促使植物饮料（称为茶）的范围不断扩大，用其他植物原料制造饮料茶，主要有嫩芽、鲜花和果实。采用鲜花和果实制造的饮料茶，从外形上是很容易区别的。茶叶主要采用芽或者嫩梢制造，采摘粗老时，其副产品有茶梗，一些地方也用茶梗作饮料。任何保留鲜花形态和果实形态的植物饮料，基本上都不是山茶科的茶叶。如果采用物理方法改变其外部形状，从其色泽和香气上也可以区别。

茶和非茶类的外形有明显的区别，采用其他植物嫩芽，比如冬青、樟科的老鹰茶、桑叶等，从植物形态学来看，尽管这些植物的嫩芽与茶芽相似，但是由于内含物不同，物理特性也不相同，采用相同的制造方法，其产品的外形也有明显的区别。初制的茶叶产品（除扁形、针形、卷曲形、圆珠形外）主要有条形、颗粒形。

如果就条形茶的外形来看，原料细嫩的茶叶条索紧细，而非茶类的茶叶由于缺乏果胶质和糖分，条索总是显得粗松。颗粒茶同样如此，真正的茶叶揉切成颗粒茶，很少有片茶，除非原料粗老，而非茶类原料制成的颗粒茶叶，也显得松泡，不紧实，同时产生许多薄片。茶与非茶在外形上的主要区别就是紧结、重实的不同。

2. 色泽

茶叶的色泽因茶类不同而有所不同，绿茶保持了茶叶的绿色，干茶呈现墨绿色、灰绿色或者黄绿色。如果是嫩芽制造的烘青类绿茶，干茶的表面有一层白色的茸毫，称为白毫，而非茶类的植物，则很少有这种

白毫。非茶类植物无论按照哪一种制造方法，与同类的真茶相比，其色泽总是显得枯燥，缺乏绿色，色泽暗而无光。现在市场上流行的“青山绿水”是一种冬青属的植物，制成饮料之后，称为苦丁茶。尽管干茶在外形上近似茶叶，但其色泽缺乏绿茶的绿色与润泽。

3. 香气

不同的茶树品种，在不同的地区、不同的生态环境、不同的季节、不同的栽培条件下，收获的原料尽管在等级上和主要内含物质的含量上存在差异，但是按照相同的制茶工艺生产的茶叶产品，在品质上是基本相同的。不同茶类的香气尽管不同，但是茶叶这种植物形成的香气与其他植物完全不同，具有特殊的茶叶香。非茶类植物制造的茶叶，总是有一种青草或者树木的气味。将可疑的茶叶与真茶的香气进行对比，就可知真假，但是由于茶叶储存时间太长，茶香消失，也难以辨别真假。

4. 叶底

茶叶经过冲泡完全展开之后，滤去茶汤，留下的茶叶称为叶底。不同的植物，其叶柄、叶脉、叶缘齿和叶的形态具有明显的差异，因此，叶底是鉴别真假茶的重要手段。将这些茶叶放在叶底盘或者小碟子中，可以区别茶与非茶。真茶的叶缘齿比较浅，下部叶缘（叶柄处）没有明显的齿。茶叶有16～32对叶脉，叶脉不明显、不透明，叶柄不明显。茶叶冲泡之后，叶片开展，能够恢复原状，没有明显的褶皱和褶痕，除非在加工之前，堆放时间过长或者经过渥堆。这三大特点是区别真假的重要指标。如果在茶叶中加入假茶，两种植物的叶片形态是完全不同的，也可以轻易地检查出来。

（二）茶类的化学鉴别

茶叶与其他植物不同，是因为生理代谢不同，从而形成不同的代谢产物。在茶叶中，有三种内含物质与其他植物的含量有明显的不同，一是茶多酚，二是生物碱，三是茶氨酸。

1. 茶多酚

茶多酚是一类以儿茶素为主的酚性化合物，也称为多酚类、茶单宁或茶鞣质。大叶品种的茶多酚含量高于中小叶品种，茶多酚最高可以占到干物质的近40%。

茶多酚是黄烷醇类、花色苷类、黄酮类、黄酮醇类、酚酸类和酚类六大类化合物的总称。黄烷醇类又称为儿茶素，在多酚类物质中，儿茶素（黄烷醇类）占了60%~80%，因此，又以儿茶素代称茶叶中的多酚类物质。多酚类物质在其他植物中也存在，但是到目前为止，尚没有发现其他植物有如此高含量的多酚类物质。茶多酚含量低于20%，可以判断为掺假茶叶或者假茶。

2. 生物碱

茶叶中含有许多生物碱，现已从茶叶中鉴定出了咖啡碱、茶叶碱、腺嘌呤、鸟嘌呤、黄嘌呤、次黄嘌呤、拟黄嘌呤等十多个种类。在自然界中，至少有50多个科120个属以上的植物含有生物碱，但不同的植物其生物碱的种类、结构、性质都各有不同。

茶树中的生物碱虽然有十多个种类，但其含量最多的是咖啡碱，含量达到了3.4%~3.85%。咖啡碱的含量低于1%，可以判断为假茶或者掺假茶叶。

3. 茶氨酸

目前，从茶叶中分析出的氨基酸有26种，其中，茶氨酸是一种比较特殊的氨基酸。茶氨酸为酰胺类化合物，化学名称为N-乙基-L-谷氨酰胺。到目前为止，茶氨酸除了在一种蕈草和茶梅中检出外，其他植物中尚未检出。因此，茶氨酸可以作为真伪茶叶鉴定的主要指标。茶氨酸占茶叶游离氨基酸含量的50%左右，茶氨酸极易溶于水，呈微酸性，具有焦糖香和类似味精的鲜爽味。因此与茶叶滋味密切相关。

茶多酚、咖啡碱和茶氨酸是茶叶这种植物的标志性内含物，其他植物中很少同时含有这三种化合物，即使含有这三种化合物，也没有这么高的含量。通过化学检测手段检测出这三种化合物同时存在，如果达不到茶叶正常的含量，不是假茶也可能是添加了其他植物。当然，对三种化合物的检测，需要有专业实验室、专业的实验条件才能进行。

二、不同季节的茶叶鉴别

在北半球，除冬季之外，春、夏、秋三季都是茶树生长、茶芽萌发的季节。用春、夏、秋三季采摘的茶叶原料生产的茶叶，习惯上分为春茶、夏茶和秋茶。不同季节的原料生产的茶叶在质量上普遍存在差异，除黑茶、青茶外，绿茶、红茶、黄茶和白茶都是以春茶质量为好。

茶叶的香气和滋味主要由氨基酸、茶多酚及其他香气物质决定。氨基酸和香气物质决定茶叶滋味的鲜爽和香气的高低，茶多酚则具有涩味，如果茶多酚与氨基酸的含量比例协调，茶叶也会具有良好的滋味和香气。因此，在茶叶化学研究中，一直将茶多酚与氨基酸两种内含物的比例作为研究重点，两者的比例也称为酚氨比。春茶、夏茶、秋茶三季原料的氨基酸、茶多酚和香气物质的含量不同。春茶原料氨基酸和香气物质含量最高，秋茶次之，夏茶最低；夏茶原料的茶多酚含量最高，秋茶次之，春茶最低。因此，春茶香气高、滋味鲜爽，也最受茶叶爱好者的追捧。

1. 春茶、夏茶、秋茶的鉴别

区别不同季节的茶叶，主要是从香气、滋味和外形三个方面进行鉴别，下面以绿茶为例来区别春茶、夏茶、秋茶。

首先从外形特点来看，春芽萌发之后，新梢生长缓慢，因此，表现在芽叶柔嫩，纤维含量低，未展开的芽内无明显的茎。除此之外，嫩芽上的白毫明显。鉴别春芽茶主要是看芽上是否有丰富的白毫，如果是炒青，则观察冲泡之后的茶芽，浑圆、饱满、未展开的叶片之间没有明显的茎。夏秋季节的芽茶则纤细、少白毫，芽茎明显（见文前图7－1）。

其次是香气，冲泡之后，先闻香气，春茶的香气清新、鲜嫩，夏秋茶则粗淡、无鲜嫩香气。

最后是滋味，春茶的滋味鲜爽、无涩味，而夏秋茶则涩味重，少有鲜而嫩爽之感。

普通绿茶也是从外形、香气、滋味三个方面去鉴别春茶、夏茶、秋茶。绿茶如果没有精制，比较容易区分，春茶色泽墨绿或者灰绿而润泽，苗锋好（芽尖比较多），白毫明显，少白梗和黄片，嫩梗的色泽与茶叶的色泽相近。夏秋茶则正好相反，白梗多而明显。春茶香气清新，质量好的炒青绿茶有栗香，烘青茶或有兰香，滋味鲜爽、纯和。夏秋茶则缺乏清香，更不会有栗香或兰香，滋味粗涩、浓厚。

无论是绿茶、红茶、白茶，还是黄茶，春茶的突出特点就是香气清新，滋味鲜爽，回味甘醇，无苦涩味。从叶底来看，春茶叶底柔软，夏秋茶叶底粗糙，叶质硬，两种叶底的软硬，手感非常明显。

2. 新茶与陈茶

如何区别新茶与陈茶？在茶叶行业内，存储一年以上的茶叶，通常称为陈茶。在普通仓储条件下，采用木箱、纸箱或者篾包包装、储存茶叶，存放半年，茶叶就完全失去了鲜爽的滋味和新茶清香。现在，随着科技的进步，包装材料的发展，加上低温存储条件的完善，茶叶存储一年，茶叶的色、香、味变化也非常小。

如果茶叶储存条件不好，茶叶陈化明显，可以轻松地加以鉴别。陈茶有明显的陈化味，完全失去了清香，干茶色泽暗淡无光。对于储存条件好，陈化不明显的茶叶，通过对比的方法，也可以从色泽、香气、滋味三个方面区别新茶和陈茶，下面以绿茶为例。

一是色泽，无论哪一种新茶，主色符合茶类特点，同时其色泽光亮润泽。新茶显得油润，陈茶则没有光感，显得灰暗、枯糙，特别是绿茶完全失去了绿色。

二是香气，新茶有幽雅的清香，陈茶则严重失香。

三是滋味，新茶的滋味鲜爽、醇和，陈茶则显得纯和、沉闷，少香气，甚至有陈味。

三、茶叶审评

茶叶审评是茶叶质量高低的比较，是用感官的方法，从专业的角度去品评茶叶。我国有六大类茶叶，每一类茶叶都有专业的审评标准。因此茶叶的审评，只能是在相同的茶类之间进行。不同的茶类，因为色、香、味、形的标准不同，无法进行比较。

审评茶叶包括干评和开汤两个方面。干评也称为把盘，是从嫩度、条索、色泽和净度四个方面去比较；开汤也称为湿评，是从汤色、香气、滋味和叶底四个方面去比较茶叶内质。审评不同的茶类，对这些因素又有不同的重点。绿茶、红茶、白茶、黄茶等茶类，品评外形因素的重点是比较嫩度和造型，茶叶条索的紧细度、紧实度、紧结度反映了茶叶嫩度。青茶外形的重点也主要是紧结度，茶叶原料太老也不能够揉捻成紧结的蜻蜓头形或者螺钉形。开汤品评，主要是比较滋味、香气和汤色，青茶以香气为主，其他茶类则把滋味放在第一位。

1. 干评（外形审评）

1）嫩度

茶叶的嫩度与茶叶品质密切相关，一般而论，嫩度高的茶叶可溶性物质含量高，饮用价值也高。不同的茶类对原料要求有所不同，青茶要求原料有一定的成熟度，黑茶中的砖茶也需要成熟原料。

茶叶的白毫是茶叶嫩度指标，大多数茶芽表面带有白毫，白毫多，表明茶芽多。

条形茶叶的外形紧细而尖，称为锋苗。紧细而尖的茶条多，称为锋苗好，表明茶叶嫩度高。颗粒茶比较重实，也表明嫩度高。

光糙度也是比较茶叶嫩度的重要指标，嫩度高的茶叶光洁、平伏，粗老的茶叶，表面粗糙，无光泽。

茶叶梗含量的多少，也可以判别茶叶嫩度。茶叶嫩度高，则梗少，特别是白梗少。

2）条索

对于条形茶来说，条索的紧细、松紧、园扁、卷曲、粗细，既能够反映茶叶原料的嫩度，也能够反映茶叶制造的技术水平，反映出茶叶质量的高低。

3）色泽

干茶色泽主要是从颜色与光泽度两方面去辨别，绿茶以墨绿、灰绿为好；红茶以黑色为主色调，英文称为“Black Tea”，以乌黑色为好，其次为黑褐色或红褐色；青茶则以沙绿色为好，青绿、黄绿其次；黑茶以黑褐色为好，带有青色、黄色都是不正常的颜色。除了黑茶，其他种类茶叶都有光泽，“润”“泽”是新鲜茶叶的特质，储存时间过长的茶叶则枯燥而无光泽。

4）净度

茶叶的净度是质量高低的重要指标，茶叶的净度是指茶叶含有的茶梗、黄片老叶、碎末，或者非茶叶杂质的情况。对于精制之后的茶叶还要查看茶叶条索长短的搭配是否均匀。颗粒茶的大小、碎末、黄片的多少，是否符合比例，也称为茶叶的整、碎程度。

2. 开汤品评（内质审评）

1）汤色

不同的茶类汤色呈现不同的颜色（见文前图2－2），绿茶、红茶完全可以从汤色上区别。而红茶与黑茶、绿茶与黄茶就难以从汤色上加以区别。绿茶汤色呈现浅黄绿色，红茶汤色红艳，青茶、白茶、黄茶的汤色呈现绿黄色，黑茶汤色呈现玛瑙色，这是茶类的基本色系。绿茶的汤色绿中显黄，以绿为主；黄茶的汤色比绿茶汤色更黄，青茶的汤色与黄茶接近，青香型青茶的汤色与绿茶相同；红茶的汤色以红色为主，红中显黄；黑茶汤色为红褐色。正常的茶叶汤色除了符合基本色调，重要的是汤色明亮，汤色发暗、浑浊都不是正常的汤色。

2）香气

不同茶类有不同的香型，绿茶清香、鲜嫩，或栗香，或兰香，或豆香；红茶甜、鲜浓；青茶幽香、浓郁、馥郁、高长；黄茶清鲜、清纯，黄芽有毫香，或嫩玉米香；黑茶纯正、有陈香。香气的评判主要是看是否符合茶类特点，其次看是否纯正、有没有异味。香气符合茶类特点，没有异味就是好茶。异味主要是指烟焦、酸馊、霉变、水闷、青草气，这是加工技术和储存不当形成的异味，此外有其他异味，如油、药、土腥、异木味等。最后是香气评高低，香气的高低可以用鲜、浓、清、纯、平淡、粗老来区别。香气的持久程度，也是评价香气的重要指标。

3）滋味

不同的茶类有不同的滋味，评价茶叶滋味可以用鲜、爽、醇、平和、纯正、粗老加以区别。绿茶鲜爽、鲜醇，回味甘爽；黄茶鲜纯或清纯；

红茶滋味浓强、浓厚、鲜爽；白茶清正、淡雅；黑茶纯正。

四、茶叶造型的艺术鉴赏

中国饮茶的历史悠久，在几千年的饮茶发展演变过程中，茶叶从食物逐步发展成为饮料，从牛饮、解渴到品茶，从品茶再发展成为茶艺。这其中的文化元素不断被历代文人发扬光大。

茶叶的造型可谓丰富多彩、千姿百态，有针形、扁形、卷曲形、圆珠形、鸟嘴形、雀舌形、螺钉形、眉形（条形）、颗粒形等，通过压制可以制造各种砖形、饼形、碗形。

针形茶通常选择一芽一叶初展原料，采用手工方法制作的针形茶更加紧细。针形茶紧细挺直，宁折不弯，象征一种坚贞不屈的品质、一种气节。

扁形茶平直、光滑、形似竹叶，象征一种虚怀若谷的气质和不折不挠的精神，诠释一种刚正不阿的品德。

卷曲形茶叶柔美多姿、满披白毫。正如苏东坡诗云："仙山灵雨湿行云，洗遍香肌粉未匀。明月来投玉川子，清风吹破武林春。要知冰雪心肠好，不是膏油首面新。戏作小诗君一笑，从来佳茗似佳人。"

雀舌外形如同鸟的舌头，主要是形似，是以独芽原料制作，冲泡之后，仍然保持其独芽的形态。

所谓鸟嘴形，则是选择独芽或者一芽一叶初展原料制作，在制造过程中稍加揉捻。茶芽的外面一片叶会适当开展，茶叶干燥之后保持独芽状态，冲泡之后，茶芽稍稍开展，似张似合，形似微微张开的鸟嘴。

珠茶采用一种特殊的球形炒锅，并且用特殊的手法制作，其工艺过程有杀青、揉捻、炒小锅、炒对锅和炒大锅等，珠茶紧圆似珍珠。

螺钉形茶叶是青茶独特的造型，也称为蛙腿，即头大尾小。这种形状需要一定成熟度的原料，主要是新梢停止生长之后形成的驻芽或者对夹叶，同时采用包揉方法才能制成。

另外一大类紧压茶，同样具有很高的鉴赏价值。在历史上，饼茶有龙团凤饼以及各种精美图案。现代的各种紧压茶，除了大小不同的砖形，还有饼形、碗形、小球形。也有在模具上雕刻了各种图案，在紧压的茶饼、茶砖上表现“龙”“凤”“福”“禄”“寿”“禧”等图案，还有“梅”“兰”“竹”“菊”等图案。这些造型图案都具有美好的寓意、良好的祝愿。

茶叶的外形鉴赏是对茶叶的欣赏，了解茶叶的历史，领略茶文化的博大精深，愉悦心情。要能够准确鉴别茶叶质量，必须进行对比，而且只能对同类茶进行比较，才能够真正地认识茶叶、理解茶叶、鉴别茶叶。不同茶类则不能进行比较。

第二节　中国各地主要名茶

俗话说茶叶学到老，茶名记不了。中国地大物博，茶叶生产遍及南方各个省区、市，茶叶生产历史悠久，形成了中国六大茶类，产生了丰富多彩、琳琅满目、各具特色的茶叶产品。

一、中国茶区

由于地理、气候、土壤等条件的不同，茶树这种古老的植物在不同的生态环境下，形成了不同的品质特点。因此，出现了具有明显地域特色的茶叶品类。根据茶区的地理特点，通常把中国茶区分为西南、华南、江南和江北四大茶区。茶区东起东经122°的台湾省东部海岸，西至东经95°的西藏自治区易贡，南自北纬18°的海南岛三亚市，北到北纬37°的山东省荣成市，东西跨经度27°，南北跨纬度19°，共有21个省区市、967个县市生产茶叶。

1. 西南茶区

西南茶区位于中国西南部，包括云南、贵州、四川三省及重庆市、西藏自治区东南部，是中国最古老的茶区。云贵高原为茶树原产地中心，有十分丰富的野生茶树资源和茶树品种资源，生产红茶、绿茶、黑茶、黄茶和青茶等茶类。该茶区长江以南适宜大叶种茶树生长，是中国红碎茶的主要生产基地之一，北部适宜小叶型茶树品种生长，以生产绿茶、黑茶、黄茶为主。

2. 华南茶区

华南茶区位于中国南部，包括广东、广西、福建、台湾、海南等省区，为中国最适宜茶树生长的地区。有乔木、小乔木、灌木等各种类型的茶树品种，茶资源极为丰富。该茶区生产绿茶、红茶、青茶、白茶、黑茶等茶类，是青茶的主要产区，所生产的铁观音、乌龙茶、大红袍驰名中外。由于有丰富的鲜花资源，也是主要的花茶产区。中国的红茶起源于此，广东、广西和海南省是红碎茶的主要产区。

3. 江南茶区

江南茶区位于中国长江中、下游南部，包括浙江、湖南、江西等省份和皖南、苏南、鄂南等地。到了宋代成为中国茶叶主要产区，一直持续到现代，茶叶年产量占全国总产量的60%以上。生产的主要茶类有绿茶、红茶、黑茶和黄茶。

4. 江北茶区

江北茶区位于长江中、下游北岸，包括河南、陕西、甘肃、山东等省份和皖北、苏北、鄂北等地。江北茶区主要生产绿茶。

中国四大茶区的分类，只是地理区位上的划分。一个茶区内，其气候、土壤条件也存在极大的差异，茶树品种也是多元化的。与其说是茶叶区划，还不如说是茶叶生产的分区。

二、中国名茶

我国茶树资源丰富，茶区辽阔，制茶历史悠久，制茶技术精湛，选料之精、工艺之巧、品质之奇、风味之妙，无与伦比。从制茶学的角度分类，茶叶仅有六大类，但是由于产地的气候条件不同，茶树品种不同，形成了独特的地区特点。不同的茶区，同类茶叶产品有不同的风格和韵味，有明显的地域特点。

（一）绿茶

中国生产绿茶的历史最为悠久，产量最大、产区最广。因此，绿茶的知名品牌也最多。在绿茶这一大类茶中，按照杀青方法的不同，又把绿茶分为蒸青绿茶和炒青绿茶。按照最后干燥的方法不同，绿茶又分为炒青绿茶、烘青绿茶和晒青绿茶。

按照不同的采摘标准，制造绿茶的原料有独芽、一芽一叶初展到一芽三、四叶，因此也形成了绿茶的多样性。选用独芽或者一芽一叶原料生产的绿茶，通常称为特种绿茶。可以选择不同的造型，比如：针形、扁形、卷曲形等，在茶叶行业又称为名茶，其实，在这类茶品中，有许多茶叶并不出名。因此，凡是采用芽或者一芽一叶初展原料制造的茶叶都称为名茶是名不副实。

此外，选用一芽二、三叶原料生产的普通条形绿茶，称为眉茶。由于普通绿茶通过揉捻之后，形成了条索状的外形，紧细、弯曲，形似眉。采用机械揉捻的茶叶，外形虽然紧细，弯曲度高，呈卷曲状，通过精制之后，茶叶被切断，眉茶的外形特点仍然明显地表现出来。

选择一芽一叶的原料制造的绿茶，许多地方都称为“毛峰”或者“毛尖”，因此，也出现了以毛峰作为品牌的茶叶，比如：“黄山毛峰”“峨眉毛峰”“兰溪毛峰”“雁荡毛峰”等。这是按照原料的特点，形成的几种不同外形特点的绿茶。

1. 蒙顶甘露

蒙顶山地处四川盆地西部，山上有五峰，曰：上清峰、棱角峰、吡罗（玉女）峰、灵泉峰和甘露峰。蒙顶山有茶之圣山、贡茶之乡之称。山上有一皇茶园，曰仙茶园，内植 7 株茶树，不生不灭，当然，不生不灭只是一种传说，而蒙顶山仙茶之名盖源于此。蒙顶茶是中国历史上最早的贡茶之一。据《元和郡县图志》（公元 813 年）记载：“蒙山在县南十里，今每岁贡茶为蜀之最。”《唐国史补》记载：“剑南有蒙顶石花，或小方，或散芽，号为第一。”“蜀茶得名蒙顶也，元和以前，束帛不能易一斤先春蒙顶之茶。”蒙顶茶在唐代就已经名扬天下。“若教陆羽持公论，应是人间第一茶”，此话名不虚传。

历史上，蒙顶山茶素有“仙茶”之称。历代茶品数不胜数，石花、黄芽、甘露、万春银叶、玉叶长春、圣杨花、吉祥蕊等都是蒙顶名茶。

而今，历史上蒙顶山出现的各种茶叶产品，其制造方法大多已经失传。现在制造黄芽、甘露、万春银叶、玉叶长春等产品，其工艺技术都是20世纪50年代发掘传统制茶工艺而恢复的。石花、黄芽是黄茶；甘露、万春银叶、玉叶长春是烘青绿茶。蒙顶甘露和黄芽是现代蒙顶茶的代表，承载了蒙山茶的历史。

蒙顶甘露（见文前图5－12），原料细嫩、制作精湛。原料采摘标准为一芽一叶初展。原料经摊晾之后，进行高温杀青，经过三揉、三烘、整形、提毫等工艺过程。

蒙顶甘露外形妖娆，卷曲柔美，绿润光亮，满身白毫，其茶汤色碧而微黄，清澈明亮，用蒙顶甘露泉之水冲泡，“香云蒙覆其上，凝结不散”。滋味甘鲜隽永，唇齿留香。蒙顶甘露的茶香雅韵，去其地10里，则不可得。这就是蒙山茶能够千古传颂的真谛。

“扬子江心水，蒙山顶上茶。”蒙顶山茶，被世人称颂上千年，蒙顶甘露堪称第一。而今，言及蒙顶山茶，有“天下名茶无需饮，但愿一品蒙山茶”之说，一品蒙山茶，也应该是蒙顶甘露。

蒙顶仙茶香天下，束帛难易先春芽。鹰嘴牙白敬庙堂，千金一品甘露华。

2. 碧螺春

碧螺春产于江苏吴县（现为苏州市吴中区和相城区）太湖的洞庭山，也称为洞庭碧螺春，此洞庭非湖南之洞庭湖。碧螺春已有1000多年历史，民间最早有“吓煞人香”之称。传说清康熙年间，有一个叫朱正元的茶农，制茶技术特别精湛。有一年，康熙皇帝到太湖游玩，巡抚大臣朱荦向康熙进献“吓煞人香”茶。康熙品尝之后，感觉此茶与众不同，汤色碧绿、香气清新。觉得茶名不雅，然后御赐“碧螺春”。之后，碧螺春成为清代的皇家贡品。

碧螺春选用一芽一叶初展的原料制造，高温锅炒杀青之后，采用抖、炒、揉三种手法交替进行，边抖，边炒，边揉，随着茶叶水分的减少，条索逐渐形成。当茶叶干度达六七成干，降低锅温转入搓团显毫过程。茶叶到达九成干左右时，将茶叶出锅摊放，然后烘干。

碧螺春茶条索紧结，卷曲如螺，白毫显露，银绿隐翠，冲泡时，银芽在水中似白云翻滚，又似雪片飞舞，徐徐舒展，上下翻飞。茶汤碧绿，清香袭人，鲜爽生津。

3. 西湖龙井

“欲把西湖比西子，淡妆浓抹总相宜。”西湖风光秀丽、龙井佳茗味绝。西湖龙井素以形美、色绿、香郁、味醇名扬天下。与前面两种外形卷曲的茶品不同，龙井茶属于扁形茶。

龙井茶因产地不同，炒作技术稍有差异。历史上的龙井茶主要产区是西湖一带，有“狮”“龙”“云”“虎”之分。新中国成立之后，周恩来总理曾经到梅家坞视察，之后，就有了“狮”“虎”“梅”之分。现在，浙江全省生产龙井茶，有西湖龙井、钱塘龙井、越州龙井。西湖茶区160多平方公里范围内，生产的龙井为西湖龙井，其他茶区生产的龙井都称为浙江龙井。西湖龙井是传统的历史名茶，在这些龙井茶中，仍然以“狮”“虎”“梅”为佳，而狮峰龙井尤为珍贵。

龙井茶的原料有独芽，一芽一叶，一芽二、三叶等。炒制龙井茶有“青锅”和“煇锅”两道工序，青锅即杀青，煇锅即造型和干燥。炒制手法有抖、带、挤、甩、推、拓、扣、抓、压、磨等十大技巧，压和磨是龙井茶造型的关键技术。

龙井茶形似碗钉（碗钉是过去修复瓷器的铜钉，长约1~2厘米，扁平，两头尖（见文前图5-11），扁平挺直、光滑匀齐，干茶色泽绿中带黄，呈糙米色，光亮润泽。冲泡杯中，芽芽直立，沉浮之间，交错辉映，栩栩如生。汤色黄绿明亮，甘鲜醇爽；香气若兰，又似栗香，清高持久。

西湖出好茶，杭州出名泉。龙井茶、虎跑水，素称杭州双绝。虎跑泉、龙井泉、玉泉、狮峰泉都是杭州名泉。好茶还需好水，方显出名茶本色。明代高濂在《四时幽尝录》中讲到：“西湖之泉，以虎跑为最，西山之茶，以龙井为最。”虎跑泉水硬度低，甘甜清冽，更加彰显出龙井茶的清香。

龙井泉在西湖之畔的翁家山的西北麓，也就是现在的龙井村。历史上称为龙泓。明代屠隆在诗中写道：“采取龙井茶，还烹龙井水。……茶经水品两足佳，……”对龙井泉泡龙井茶倍加赞赏。

4. 竹叶青

竹叶青是四川峨眉山出产的一种扁形茶。峨眉山是中国四大佛教圣山之一，秀甲天下。峨眉山有悠久的制茶历史和丰富的茶文化。在峨眉山报国寺有一对联：“半壁山房待明月，一盏清茗酬知音。”到峨眉山拜佛、品茶、修身、养心，此乃人生一大妙事。

峨眉竹叶青是近代名茶，20 世纪 60 年代，陈毅元帅到四川考察，在品尝峨眉山的这种茶叶之后，取名“竹叶青”，从此竹叶青名声远播。传统的竹叶青采用杀青和煇锅两道工序制成。其杀青在锅中进行，锅温 150℃。杀青之后，稍加摊晾，再投入锅中造型并干燥。造型的手法有抓、挤、甩、拓、扣、压、磨等，压和磨是竹叶青造型的关键技术。传统的手工制作的竹叶青，外形与龙井茶极为相似。由于峨眉和杭州西湖两地的茶树品种不同，土地、气候等自然条件不同，因此，竹叶青与龙井茶则各具特色。龙井茶干茶的糙米色中，黄中透绿，而竹叶青的糙米色中则透出一种墨绿。两者的香气也有差异，龙井茶显栗香，竹叶青更显清香。龙井茶滋味鲜爽、淡雅，竹叶青鲜爽、味厚，回味甘爽。

冲泡竹叶青，宜用高于 10 厘米的玻璃杯。与采用独芽制造，未经揉捻的其他茶类相同，采用中投或者上投的冲泡方法，茶芽在杯中，芽芽直立向上，汤碧芽绿，美轮美奂。

现在竹叶青茶的生产已经采用全自动流水生产线加工，加工车间采用全封闭、高清洁生产方式，鲜叶从采摘运输到工厂后，直接进入初加工车间，无须人工再接触茶叶，完全实现了全自动、流水化生产作业。

机械制造的竹叶青没有了手工制作产品的扁挺，失去了糙米色泽，干茶更加翠绿，与龙井茶的外形有比较大的差异。竹叶青分为品味、静心和论道三种级别，分级主要的依据是原料老嫩程度。

5. 太平猴魁

太平猴魁产于安徽省黄山市的黄山区（原太平县）新明乡的猴坑、猴岗、颜家一带。尤以猴坑高山茶园所采制的尖茶品质最优。太平猴魁属于烘青绿茶。由于采摘一芽二叶的原料，嫩芽硕壮，在制造过程中，不经揉捻，主要采用了压的手法，形成了太平猴魁两叶抱芽，扁平挺直，自然舒展，白毫隐伏的外形特点。

历史上，猴坑、猴岗一带生产的茶叶称为尖茶。猴坑生产的茶叶品质好，俗称“魁尖”。20世纪初，南京长春茶叶店商人来到猴坑，委托茶农定制茶叶，取名猴魁。之后，太平猴魁在多次国际、国内的商品博览会上获得金奖。新中国成立之后，多次评选为全国优质茶，1955年被评为全国十大名茶之一。太平猴魁现在采用机械压制，形成了“猴魁两头尖，不散不翘不卷边”的特点（见文前图7－2）。

太平猴魁色泽苍绿匀润，外形扁平挺直，魁伟重实，两叶一芽，叶片长达5～7厘米，俗称“两旗一枪”。这是在独特的自然环境条件下，茶树嫩梢具有非常好的持嫩性。也是太平猴魁独一无二的特征，其他茶品难以企及。

精品猴魁冲泡之后，芽叶成朵，有若含苞欲放的白兰花，叶脉绿中映红。香气清爽持久，带有兰花的幽香，汤色清绿明澈，滋味醇厚回甘，叶底嫩绿匀亮。

太平猴魁的原料选择别具一格，春天茶芽伸长到一芽三叶初展时，即可开园采摘。其后3～4天采一批，采到立夏便停采，立夏后改制尖茶。采摘标准为一芽三叶初展，并严格做到“四拣”：一拣山，拣高山、阴山、云雾笼罩的茶山；二拣丛，拣树势茂盛的大茶丛；三拣枝，拣粗壮，挺直的嫩枝；四拣尖，采回的鲜叶要进行“拣尖”，即折下一芽带二叶的“尖头”，作为制猴魁的原料。“尖头”要求芽叶肥壮，匀齐整枝，老嫩适度，叶缘背卷，且芽尖和叶尖长度相齐，以保证成茶能形成“二叶抱一芽”的外形。

6. 黄山毛峰

“五岳归来不看山，黄山归来不看岳。”这是明代旅行家徐霞客从黄山旅行归来留下的名句。好山出好茶，也名不虚传。《黄山志》记载：“莲花庵旁就石隙养茶，多清香冷韵，袭人断腭，谓之黄山云雾茶。”传说这就是黄山毛峰的前身。黄山毛峰出现于清光绪年间，时有安徽歙县茶商谢正安（字静和），开办了“谢裕泰”茶行，创制了“黄山毛峰”。

据1937年的《歙县志》记载：“毛峰，芽茶也，南则陔源，东则跳岭，北则黄山，皆地产，以黄山为最著名，色香味非他山所及。”可见当时歙县茶区普产黄山毛峰了。新中国成立之后，黄山毛峰得到了进一步的发展。黄山风景区境内海拔700～800米的桃花峰、紫云峰、云谷寺、松谷庵、吊桥庵、慈光阁一带为特级黄山毛峰的主产地，以富溪乡产的毛峰品质最佳。

黄山毛峰分为特级和1～3级。特级原料采摘细嫩，采摘标准为一芽一叶初展。黄山毛峰的制造工艺为杀青、揉捻、烘焙。特级黄山毛峰外形卷曲，白毫显露，色似象牙，鱼叶金黄。冲泡后似雀舌，汤色清澈，滋味鲜浓、醇厚、甘甜，叶底嫩黄，肥壮成朵。其中“鱼叶金黄”和“色似象牙”是特级黄山毛峰外形与其他毛峰不同的两大明显特征。

7. 蒲江雀舌

蒲江县古属四川“临邛”，产茶历史悠久。临邛一带是中国历史上最早开始制茶的地区，早在唐代就有了“雀舌”。现代蒲江雀舌具有“色翠、香高、味醇、形美”的独特品质。其外形表现为“芽头饱满匀整，扁平挺直，形似鸟雀之舌，色泽翠绿光润”。其内质，“香气馥郁高长，汤色清澈，滋味醇和、嫩绿明亮”为茶中珍品。

蒲江雀舌采摘全芽制造，其工艺过程主要有摊晾、杀青、造型、辉锅等。杀青温度180℃，造型与辉锅同时进行，辉锅时温度70～80℃，先高后低。造型用压、拖、带、甩等手法，适当压扁，炒至茶叶含水量达到6%左右。出锅前，采用短时高温提高茶叶香气。

进入21世纪，“蒲江雀舌”实现清洁化流水线，规模化生产，质量更加稳定，市场进一步扩大，已经成为四川名茶的标志性产品。

8. 信阳毛尖

苏东坡曾经评价：“淮南茶信阳第一。”历史上，信阳毛尖（见文前图7-3）主产于信阳、罗山一带，其独特风格是在20世纪初期形成的。清代以前，信阳生产一种春茶，俗称本山毛尖。清末，季邑人蔡竹贤倡导开山种茶，茶园面积不断扩大，本山毛尖的产量也不断增加。到民国初年，茶农在原有本山毛尖制作技术的基础上，进一步改进工艺，生产出品质更好的一种毛尖茶，命名为“信阳毛尖”。新中国成立后，信阳茶叶生产得到进一步的发展，信阳毛尖的生产规模进一步扩大。

信阳毛尖的原料分级，特级原料以一芽一叶初展的为主，一级原料以一芽一叶为主，二级、三级原料以一芽二叶为主。

信阳毛尖外形属于针形，其制造方法也与众不同。原料进厂之后需要短时间摊晾。传统的手工生产分为生锅、揉捻、熟锅和烘焙四道工序。生锅为杀青，温度不超过180℃。杀青时，用竹笼（用竹丝扎成的茶把子）翻动茶叶，杀青3分钟之后，用竹笼收拢茶叶，并用竹笼带动茶叶在锅中旋转，使茶叶初步成条。茶叶含水量到达40%左右，结束生锅。

熟锅则是造型和干燥，锅温80℃，轻揉，抖炒结合。使茶叶逐步成条，然后用竹茶笼扫动茶叶，称为“赶条”。茶叶不粘锅时，再用手工理条，手法是松开手指，抓住茶叶，顺势带至锅边，然后将茶叶从握茶之手的“虎口”中甩入锅中。茶叶含水量在20%以下，出锅摊晾。

烘焙是提高信阳毛尖香气的关键。初烘温度在90℃左右，时间半小时，然后出锅摊晾。再烘温度80℃，烘焙至茶叶含水量6%左右。

信阳毛尖外形纤细，紧直，白毫显露，色泽墨绿油润，嫩香突出，滋味鲜爽，回甘生津，汤色黄绿清澈。

在茶叶生产机械化时代，信阳毛尖的生产也完全实现了机械化。原料按不同的品种、不同等级进行分类，剔除异物，分别摊放。杀青采用小型的滚筒杀青机，揉捻机选用40型盘式揉捻机，揉捻时间不超过15分钟。信阳毛尖外形紧细、圆、直，需要理条机进行理条，理条时间不宜过长。烘焙则采用适制名优绿茶的网带式或链板式连续烘干机，初烘温度控制在120℃以下。复烘温度以90~100℃为宜，含水量在6% 以下。

9. 恩施玉露

恩施玉露（见文前图5－10）历史上称为“玉绿”。相传清康熙年间，恩施芭蕉黄连溪有一兰姓茶商，垒灶制茶，所制茶叶，外形紧圆、坚挺、色绿，毫白如玉，故称“玉绿”。到了民国初年，湖北省民生公司茶官杨润之，恢复历史上的蒸青工艺。采用蒸气杀青之后，所生产的玉绿茶，色泽翠绿油润，条索紧细、匀齐挺直，形似松针，毫白如玉。汤色浅绿而碧、香气清高，滋味清爽，叶底绿亮，故改名为“玉露”。远销日本，受到特别的追捧。

恩施玉露的杀青沿用中国唐宋时期所采用的蒸汽杀青方法，是我国目前保留下来的唯一的蒸青绿茶。传统的制茶工艺使用了最原始的制茶工具：炉灶、铁锅、木制蒸青箱，烘焙采用焙炉，用砖砌成。这些工具与《茶经》中记载的工具很相似。现在制造恩施玉露，更加重视其外形，除了蒸汽杀青与众不同之外，在原料和工艺上，有进一步的发展。

恩施玉露的工艺特点是蒸青和造型。蒸青时将蒸青箱放在锅中，待水沸腾之后，把茶叶原料薄薄地摊在蒸青箱中，经过一分钟蒸青之后，取出茶叶摊晾，并用风扇吹风冷却。

造型是在烘焙过程中进行，茶叶冷却之后移置于焙炉上烘焙，其间要不停地翻抖，俗称“炒头毛火”。茶叶表面基本干燥之后，出焙摊晾，然后进行揉捻，以搓揉为主，并不断抛散茶团，使茶条成为细长针形。再入焙炉中，搓揉整形，使茶条紧细挺直，其手法有搂、搓、端、扎，茶不离焙，手不离堆。茶叶经过搂、搓、端、扎、理之后，堆成5厘米高的茶堆，堆完之后，重复进行，直到茶叶干燥为止。恩施玉露造型的关键在于搓，其手法是两手手心相对，拇指朝上，四指微曲，捧起茶条，右手向前，左手往后搓条，使茶条紧细挺直。恩施玉露以其别具一格的品质特色，赢得世人赞赏。

10. 六安瓜片

瓜片是我国著名的特种名茶之一，主要产区在长江以北，淮河以南皖西地区，尤以六安、金寨、霍山三县之产为最好，金寨、霍山部分地区原属六安，因此称为六安瓜片。历史上瓜片产于金寨齐云山，故又称齐云瓜片。六安瓜片外形如片甲，叶薄似蝉翼，自然平展，叶缘微翘，大小匀整，不含芽尖、茶梗（见文前图7－4）。六安瓜片干茶色翠绿，汤色淡绿，香气清高，滋味鲜爽。

六安瓜片的制作工艺有采片、攀片、炒片和烘片，与其他名茶的制作方法之不同，主要在于原料的前期处理，包括采片和攀片。

采片有两种方法：一是从新梢上采摘单叶片，芽和梢保留在茶树上；二是采摘新梢，在制造之前，将叶片从新梢上摘下。

攀片就是将单片茶叶从新梢上一片一片的攀下，称为攀片。通过攀片，得到了茶梢并且带有一芽，攀下的第一叶、第二叶、第三叶和第四叶。

用第一叶制作的瓜片称为“提片”，用第二叶制“瓜片”，用第三叶、第四叶制“梅片”。现在则改变了这种分类方法，每年谷雨前采片生产的瓜片都称为“提片”，谷雨之后的原料制作“梅片”。六安瓜片的制造传统上称为炒片和烘片，炒片即杀青。单片叶杀青比有梗和芽的叶的杀青要简单一些，容易杀透、杀匀。

传统烘片要分初烘（俗称毛火）、小火、烘焙三个阶段完成。初烘用烘笼，每笼投叶约 1.5 公斤，烘笼温度 100℃左右，烘至含水量达 15% 以下。小火可以在毛火后一天进行，每笼投叶 3 公斤，火温不宜太高。最后一次烘焙，对瓜片的色、香、味、形影响极大，要求火温高，火势猛。木炭先排齐挤紧，烧旺烧匀，每笼投叶 3～4 公斤，由二人抬起烘笼在炭火上烘焙几秒钟，然后放下翻茶。抬上抬下，边烘边翻。为充分利用炭火，二三只烘笼轮流上烘。热浪滚滚，人流不息，实为我国茶叶烘焙技术中别具一格的“火功”。每烘笼茶叶要烘翻 50～60 次，烘笼拉来拉去，一个烘焙工一天要走十多公里，直烘至叶片绿中带霜时即可下烘。

有诗赞曰：“莫夸蒙山雪中芽，莫道顾渚紫笋茶。六安瓜片称妙品，绿乳一瓯胜流霞。”

11. 平水珠茶

平水是浙江绍兴东南的一个著名集镇，历史上很早就是茶叶加工及贸易的集散地。各地所产珠茶，多集中在平水进行精制加工、转运出口，因此，浙江所产的珠茶在国际贸易中逐渐以“平水珠茶”著称。其产区包括浙江的绍兴、诸暨、萧山、上虞、奉化、东阳等县，整个产区为会稽山、四明山、天台山等名山所环抱。境内峰峦起伏，溪流纵横，青山绿水，土地肥沃，景色秀丽，既是旅游胜地，也是浙江省茶叶的主产区。

平水珠茶呈颗粒状，色泽绿润、身骨重实，宛如粒粒墨绿色的珍珠（见文前图7－5），因此被称为珠茶。珠茶销往国外后，被译为“Gunpowder”，译意为火药枪弹，在来复枪发明前，枪弹亦浑圆如珠球。因为这个“Gunpowder”译名，在20世纪80年代的茶叶出口时，香港商人曾郑重其事地建议内地茶叶出口公司更改这一译名，以免这个平水珠茶被认为是军火。曾经有一位印度商人，对珠茶样品印象甚佳，在签订合同时，要求商品名称只能填写“中国绿茶”，不能填写“Gunpowder”字样，避免被误认为是军火交易。

平水珠茶采用一芽一、二、三叶原料，传统的工艺需要经过杀青、揉捻、炒二青、炒三青、做对锅、做大锅而制成。过去手炒一锅珠茶需10余个小时，劳动强度很大，故有“斤茶斤汗淌脚跟，一季茶落瘦煞人”的说法。20世纪60年代，创制了珠茶炒干机，实现了珠茶初制机械化，从而大大减轻了劳动强度，提高了炒茶效率，也提高了珠茶外形圆结度。

平水珠茶外形圆紧似珠，灰绿油润，汤色黄绿，香气高长，滋味醇和，受到国内外消费者的喜爱。

12. 屯溪绿茶

屯溪绿茶的产区主要集中在安徽黄山脚下休宁、歙县、施德、宁国以及绩溪等地。屯溪集中精制，然后运送到各地销售或者出口，因此称为“屯溪绿茶”或“屯绿”。“屯绿”属炒青类，初制屯绿又称“长炒青”。通过精制之后，分出了珍眉、贡熙、特针、雨茶、秀眉、绿片等6个花色18个不同级别。这些花色的茶叶都可以用于各种的花茶的窨制。“屯绿”的制造方法来源于明代松萝茶。屯溪近邻的休宁县有一座因茶出名的松萝山。明代闻龙的《茶笺》记载了松萝茶的制造方法，20世纪屯溪绿茶的手工制作方法与其一脉相承。

屯溪绿茶选用普通一芽二、三叶原料制作，传统的工艺为“三炒”“三揉”，然后煇锅制作而成。初制之后，经过精制，分出各种花色。煇锅即干燥，是绿茶制造的关键技术，也是屯溪绿茶香气形成的关键，“低温长炒，高温提香”是煇锅的技术要点。开始煇锅时，温度要低，炒制时间比较长，出锅时高温提香。过去手工生产时，作坊林立，民间有

“茶季到屯溪，十里闻茶香，入得茶乡来，流连忘故乡”的民谣。

高级“屯绿”品质特点是外形条索紧结、匀整重实、色泽灰绿油润、香气清鲜柔和，带熟板栗香或隐兰花香。汤色淡绿明亮，滋味鲜爽回甘，叶底嫩绿，厚实柔软。品尝屯绿时，茶汤要冷热适度，以50℃左右为好，过热无法品尝屯绿的鲜爽，太冷茶汤的涩味明显。

上述12种绿茶，从原料、制造工艺到外形、内质，基本代表了中国绿茶的全部特点。这些品牌的茶叶大多数都采用了全芽、一芽一叶的原料制造。平水珠茶、屯溪绿茶等产品，则主要采用一芽二、三叶原料制造。上述茶叶品牌，选料精细，工艺精良，色、香、味、形，无与伦比。在国际市场上独占鳌头，其他茶类不可替代。

绿茶的品类繁多，每一茶区都有具有独特风格的绿茶产品。

四川有蒙顶石花、峨蕊、峨眉毛峰、巴山雀舌、青城雪芽、青城道茶、文君绿茶、龙湖翠、五峰翠、沫若香茗、万春银叶、绿昌明、碧涛茶、川青、川烘等。

浙江有龙井、顾渚紫笋、径山香茗、富阳旗枪、惠明茶、雁荡毛峰、前岗辉白（珠茶）、天目青顶、普陀佛茶、华顶云雾、安吉玉凤、安吉白片、睦州鸠坑等。

江苏有南京雨花茶、阳羡雪芽、太湖翠竹、荆溪云片、无锡毫茶、扬州绿杨春、银芽茶等。

福建有石亭绿茶、云峰毛峰、梅兰春、雪山毛尖、莲心茶、福云曲毫、鼓山白云等。

安徽有太平猴魁、黄山毛峰、六安瓜片、敬亭绿雪、休宁四大名茶（大源茶、沂源茶、平源茶、南源茶）、休宁松萝、老竹大方、涌溪火青、黟山雀舌、屯绿、舒绿、徽州烘青等。安徽的绿茶品类之多可以算得上中国之最了。

江西有庐山云雾、狗牯脑、井冈翠绿、灵岩剑锋、婺源茗眉、万龙松针、婺绿等。

湖北有仙人掌茶、碧涧茶、天堂云雾、挪园青峰、株山银峰、武当太和、神农香茗等。

湖南有安化松针、古丈毛尖、高桥银峰、湘波绿、狮口银芽、君山毛尖、韶山韶峰、武陵毛峰、安化雪松等。

贵州有都匀毛尖、梵净翠峰、贵定云雾、梵净雪峰、遵义毛峰、贵州银芽、泉都云雾茶等。

云南有勐海佛香茶、昆明十里香茶、宜春茶、思茅雪兰、九龙拥翠、感通茶等。

河南有太白银毫、灵山剑锋、白云毛峰、震雷春、赛山毛峰、香山翠峰等。

陕西有秦巴雾毫、八仙云雾、汉水银梭、宁强雀舌、紫阳毛尖、巴山碧螺、安康银峰、滚雪香茗等。

山东有日照雪青、沂蒙旗枪、莒州碧芽、崂山矿泉茶等。此外，重庆市、广西、海南、甘肃也都有绿茶生产。上述的绿茶产品仅是少数，尚不及全国绿茶的三分之一。除了这些选料考究、做工精良的茶品外，更多的却是以普通一芽二、三叶为原料生产的普通绿茶。

（二）红茶

红茶最早出现在福建武夷山星村镇桐木关一带。相传明代末年，一支军队进入桐木关的茶山，晚上驻扎于今天的桐木村庙湾等地，士兵进入民房，导致茶农采摘的茶叶无法加工制茶，堆放在屋内。古代制茶，大量的茶叶是在清明节之后采摘，此时气温已经比较高了，茶叶堆放一天之后，开始发酵变红，已经不能制成绿茶了。为了减少损失，茶农将茶叶杀青之后，用当地马尾松干柴将其烘干。未曾料想，经过发酵之后，精心烘焙，却创造了世界上最受欢迎的一大茶类——红茶。尽管这种红茶与现在的红碎茶在外形上完全不同，但是红茶品质形成的关键技术——发酵则是从这里开始的。

红茶出现之后，当地人们称为小种红茶，也就是现在人们津津乐道的正山小种红茶。为什么称为小种红茶，这应该与大量的绿茶相关。过去没有红茶这个名词，绿茶量大，应该是大宗产品，通过发酵的茶叶量少，是小宗产品。小种与小宗发音相近，小种的名称可能是由此得来。正山小种则是产自星村桐木关，后来扩大到武夷山区，武夷山之外的其他地方生产的小种红茶就算不上是正山茶了。

这种制茶方法在清代传到了江西、安徽等地，并且传到了印度、斯里兰卡，俄罗斯等国家。红茶的制造方法传到印度之后，英东印度公司对制茶工艺进行改革，在鲜叶经过萎凋之后，改揉捻为揉切，改变了传统红茶的外形，形成了目前世界上产销量最大的红碎茶。

1. 小种红茶

小种红茶最早出现在福建武夷山星村桐木关，称为正山小种红茶（见文前图 7－6）。由于采用松柏木柴，明火加温萎凋和重烟焙干，茶叶吸收了大量的松烟，形成了特别的松烟香味，同时焙出了正山小种红茶的桂圆香。在 19 世纪中叶，远销欧洲，年出口数万担之多。

小种红茶采自普通茶树一芽一叶，一芽二、三叶原料制造。制造工艺有：萎凋、揉捻、发酵、杀青、干燥。传统小种红茶采用加温萎凋方法，用松、柏树的干枝作柴火，对鲜叶加温萎凋。揉捻在铁锅中进行，边加温、边揉捻，叶温不超过 50℃。揉捻完成之后，将其置于木桶中进行发酵，发酵适度之后，翻入铁锅中，提高锅温进行杀青。然后，将茶叶置于木架上，下面燃烧松木，将茶叶熏干。接近全干时，再用烘笼烘焙。小种红茶在萎凋和干燥过程中都采用了松、柏干枝作燃料。松、柏在燃烧过程中产生大量的烟焰，鲜叶和干燥过程中的茶叶都吸收了大量烟味，形成了小种红茶特殊的滋味和香气。特别是带有一种桂圆香，是区别于其他红茶的特殊标志。

小种红茶的外形条索粗壮、色泽乌润、汤色红艳，加入牛奶之后汤色更加绚丽，茶香不减。小种红茶以其特殊的桂圆香征服了欧洲，尽管现在的制作工艺有了较大的改进，但始终保持了小种红茶这种特殊的香气和滋味。

2. 祁门红茶

安徽祁门县在清代以前不产红茶，以盛产绿茶而闻名。唐代白居易在《琵琶行》中留下了“商人重利轻离别，前月浮梁买茶去”的诗句。浮梁和祁门在历史上属于一个茶区。清光绪年间，黟县人余干臣从福建罢官回籍，因羡福建红茶畅销利厚，便在至德县（今池州市东至县）尧渡街设立红茶庄，引进福建武夷山红茶制法，获得成功。从此开启了祁门红茶的发展之旅，并形成了中国的重要红茶产区。

其间有一个叫胡元龙的人也开始试验生产红茶，并取得成功，现代人更认可胡元龙，称其为“祁红”鼻祖。祁门红茶与其他地方生产的工夫红茶的不同之处在于没有采用烟火萎凋和干燥。

祁门红茶（见文前图7－7）条索紧细秀长，汤色红艳明亮，以“香高、味醇、形美、色艳”四绝驰名于世。高级祁红外形条索紧细苗秀，色泽乌润，茶汤红浓，香气清新芬芳、馥郁持久，有明显的甜香或似玫瑰花香，又似兰花香，清鲜而且持久。祁门红茶的这种特有的香味，被称之为“祁门香”。国际市场把“祁红”与印度大吉岭茶、斯里兰卡乌伐的春季茶，并列为世界三大高香茶。

祁门红茶的初制包括萎凋、揉捻、发酵和干燥等工艺。初制完成之后，还需要进行精制。精制的目的是分清长短、粗细、轻重，除杂等。

祁门红茶与正山小种红茶的区别在于，没有用烟火萎凋和干燥。因为这种条索状的红茶制造工艺比绿茶更加复杂，又称为工夫红茶。国内其他地方也生产条形红茶，与祁门红茶的生产工艺相同。

3. 滇红工夫

云南生产的红茶称为滇红，工夫红茶则称为滇红工夫（见文前图7－8）。云贵高原是茶树的原产地，茶树资源极为丰富。少数民族利用茶叶的历史也是非常久远，历史上都是将茶叶采摘之后，晒干收藏。云贵高原适宜大叶品种的茶树生长，其大叶种茶树原料适合制造红茶。滇红工夫采用云南大叶品种一芽一、二叶原料制作。滇红工夫的制造工艺有萎凋、揉捻、发酵、干燥等。

滇红工夫外形粗壮、条索紧实，色泽乌润，高级滇红满披金毫。汤色红艳、滋味浓厚回甘，香气高爽，似蜜甜果香。

4. 红碎茶

红碎茶是19世纪发展起来的颗粒形红茶，其制造方法和关键技术均来源于中国工夫红茶。17 世纪，中国茶叶大量销往欧洲，在英国上层社会形成了喝午后茶的习惯。品茶时，往往要配置糕点等小吃，茶叶作为饮料，再加一点白糖，这样适合各种口味。红茶适合加糖饮用，还可以加入牛奶。因此，红茶作为午后茶的主要饮料在欧洲上层社会流行。

为了适应这种生活习惯和日益扩大的红茶消费，东印度公司引进中国的茶树品种和工夫红茶制造技术，在印度进行生产。为了适应机械化生产，提高生产效率，东印度公司对工夫红茶的工艺进行改进。在鲜叶萎凋之后，直接采用揉切方法，将萎凋后的茶叶切碎，并且挤压成颗粒。经过揉切，使茶叶发酵更加均匀，干燥效率更高。

在国际红碎茶原料市场上，红碎茶分为碎茶、片茶和末茶三种规格。我国最早生产红碎茶，是采用盘式揉捻机，安装切刀，揉切而成。因此，过去国内生产的红碎茶，分为叶、碎、片、末四种规格。红碎茶按照不同筛孔大小，把碎茶分为碎 1、碎 2 和碎 3 三种规格，24 孔筛下、40 孔筛下为末茶，通过风机风选的轻片为片茶。商品红碎茶则通过拼配，调节各种规格（包括各地、各季）原料茶的品质。拼配成为各种品牌的商品红碎茶。

红碎茶外形为颗粒状，紧结重实，色泽乌润，汤色红浓，滋味鲜强爽口。作为世界上消费量最大的茶叶，其饮用方法主要是加入牛奶、糖作为食品饮料。

（三）青茶

青茶起源于明代的福建，目前，全国许多省市都生产青茶。福建、广东、台湾是青茶的主要产区。在福建，闽北的崇安、闽南的安溪是青茶主要产地。闽北崇安武夷山以武夷岩茶而著名。过去和现在被称为武夷茶，实际上包括武夷山生产的青茶和小种红茶。武夷岩茶实际上就是以大红袍为代表的闽北青茶。

随着消费量的增加，生产武夷岩茶的厂家不断发展，武夷岩茶的技术不断创新，出现了许多的新品牌、新名称，比如著名的大红袍、水仙、肉桂、桃仁、奇兰、乌龙等，武夷岩茶就成为闽北青茶的代名词。

闽南安溪等地主要生产铁观音、奇兰、水仙、黄金桂等青茶。铁观音在20世纪80年代之前，名声远不如闽北的乌龙茶，21世纪初，铁观音后来居上，风靡全国。

广东青茶主要有乌龙、凤凰单枞、凤凰水仙、岭头单枞等；而台湾生产的青茶称为台湾乌龙、冻顶乌龙、包种等。现在湖南、四川也少量生产青茶。

1. 大红袍

大红袍（见文前图7－9）产于福建武夷山东北部，是闽北青茶的代表。在武夷山天心岩下永乐禅寺西边的九龙窠，其陡峭绝壁下的一小块土地上有几株古茶树，旁边的石壁上錾刻有“大红袍”三字。大红袍名称的由来众说纷纭，一种说法是：天兴寺和尚擅长制茶，其制作的茶叶香气、滋味名冠崇安县，清初，一位县令久病不愈，天心寺的和尚进献此茶，饮用数天之后，疾病痊愈，精神抖擞，因此县令到天心寺还愿，将身上的红袍披在茶树上，因而得名大红袍。

大红袍最早是由九龙窠下面的几株茶树上采摘的原料制作。由于该区的环境特殊，旭日东升，阳光照射在山岩和茶树上，形成了漫射，气温上升，一到中午，阳光被岩石遮挡，气温通常保持在30℃以下。“茶宜高山之阴，而喜日阳之早。”峭崖上有一清泉，常年细水长流，滋润这块土地，大红袍茶树生长环境可谓得天独厚，这可能才是大红袍气韵独特的真正原因。

生产大红袍的原料，通常是在茶树春梢伸长到3～5叶，茶芽即将进入休眠期，采下2～4叶，俗称“开面采”。经晒青、凉青、做青、炒青、初揉、复炒、复揉、走水焙（初焙）、簸拣、摊凉、拣剔、复焙而制成。大红袍通过包揉而使外形具有青茶的共同特点，形似螺，头大尾小，色泽砂绿。汤色绿黄明亮，香气馥郁，滋味甘爽醇厚，齿颊留香，经久不退，耐冲泡。大红袍属于武夷岩茶中的极品，具有明显“岩韵”。

福建武夷山以出产青茶、工夫红茶而著名，其出产的武夷岩茶，是青茶中的佼佼者，细细品茶，有一种特殊的香气，被茶叶界称为“岩韵”。

2. 乌龙茶

乌龙茶是青茶的一种，福建、广东、台湾都有生产，20 世纪 90 年代以前，其产量超过其他种类青茶的总和，因此，全国许多茶区都开始引进乌龙茶生产技术。

乌龙茶始创于清雍正年间，福建《安溪县志》记载：“安溪人于清雍正三年首先发明乌龙茶做法，以后传入闽北和台湾。”而现在全国乌龙茶产量当属福建安溪县最大，安溪县 1995 年被农业部命名为“中国乌龙茶之乡”。

乌龙茶原料与大红袍等青茶原料的采摘标准相同，茶树新梢即将进入休眠期时，采下二三片带叶新梢或者对夹叶。

乌龙茶制作工艺与大红袍的制造方法基本相同，需要经过晾青、摇青、杀青、包揉、揉捻和烘焙。晾青和摇青两道工序在制茶过程中交替进行，又统称为做青，是形成乌龙茶香气的关键技术。乌龙茶的外形特点是紧结重实，蜻蜓头，色泽砂绿油润。汤色绿黄，香气馥郁带兰花香，滋味醇厚甘鲜，回甘悠久，叶底有“三红七绿”的特点。

3. 安溪铁观音

铁观音（见文前图 7－10）最早产自福建安溪县，现在的产销量居全国青茶产销量之首。特别是现在流行的清香型铁观音，受到市场追捧。现在福建许多茶区都生产铁观音，而安溪铁观音最负盛名。铁观音的原料与其他青茶相同，其制造工艺因为清香型和浓香型而有所不同。

浓香型和清香型铁观音的区别主要在于其做青（包括晾青、摇青）的程度不同。传统铁观音做青的程度是到达“三红七绿”，与乌龙茶做青相同，做青程度比较重，也就是摇青的时间比较长，晾青叶经过多次摇青，细胞破损面积超过 30%。而清香型铁观音做青程度轻，一般细胞破损面积仅 10%，甚至低于 10%。

铁观音外形重实紧结，头大尾小，形似蜻蜓头，或称青蛙腿。汤色金黄浓艳似琥珀，有天然馥郁的兰花香，滋味醇厚甘鲜，回甘悠长，俗称“观音韵”。铁观音茶香高而持久，可谓“七泡之后有余香”。

青茶的种类非常之多，除上述的青茶之外，近年来有一种红乌龙在台湾流行。红乌龙是结合乌龙茶与红茶之特色所创造的，比乌龙茶发酵更重的茶品。茶汤呈琥珀色，橙红明亮，滋味则如乌龙茶，醇厚鲜爽，具熟果香，耐冲泡。

在青茶这个大家庭中，还有水仙、黄金桂、铁罗汉、白鸡冠、水金龟、色种、毛蟹、梅占、凤凰单枞等，以单一茶树品种为原料生产和命名的品类。

（四）黄茶

黄茶制造在中国具有悠久的历史，一般认为在唐代就已经出现，但从目前的文献记载来看，还是缺乏科学依据。从制茶技术发展的历史来看，算得上闷黄工艺的应该是宋代贡茶制造过程中的榨茶。宋代制造贡茶，在蒸青之后用洁净的布帛包裹，束以竹篾，用小榨去其水，大榨去其膏，压榨历时一个晚上。宋代榨茶，目的是除去多余的水分和茶汁，以减少苦涩味。从制茶原理考察榨茶的过程，闷黄的作用十分突出。蒸青之后，茶叶含水量达到75%以上，用布帛包裹，束以竹篾，压榨10多个小时。茶叶有如此高的含水量，经过一个晚上的包裹，即使气温低于30℃，茶叶也已经黄变。宋代没有闷黄工艺之说，也没有茶叶科学分类的方法。压榨这一制茶过程起到了闷黄的作用，减少了茶叶的苦涩味。

黄茶品质形成的关键技术是闷黄，即茶叶杀青之后，在高温（30～50℃）、高湿（含水量15%～40%）条件下自然氧化。按照黄茶原料的嫩度，分为黄大茶和黄小茶。蒙顶黄芽、君山银针、安徽霍山黄芽是黄茶中的极品，都是选用全芽制造，称为黄小茶。除此之外，还有北港毛尖、沩山毛尖、鹿港毛尖、温州黄汤、皖西黄大茶、广东大叶青等，选用一芽一、二叶或一芽三、四叶原料制造，称为黄大茶。

1. 蒙顶黄芽

蒙顶山茶自唐代开始就作为贡茶，直到清代。蒙顶山茶尽管品类繁多，但蒙顶黄芽（见文前图7－11）和蒙顶甘露堪称双绝。蒙顶山区气候温和，年平均温度14～15℃，一年中雾日多达280～300天。雨多、雾多、云多成就了蒙顶山优质茶叶原料的独特品质，无可替代。20 世纪 50 年代初期，蒙顶山高级茶品以黄芽为主，近来以甘露等为多，蒙顶黄芽为黄茶类之极品。

蒙顶黄芽采摘于春分时节，当茶树上有 10% 左右的芽头鳞片展开，即可开园。选采肥硕壮芽和一芽一叶初展的芽茶，芽头肥壮匀齐，每 500 克鲜芽 0.8 万～1 万个。采摘时严格做到“五不采”，即紫芽、病虫为害芽、露水芽、瘦芽、空心芽不采。采回的嫩芽要均匀薄摊，及时加工。蒙顶黄芽制造有杀青、初包、复炒、复包、三炒、堆积摊放、四炒、烘焙八道工序。

杀青采用口径 50 厘米左右的平锅，锅壁表面平滑光洁，用电热或干柴供热。当锅温升到 100℃左右，均匀地涂上少量白蜡。待锅温达 130℃时，白蜡完全蒸发散失后开始开杀青。每锅投入嫩芽 120～150g，历时 4～5 分钟，当叶色转暗，茶香显露，芽叶含水率减少到 55%～60%，即可出锅。

初包是形成蒙顶黄芽品质特点的关键工序。将杀青叶迅速用草纸（用嫩竹作原料，土法手工生产的包装纸）包好，初包叶温保持在 55℃左右，放置 60～80 分钟，中间开包翻拌一次，促使黄变均匀。待叶温下降到 35℃左右，叶色呈微黄绿时，进行复锅二炒。

复炒锅温 70～80℃，炒时要理直、压扁芽叶，含水率下降到 45% 左右即可出锅。出锅叶温 50～55℃，有利于复包变黄。

复炒以后，为使叶色进一步黄变，形成黄叶黄汤，可按照初包方法，包闷 50～60 分钟，叶色变为黄绿色，即可复锅三炒。三炒方法与复炒相同，锅温 70℃左右，炒到茶条基本定型，含水率在 30%～35% 时即可。

复炒之后，要堆积摊放，茶堆厚度 20～30 厘米。堆积摊放的目的是促进茶叶内水分均匀分布，转色一致，同时促进茶多酚的自然氧化，达到黄茶黄汤、黄叶的质量要求。方法是将三炒叶趁热撒在竹制簸箕上，摊放厚度 5～7 厘米，盖上草纸保温，堆积 24～36 小时。

四炒的锅温 60～70℃，以整理外形，提高香气。起锅后如发现黄变程度不足，可继续堆积，直到色变适度，即可烘焙。

烘焙温度保持50℃，慢烘细焙，以促进色香味的形成。烘至含水率6%左右，烘焙完成之后，将茶叶摊晾冷却至室温，然后包装入库。

蒙顶黄芽不愧为中国名茶中的一颗灿烂明珠，其外形扁平挺直，色泽微黄，俗称干竹色，甜香浓郁，汤色黄亮，滋味鲜醇回甘，带有一种嫩玉米香，叶底全芽，嫩黄匀齐。

2. 君山银针

湖南岳阳君山又名洞庭山，是洞庭湖中的湖岛，自古以来出产茶叶，据《湖南省志》记载："巴陵君山产茶，嫩绿似莲心，岁以充贡茶。"君山银针采用叶片尚未开展的茶芽制成，形似莲心。因此，清代以前称为莲心。

君山银针选料精细，采制要求很高。采摘茶叶的时间是在清明节前后7～10天之内，雨天、风霜天不采，虫芽、紫芽、细小芽、空心芽、叶片开展不采。

君山银针的传统手工制造方法，经过杀青、摊晾、初烘、初包、再摊晾、复烘、复包、焙干等八道工序，历时约80小时。

杀青在斜锅中进行，杀青前将铁锅磨光打蜡，锅温达到120℃，投入茶芽300克左右。杀青5分钟左右，茶芽由生青气转变为熟茶香，即可出锅。杀青过程中要逐步降低锅温。

杀青叶出锅后，盛于竹制簸箕中，轻轻扬簸数次，散发热气，清除细末杂片。摊晾4～5分钟，即可进行初烘。

初烘是将晾后的杀青叶放在炭火炕灶上初烘，温度50～60℃，烘焙20～30分钟至五成干。初烘程度要掌握适当，茶叶过于干燥，会造成初包闷黄转色困难，叶色青绿，滋味苦涩，达不到香高色黄的要求；含水量太高，茶叶香气低闷，汤色浑暗。

初包是将初烘叶1500克摊晾冷却之后，用牛皮纸包裹，置于无异味的木箱内，放置40～48小时，谓之初包闷黄。以促使君山银针特有色香味的形成，为君山银针制造的重要工序。由于包闷时氧化放热，包内温度逐升，24小时后，可能达30℃左右，应及时翻包，以使转色均匀，当茶芽呈现黄色即可松包复烘。通过初包，君山银针品质风格基本形成。

复烘的目的在于干燥，减缓在复包过程中茶叶内含物的进一步氧化。复烘温度50℃左右，时间约1小时，烘至八成干即可。若初包变色不足，即烘至七成干为宜。下烘后进行摊晾。

复包与初包相同，历时20小时左右。待茶芽色泽金黄，香气浓郁即为适度。复包之后烘焙至足干，温度50～55℃，烘叶量约500克。

君山银针以一种美观的外形和柔美的内质，给人以赏心悦目的美感。品尝君山银针以玻璃杯为妙，冲泡之后君山银针横卧水面，如果采用上投，更是如此。冲泡之后，盖上玻璃杯盖，茶芽徐徐吸水下沉，并且挤出气泡，犹如雀舌含珠，又似春笋出土。君山银针有“三沉三浮”之妙，忽升忽降，蔚为壮观。

君山银针茶芽肥硕挺直，似一根根银针，色泽燥黄似干竹，满披芽毫，犹如金镶玉。汤色黄亮，香气高爽，滋味甘醇。

（五）白茶

中国白茶有两种，一种是按照白茶制造工艺生产的白茶，是中国六大茶类之一，是名副其实的白茶；另外一种是自然界产生的白化茶树品种，这种白茶在宋徽宗的《大观茶论》中就已有记载：“白茶自为一种，与常茶不同，其条敷阐，其叶莹薄。林崖之间，偶然生出，虽非人力所可致。”

这种茶树品种有一个特点，在早春时节，茶树萌发的嫩芽受到低温的影响，不能够正常合成叶绿素。新梢初展的一、二叶呈现白化现象，明显缺乏叶绿素。此时，茶芽氨基酸含量比较高，达到干茶含量的5%。这种茶树品种最早是在浙江安吉选育定名，因此称为安吉白茶（见文前图4－2）。目前，全国许多茶区都引种栽培，但是收获的原料往往采用绿茶制造工艺加工，实际上属于绿茶，在行业内称为安吉白茶。

明代的田艺蘅在《煮泉小品》中讲到：“芽茶以火作者为次，生晒者为上，亦更近自然，且断烟火气耳。况作人手器不洁，火候失宜，皆能损其香色也。生晒茶瀹之瓯中，则旗枪舒畅，青翠鲜明，方为可爱。”白茶即以自然干燥的方法制作的茶叶。

作为六大茶类的白茶，主产于福建北部福鼎市的建阳、政和、建欧、永吉太姥等高山地区，产品也主要是外销。白茶有白毫银针、白牡丹、寿眉、贡眉等产品。白牡丹选用一芽一、二叶原料制作，贡眉则是将一芽一、二叶原料摘取芽之后制成，摘取的茶芽则用于制作白毫银针（见文前图7－12）。

此外，根据制造白茶的茶树品种不同，也赋予其他名称，制造白茶的原料主要采自白毫丰富的茶树品种，比如福鼎大白茶、福鼎大毫茶、政和大白茶等茶树品种。采自大白茶品种的原料制作的白茶称为“大白”，用水仙茶树品种原料制成的白茶称为“水仙白”。

无论原料有多少种，白茶的制作工艺是相同的，主要是萎凋和干燥。将新鲜茶叶薄薄地摊放在竹席上，置于微弱的阳光下，或通风透光的室内，让其自然萎凋、干燥，切忌曝晒。如果气候不好，可以采用加温萎凋。萎凋过程中不可以进行翻动，茶芽明显脱水萎缩之后，可以适当并筛，至七八成干时，再用文火烘焙干燥。白茶既没有经过杀青，也不进行发酵。既没有破坏酶的活性，又没有人为促进茶多酚的生物酶氧化。依靠自然萎凋，又不能曝晒，为了保证茶叶能够长时间储存，需要采用烘干机干燥。

茶叶到达八九成干时，采用机械烘焙。初烘温度100～120℃，时间10分钟左右。然后进行摊晾，茶叶完全冷却之后，复烘15分钟左右，温度80～90℃。

白毫银针选用福鼎大白茶为原料制作，在一芽二、三叶的原料中摘取茶芽。制成的产品分为一级、二级、三级。高级白毫银针芽心肥壮、银毫闪亮，冲泡杯中，“满盏浮花乳，条条冲上立”，毫香突出，香气清鲜，滋味醇和。

（六）黑茶

中国黑茶历史悠久，唐宋时期，主要生产饼茶。除贡茶之外，销往少数民族地区的茶叶与内地消费的茶叶别无二致。明代之后，黑茶开始出现。明代为了控制茶马交易，凡是销往少数民族地区的茶叶基本上是由政府垄断经营。由官办的茶叶生产经营机构收购、储存、制作，茶叶滞销时，茶叶要存放2～3年，存储过程中茶叶发生自然氧化变黑。再经过蒸压成为篾包茶，形成现代黑茶的雏形。明代黑茶只是经过蒸压，茶叶在储存过程中已经变黑，因此不需要渥堆。渥堆是因为商业发展的需要，是为了加快生产周期而出现的，大概出现在清代中期。

中国黑茶的分类标志是渥堆，如果经过渥堆之后，无论茶叶原料的产地和种类，无论外形是砖、是饼、是碗，还是散茶，都属于黑茶。四川、云南、湖南、湖北、广西等省区是黑茶的主要产区。

1. 普洱茶

普洱是哈尼语，普是寨子，洱是水湾。元代最初设立“普日思么甸司”，明代始称普洱。云南产茶，古已有之，唐代称银生茶，普洱设治以后，始有普洱茶之称谓。以普洱所产之茶，谓之普洱茶，包括了黑茶、绿茶和现在的红茶。

普洱茶以饼茶（见文前图 7－13）、沱茶而闻名，近年来，在我国港澳台地区和东南亚地区非常流行喝普洱茶。特别是古茶树上采摘的茶叶原料，真是千金难求。普洱茶包括了普洱地区所产有的茶叶产品，但是普洱名扬天下，却是因为普洱生产的饼茶（黑茶）而名声在外，这里介绍的也是普洱黑茶。

普洱茶大量地销往省外仅有 300 多年的历史，公元 1661 年吴三桂奏请清廷，开展茶马互市。从此，云南茶叶开始大量销往西藏和内地，茶叶生产也得到极快的发展。现在云南现存的古代栽培茶树有 100 万亩以上，都是由此开始的。普洱茶的原料主要是云南大叶种的晒青茶，称为滇青。其制造方法是鲜叶经过杀青、揉捻、晒干而成。晒青过程中，茶多酚也发生了自然氧化，茶叶滋味得到明显改善。随着生产和销售规模的扩大，散茶不便于运输，因此，通过压制成为饼形、碗形或者砖形。

普洱茶采用晒青毛茶作原料，经过筛分、切扎、风选之后，经过拼配、蒸热、压饼。由于生产周期短，没有经过自然氧化过程，因此，苦涩味比较重。其滋味和香气的改善主要是经过较长时间的储存、运输，逐步形成的。为了加快茶多酚的自然氧化，改善普洱茶的品质，普洱茶制造工艺引进了渥堆技术。普洱茶的渥堆始于 20 世纪 70 年代，在昆明茶厂研究成功。[1] 此前，茶叶的渥堆在许多黑茶制造中普遍采用，目的是减少茶叶的苦涩味和青草气味。

2. 四川藏茶

四川藏茶是对传统四川南路边茶和西路边茶的统称。历史上四川茶叶主要是供应西藏和西北地区。西藏牧民对饮用四川茶叶形成了长期的依赖，“茶是血，茶是肉、茶是生命”。明代以来，四川销往藏区的茶叶统称为边茶。由于这些茶叶原料来自四川、云南、贵州、重庆等地，过去都集中在雅安、邛崃、灌县（现都江堰市）等地加工。雅安、邛崃出成都南门，通过康定销往藏区，称为南路边茶。灌县出成都西门，茶叶销往马尔康，并进入甘南地区，称为西路边茶。尽管现在流行称“藏茶”，许多人仍然习惯称边茶。过去的南路边茶有康砖（见文前图7－14）、金尖、芽细、毛尖等产品，西路边茶有茯砖、方包等。

藏茶与边茶，尽管称谓不同，而原料、加工方法和产品基本相同。藏茶的原料过去采用刀割和手捋，西路边茶的原料还有单季刀、双季刀。一年收割一次茶树新梢，称为单季刀，两年割一次为双季刀。手捋南边茶，只捋茶叶不割新梢。这些边茶原料比较粗老，采收之后，经过杀青，直接渥堆，也可以先晒干，再运送到有条件渥堆的加工厂进行渥堆。

除了这些原料，部分修剪枝叶也可以作为藏茶原料，为了提高茶叶质量，降低氟含量，需要配一些细嫩原料，一芽一、二、三叶制造的炒青、烘青或者晒青绿茶。藏茶的含梗量因产品不同而不同，一般的藏茶含梗量在20%以下，方包茶的含梗量达到60%。方包茶现在已经不再生产了。

藏茶的制造工艺主要是渥堆和压制，传统南路边茶的渥堆要经过18道工序，现在已经大大简化。改4次渥堆为1次完成，只是需要经过3～4次翻堆，通常需要1个月左右，同时也减少了捡梗和晒茶的次数。渥堆之后，经过筛分、切扎、拼配，然后经过称量、蒸茶、压制、自然干燥、包装，南路边茶就可以出厂销售。

---

[1] 梁名志. 普洱茶科技研究［M］. 昆明：云南科技出版社，2009：7.

西路边茶的主要产品是茯砖茶和方包茶。其制造工艺为原料切扎、筛分、风选、拼配、渥堆、蒸茶、压制。西路边茶渥堆比南路边茶轻，经过24小时渥堆之后，就可以蒸茶、压制。茯砖茶压制之后，在保温、保湿的室内进行发花，当茶砖上长出金黄色的微生物孢子，就可以结束发花，在室内温干燥。方包茶则利用蒸茶筑包之后，茶包含水量达到25%以上，同时茶包也保持50℃左右的温度，趁热进行烧包转色，实际上就是进一步渥堆。

藏茶是自然氧化程度很高的黑茶，茶多酚深度氧化，同时伴随着微生物的生长，黑茶不仅植物纤维含量高，同时也含有大量的对人体有益的维生素。特别适宜高原牧区以牛羊肉或者乳、乳制品为主要食物的民族。

藏茶作为少数民族的重要食物——酥油茶的原料，是藏民不可或缺的食物。近年来，国内经济发展，人们生活水平的提高，肥胖人群需要减肥，因此黑茶越来越受到欢迎。

藏茶除了传统的砖茶外，散茶也大量上市。藏茶色泽黑褐，砖茶四角分明，汤色红褐明亮，滋味醇和，有陈香味。

3. 千两茶

千两茶是湖南安化地区生产的一种非常具有地方特色的茶叶。千两茶是明代篾包茶的传承。千两茶20世纪50年代停止了生产，由于海外华人的需求，21世纪之初又重新恢复生产。

安化千两茶，又称为花卷茶。1952年，开展公私合营时期，由私营企业引入至湖南省白沙溪茶厂进行生产。至1958年累计生产48 550条，产品全部按国家计划调拨，销售到山西、宁夏和陕西等地。千两茶全部由手工完成，劳动强度大、工效低。1958年之后，白沙溪茶厂以机械生产花砖茶而停止了千两茶的生产。

千两茶以篾篓包装成花格状，茶条呈圆柱形，篾包茶长约1.5～1.65米，直径0.2米左右，净重约36.25公斤，合老秤一千两而得名（见文前图7－15）。

千两茶的制造分两个阶段完成：一是黑毛茶制作，这是千两茶品质形成的基础，包括杀青、揉捻、渥堆、复揉和烘焙等工艺；二是经过筛分、除杂、拼配，然后用高温蒸汽软化，将蒸热的茶叶装入内衬棕丝片、蓼叶的篾篓内，中间扎篾箍，先用脚踩，后用杠压，然后冷却，进行自然干燥，日晒夜露55天，遂成成品。

千两茶原料（毛茶）初制有一项特殊工艺，要在七星灶上用松木烘焙，形成独有的松烟香。因此千两茶不仅原料细嫩，而且工艺复杂，在黑茶中独树一帜。

千两茶以竹黄、棕叶、蓼叶为包装材料，朴实无华，别具一格，天下无双。包装与产品同步生成，是世界上唯一的非后包装产品。可以整包销售，也可以割开零售。通常用木锯分割成饼，锯面平整光滑，不毛、不糙，无裂纹和细缝，结实如铁石。锯开之后，茶饼厚3厘米为宜，直径约20厘米，重约0.9公斤。锯开之后，如果出现明显的色差，暗红的水痕，则表明存在质量问题。陈年千两茶茶胎色泽如铁而隐隐泛红，香气独特，陈香、松烟香融为一体，汤色透亮如琥珀，滋味醇和柔绵，回味无穷。

4. 广西六堡茶

六堡茶产于广西梧州六堡地区，因地名而得名。六堡茶属黑茶类，据《广西通志稿》载："六堡茶在苍梧，茶叶出产之盛，以多贤乡之五堡、六堡为最，六堡尤为著名，畅销于穗、佛、港、澳等埠。"

六堡茶的原料采摘标准，以一芽三、四、五叶为主，可以全年采摘。六堡茶的制造与其他黑茶的制造方法基本相同，分为初制和复制两个阶段。初制过程包括杀青、揉捻、闷堆、干燥，六堡茶杀青之后，经过揉捻，然后闷堆，闷堆的实质就是自然氧化。闷堆之后，再复揉一次，使茶叶揉紧成条，然后进行干燥，茶叶含水分不超过12%即可。

六堡茶的复制经过分筛、拣梗、拼配、渥堆（冷发酵）、烘干、蒸茶、踩篓（压制成型）、晾干等工序。茶叶原料通过拼配之后，要进行渥堆转色，自然氧化。干燥的茶叶氧化转色缓慢，需要加水渥堆。茶叶含水量通常控制在20%左右，渥堆7～10天。茶堆温度控制在40℃左右为宜，温度超过50℃，则会造成茶叶变质。

达到渥堆的标准之后，再经过蒸茶、压制、晾干。传统的六堡茶是将蒸热之后的茶叶装入篾包踩紧，然后将篾包置于清洁、阴凉、通风、无异杂味的环境下，自然干燥，这个过程称为陈化。茶包放置的环境相对湿度75% ~90%，温度23 ~28℃，陈化时间不少于180天。

六堡茶一般采用传统的竹篓包装，有利于茶叶贮存时内含物质继续转化，使滋味变醇、汤色加深、陈香显露。六堡茶外形有方块状、砖形、圆柱形、铜钱状，还有散茶。外形条索紧结、色泽黑褐光润，汤色红浓明亮，香气纯陈，滋味浓醇甘爽，显槟榔香味，叶底红褐或黑褐色，具有“红、浓、醇、陈”等特点。

（七）花茶

花茶不属于六大茶类，六大茶类都可以窨制花茶。但在实践中，通常选择茶韵花香能够很好协调的绿茶、红茶、白茶和黄茶窨制花茶。而又以绿茶窨制花茶最多，占花茶茶坯的95%以上。用于窨制花茶的鲜花有茉莉花、珠兰花、玫瑰花、玉兰花和代代花等。用茉莉花窨制茶叶，就称为茉莉花茶。

花茶在我国茶叶销售市场上占有50%以上的份额，是其他茶类不可替代的。用鲜花窨制茶叶，最早出现在宋代。宋代的贡茶是由皇家贡焙专门生产，并且在茶饼中加入龙脑等香料，香茶成为上层社会的时尚。宋代一些文人雅士也开始用鲜花窨制茶叶，直到清代中期，茉莉花茶在福州才开始大规模的工业生产。

中国传统的茉莉花茶大多数以产地冠名，特别是在计划经济时代，有福州茉莉花茶、苏州茉莉花茶、重庆茉莉花茶、四川茉莉花茶、广西茉莉花茶等。之前，也有知名茉莉花茶品牌，如百年老店“张一元”“吴裕泰”茉莉花茶等。随着市场经济的发展，各地生产的茉莉花茶都有了各自的品牌。福建的“品品香”“春伦”“蝴蝶”“满堂香”茉莉花茶，湖南的“猴王牌”茉莉花茶，四川的“龙都香茗”“花秋”“三花”“碧潭飘雪”茉莉花茶，广西的“金花”茉莉花茶等。

中国的茉莉花过去以福建福州、浙江金华为主要产区，而今茉莉花种植面积最大、产量最高是广西横县，被誉为“中国茉莉之乡”。

茉莉花茶主要以绿茶和茉莉花为原料窨制，经过几次窨制之后，绿茶长时间处于高温、高湿的条件下，茶叶自然氧化，茶叶的内质发生了深刻的变化，具有了黄茶的特点。茉莉花茶汤色黄绿明亮，滋味醇和，香气鲜灵，茶引花香，相得益彰，回味无穷，荡气回肠。

市场上除了茉莉花茶，其他花茶则很少。珠兰花茶香气袭人、玉兰花茶香气浓郁、玫瑰花茶甜香怡人，现在要品尝到这些花茶的芬芳，需要深入到花茶加工行业，或者自己窨制，这不失为一种雅玩。

（八）香料茶

目前，国际市场上有许多香料茶，与宋代的茶叶添加香料一脉相承。国际市场以红茶消费为主，大都是在红碎茶中添加香料，主要有玫瑰、草莓、菠萝等香料，同时也有加入香料植物或者干燥的香花。

国内的茶叶加香，在花茶标准中是被限制的，这种传统而保守的观念，影响了中国香茶的发展。当然，在茶叶中加入香料应该依据食品制造的相关法律。

第三节　茶有真香

茶有真香，无须花配，这是喜欢茶叶原香的茶客的追求。茶有真香，真香来自何处，如何产生？怎样欣赏，如何品评？这里既有科学的规律，也有工艺的创造，更有茶人的青睐。中国的六大茶类，有独特的制造工艺，因此，形成了不同茶类的外形、汤色、滋味和香气特点。这是工艺技术的创造，而不同的茶树品种、不同的季节、不同的茶区、不同的海拔高度的茶叶，也会形成不同的品种特点、季节特点、茶区特点。可以说茶叶中内含的芳香物质是茶香的基础，制造技术则是促进这些芳香物质转化，并且在冲泡之后优雅地彰显。茶叶的色、香、味、形是茶与制造技术完美的结合。

一、茶叶的香气物质

茶叶的香气是由茶叶本身所含的芳香物质和其他形成香气、滋味的物质所决定的，主要有茶多酚、芳香物质、氨基酸、糖类、类脂等。茶多酚在茶叶中含量最高，不仅具有重要的营养保健功能，同时也在一定程度上决定了茶叶色泽、香气和滋味。

1. 芳香类物质

茶叶的香气主要由芳香类物质产生。近年来由于研究手段的提高，对茶叶中的芳香成分进行了深入的研究，分离出大量的芳香物质。已经检出的芳香物质多达600多种，占茶叶干物质总量的0.02%，其中影响茶叶香气的芳香物质仅有十多种。现代科学证明，物质散发出香味是因为存在发香的原子团，主要有：—OH、—COH、—CO—、R—O—R、—COO—。其碳原子数量在8～15个时，香味浓烈，如果碳链上存在不饱和键时，香味更加浓烈。分子中的羟基增加，香气会减弱。按照有机化学分类，它们分别属于碳氢化合物的醇类、醛类、酮类、酯类、酚类等。茶叶中的大量芳香物质存在于鲜叶之中，在茶叶制造过程中，也有许多化学物质在高温、湿、热的作用，形成芳香物质。这种制造过程中形成的芳香物质虽然量不大，但对茶叶香气影响却非常重要。

茶鲜叶中含量较高的芳香成分有青叶醇、芳樟醇、香叶醇、牻牛儿醇、苯甲醇、苯乙醇、橙花醇及顺－2－己烯醛、正已醛等几十种。鲜叶中醇和醛两种类型的芳香成分含量最高，其沸点都在250℃以下。此外，还有脂肪族醛类、酮类、羧酸类、酯类等。

2. 氨基酸

氨基酸是同时具有香气和滋味的一类重要化学物质，在茶叶的香气形成中占有重要地位。许多氨基酸与糖结合，在一定温度条件下形成令人愉快的香气。氨基酸对茶叶滋味的影响举足轻重，特别是水溶性的游离氨基酸。在这些水溶性氨基酸中，茶氨酸对茶叶香气和滋味中具有十分重要的影响。茶氨酸在鲜叶中含量较高，占茶叶游离氨基酸的含量的50%左右，主要存在于嫩梢、嫩梗、幼根中。茶叶的嫩香、兰香、清香、板栗香大都与氨基酸与糖的存在方式有关。

3. 糖类

糖在植物体内约占干物质的60%～65%，绝大多数的糖是以纤维和半纤维的形式存在。水溶性的糖仅占茶叶干物质的4%左右，是茶叶香气的重要来源。水溶性糖主要是单糖、低聚糖及糖的衍生物。单糖主要是以五碳糖、六碳糖的形式存在。五碳糖主要是核糖和脱氧核糖，是核酸的组成基础；六碳糖主要以葡萄糖、果糖、半乳糖的形式存在。

低聚糖是由20个以下的单糖组成的，是多糖的水解产物。主要有蔗糖、麦芽糖、乳糖、棉籽糖等。低聚糖进一步水解成为单糖，单糖、低聚糖大都溶于水。在茶叶制造过程中，在酶、高温、湿热的作用下，低聚糖可以进一步水解为单糖和双糖，进而氧化为醛、醇、酸，对茶叶的滋味和香气产生重要的影响。

4. 类脂类化合物

在生物组织细胞内，凡是可以用丙酮、苯、乙醚等有机溶剂提取的化合物，都属于类脂类化合物。脂类化合物在生物体内，主要有两大作用，一是作为生物膜的结构，为细胞之间的信息交换和物质交换起到识别的作用；二是作为储存物质，为生物体的生命活动提供能量。在茶叶中对茶叶品质产生重要影响的脂类物质主要有萜烯类、叶绿素、胡萝卜素等。

萜在有机化学中表示为$C_{10}H_X$，凡是$C_{10}H_X$有机化合物都称为萜，烯则是指化合物含有不饱和键。萜烯类是$C_{10}H_{16}$的化合物及其衍生物。萜烯类化合物在茶叶制造过程中，氧化、裂解，可产生香叶醇、牻牛儿醇、橙花叔醇，还有二萜烯类的维生素A，四萜类有类胡萝卜素等。

胡萝卜素不溶于水，而溶于丙酮、氯仿等有机溶剂。在红茶制造过程中，胡萝卜素可以在酶的作用下转化成α－紫萝酮、茶螺烯酮、二氢海葵内脂等具有花香的芳香物质。

二、鲜叶芳香物质的变化规律

茶叶的香气、滋味是茶叶中各种化学物质的综合反映，特别是芳香物质、氨基酸和糖的绝对含量和比例，构成了茶叶香气、滋味的物质基础。但是，不同的茶树品种、不同的季节、不同的茶区，其化学物质的含量存在差异。

1. 不同季节的变化

芳香物质在不同季节的鲜叶中差异明显，与季节的变化呈现明显规律。芳香物质、氨基酸在春茶新梢中含量较夏、秋茶高。春茶的氨基酸含量比夏茶高出20%，甚至更高。春茶的茶多酚含量相对比较低，果胶含量比夏、秋季节高。科学研究发现这些内含物的季节变化与温度和光照强度有密切的关系。

2. 不同采摘标准的变化

制造不同的茶类，需要不同的采摘标准。绿茶、黄茶、白茶和红茶通常采用芽，一芽一叶至一芽二、三叶。青茶一般采摘新梢即将停止生长的原料，黑茶除了上述原料还采收了成熟的枝叶。

茶芽在伸长过程中，各种内含物在新梢各个部位或器官的积累不同。茶氨酸在一芽二、三叶的嫩茎和根中含量很高，嫩茎中的茶氨酸含量比同一新梢的叶片含量高1~2倍。独芽、嫩梢的茶多酚、果胶、糖、芳香物质的含量比较高，纤维含量低。

绿茶、红茶等茶类原料相对比较柔嫩，茶多酚、氨基酸、芳香物质和糖含量比较高，而纤维、蜡质和氟含量比较低。青茶原料的蜡质含量高，可以转化成青茶的香气。黑茶原料纤维含量高，需要通过渥堆分解，增加可溶性糖分。粗老原料（一年生老叶片）制造的黑茶，氟含量高，过量饮用氟含量高的黑茶或其他茶类，可能造成氟中毒。

3. 不同品种的变化

不同的茶树品种其内含物的含量也不相同，大叶种茶树茶多酚含量高，适宜制造红茶、黄茶和黑茶，小叶种茶多酚含量低适宜制造绿茶、黄茶、白茶和青茶。白茶品种（茶树早春嫩梢出现白化）的氨基酸含量比普通茶树品种高出1倍，甚至更高，制成绿茶香气清高、滋味鲜爽。茶叶叶片角质层厚的品种，蜡质含量高，适宜制造青茶。

茶叶香气物质的含量还会因为茶区不同、气候条件不同、海拔高度不同而不同。俗话说高山云雾出好茶，指的是高海拔的茶区，由于日照少，温度低，有利于氨基酸和其他香气物质的积累，制造的绿茶香气高，滋味鲜爽。高山原料同样也适宜制造其他茶类，只是其香气和滋味的彰显度不如绿茶。

三、茶香的形成

茶树鲜叶中存在几百种香气物质（先质），是茶叶香气的基础，但是采用不同的制造工艺，其茶香和滋味却大相径庭。这就需要研究不同的制造工艺对茶叶香气形成的关系。可以说每一道制造工艺对茶叶香气的形成都至关重要，而不同的茶类的关键工艺又不尽相同。

1. 杀青

杀青是绿茶、黄茶和黑茶制造的第一道工艺，对绿茶、黄茶的品质的形成举足轻重。制茶学对绿茶杀青总结了三原则："高温杀青，先高后低；抖闷结合，以抖为主；老叶嫩杀，嫩叶老杀。"这三句话的意思是，杀青时温度要高，然后逐步降低杀青温度。实践中根据原料的不同，开始杀青的温度也不同，芽、嫩叶杀青的杀青温度通常为150℃，普通茶叶原料杀青温度180℃，带梗的老叶杀青温度在200℃以上。杀青过程中要不断地翻动茶叶，以抖为主，翻抖过程中也要适当地收拢茶堆，增加杀青叶温度，达到钝化生物酶活性的目的。老叶嫩杀是指杀青时间短一些，因为老叶含水量低，杀青时间太长，会造成揉捻困难，反之则为嫩叶老杀。这个原则适合所有杀青。

杀青对提高茶叶香气非常重要，掌控不好，茶叶会出现各种问题。温度过低，时间太短，生物酶活性没有完全钝化，会出现红梗红叶，甚至红汤，同时会产生生青味、青草味或者水闷气。杀青温度过低造成的问题，无论采取什么技术措施，都无法弥补。

2. 做青

做青是青茶类香气形成的关键工艺，包括摊晾和摇青两个程序。做青工艺也可以用于红茶制造，制成花香红茶。在青茶中，因为产地、茶树品种和做青工艺的不同，出现铁观音、乌龙茶、水仙、黄金桂、大红袍等各具特色的品牌。因此，这些风情万种的青茶，各具馨香雅韵，既有不同茶树的特点，也有做青工艺的特色。

青茶的做青过程通常需要20小时以上，其间，摊晾和摇青交替进行，一共需要6次以上。先进行摊晾然后摇青，每次摊晾时间2～4小时。摊晾之后进行摇青，每次摇青时间有所不同，开始几次摇青2～4分钟。之后根据摇青程度决定摇青的时间和次数，摇青时间可以达到10分钟。做青时间的长短和气温有密切关系，气温高做青时间缩短，反之亦然。现在流行清香铁观音，实际上就是做青程度比较轻，摇青时间短。

3. 发酵

发酵是红茶色、香、味形成的关键技术，萎凋叶经过揉捻或者揉切之后，才能进行。茶叶中的茶多酚与多酚氧化酶分别存在于不同的细胞器内，经过揉捻或者揉切之后，细胞受到损伤，茶多酚与多酚氧化酶发生接触，由此催化茶多酚氧化。茶多酚的这种生物酶氧化与杀青后的自然氧化不同，生物酶氧化产生了大量的茶黄素、茶红素。

红茶的发酵不仅限于茶多酚的生物酶氧化，同时也伴随着其他化合物，比如蛋白质、氨基酸、糖类、芳香物质等的分解、氧化、缩合，形成红茶的品质特点。

4. 渥堆

渥堆形成了黑茶的品质特点，没有经过渥堆，就不属于黑茶。渥堆时，茶叶含水量至少20%以上，温度高达50℃，甚至更高。黑茶的渥堆时间根据品种不同而不同，通常需要15～40天。

黑茶渥堆有多种微生物的参与，就目前的研究来看，在渥堆的过程中检测出了数种微生物。这些微生物在渥堆过程中究竟产生了什么作用，目前还不完全清楚。过去把研究的重点放在渥堆过程中茶多酚的氧化方面。从茶多酚在不同茶类的变化规律中，可以发现，无论是黄茶闷黄、黑茶的渥堆，还是花茶的窨制，茶多酚似乎都是在湿、热作用下的自然氧化。微生物在渥堆过程中对蛋白质、脂肪、糖类（包括纤维素）等大分子物质的分解、氧化都起着重要的作用，对黑茶色、香、味的形成是不可或缺的。

5. 干燥

干燥过程是茶叶香气形成的关键，是影响香气形成的重要工艺。干燥的温度及时间，是茶叶香气形成、转化的关键。干燥的方法有三种：一是烘干，二是炒干，三是晒干。

1）煇锅

炒干通常在普通的铁锅中进行，称为煇锅。铁锅与水平面呈40℃左右安装，炒茶时，单手将茶叶从铁锅中抓起，抛向铁锅高的一面，茶叶沿铁锅滚落到锅底，直到茶叶干燥。绿茶的香气主要是在煇锅中形成的。香气高低、浓淡，清爽、低闷，全在于“一煇”之中。现在，除高级芽茶，还采用分工煇锅外，其他绿茶的干燥，基本上采用瓶炒机或者滚筒杀青机。

茶叶香气主要是受到干燥温度和干燥时间的控制，长期的制茶实践证明，提高绿茶香气的关键技术在于分段干燥、低温长炒。茶叶香气的形成是一个较长的过程，而且需要在一定的温度条件下逐步转化和形成。传统的手工煇锅需要4小时，甚至更长。高温提香，是提高炒青绿茶的关键技术。技术关键是茶叶出锅之前，适当提高锅温至90℃左右，炒制1~2分钟，然后降低温度，炒几分钟出锅。

高温快速脱水不可能制造出香气高的茶叶产品。因此，干燥的温度和时间二者是相关联的，高温必然脱水快，香气也必然差；低温才能够保证足够的煇锅时间，使茶叶的香气在煇锅过程中逐步形成。

现在的绿茶远不如过去的手工茶香气高，主要是对机械干燥的原理与茶叶香气形成原理的研究和实践相互脱离。茶叶香气是茶叶香气先质在一定的温度条件下，逐步转化形成的，需要通过低温，长时间慢炒逐步转化形成。

2）烘焙

除炒青茶之外，其他茶类均可采用烘干机干燥。无论是自动烘干机，还是手拉百叶式烘干机，一般也采用分段干燥的方法。第一次干燥，烘干机温度110~120℃，烘焙至茶叶含水量15%~20%，然后摊晾30分钟左右。第二次烘焙，烘干机温度100~105℃，烘焙至含水量6%。烘焙温度是茶叶香气形成的关键，温度低于100℃，茶叶缺乏香气，甚至产生生青气；温度过高茶叶容易产生高火味，甚至焦味。

第八章

水为魂，具为趣

水为茶叶之魂，水质对茶叶色、香、味的影响，一直受到人们的高度重视。陆羽《茶经》曰："其水，用山水上，江水中，井水下。"明代许次纾在《茶疏》中讲到，茶叶内含的香气必须借水而发。"茶性必发于水，八分之茶，遇十分之水，茶亦十分矣；八分之水试十分之茶，茶只八分耳。"

品茶离不开茶具，随着陶瓷制造技术的发展，各种茶具层出不穷，茶具成为品茶的重要内容。为了满足品茶的情趣，陶、瓷茶壶不断创新，其他质地的茶壶、茶具也不断出现，令人目不暇接，为品茶增加了不少的情趣，茶具为品茶之雅趣。

第一节　水之源

茶之味，得益于水之好。从古至今，文人雅士莫不钟情于研究泡茶之水。对于不同水源对茶叶色、香、味的影响，都有精妙的论述。陆羽的《茶经》、张又新的《煎茶水记》、赵佶的《大观茶论》、清代张大复的《梅花草堂笔谈》等文献，对不同的水源都有论述。随着现代科学技术的发展，对地球科学和地质学的认识不断深入，对地球上的水源的研究也不断深化。

一、水源

1. 自然之水

在茫茫的宇宙之中，地球是我们目前所知唯一的2/3的表面被水覆盖的星球。水也是地球上唯一可以在自然条件下，以固体、液体和气体方式存在的物质。因此，水从形态上可以分为固态水、液态水和气态水。地球上的固态水，主要以冰雪的形式存于地球的南北两极，陆地的高山之巅，或者是冬季的飘雪，或者是夏季的冰雹。气体的水则以水蒸气的形式飘浮在地球表面，与地球表面的其他气体混合形成空气、云彩，随着空气的流动，将水分带到远处。饮茶能够利用的水主要是液态水和固态水。

从液态水的形成过程和分布来看，地球表面（表层）的液态水种类繁多，水质却大相径庭。一是海水，地球表面的2/3被海洋覆盖，地球上90%以上的水分都集中在海洋。海水含盐极高，除了海洋生物，陆地生物很难利用海水生存。二是湖泊，湖泊是陆地生态系统中最重要的因素，其水源主要来自降雨以及降雨形成的地下水，终年积雪的高山，冰雪融化之后形成水源。湖泊有淡水湖和咸水湖之分。三是水库、塘堰，水库可以说是小型湖泊，有天然形成的，也有人工建造的。湖泊的水源来自河流、降雨和降雨形成的地下水，也有来自冰雪融化的水源。塘堰主要是人工建造，用于农业生产的灌溉储水，水源主要来自降雨。四是江河水，江河之水也主要来源于降雨和高山冰雪融化的水源。五是泉水，泉水是降雨形成的地下水，储存在土壤、岩石和植被中。无论是否降雨，都会从岩石中渗出，涓涓细流汇成小溪，或者形成了一泓泉池，泉水也会从地下涌出。六是井水，水井通常是人工开凿，获取储存在地下的水资源。七是雨水，雨水由空气中水分过饱和凝聚而成，汇集成为地球表面的各种水源。降雨时，也可以用容器收集储存、使用。八是雪水，雪水是冰雪融化而成，是由固体水源转化为液态水源，来自高山积雪或者冬季降雪。九是露水，露水是因为气温降低，而未能低于0℃，空气中的水分过饱和而凝聚形成。

以上各种水源，现代人们都可以加以利用。在古人看来，品茶主要利用江河、湖泊、泉水和井水。海水苦涩是不能用于品茶，江河水、泉水、井水则是日常可取之水。湖泊之水往往路途遥远，而雨水、雪水、露水具有时令性，不是随时可取。

2. 古人辨水

在青山绿水、空气清新的古代，无论井水、河水，还是山泉之水，都是洁净透明的可饮用水。除非暴雨造成的洪水，雨水冲刷地表带来泥土和植物枯叶残枝。“山水上，江水中，井水下”，这是古人在煎茶实践中的经验总结，山水主要是指泉水。据张又新撰写的《煎茶水记》记载：“扬子江南零水第一；无锡惠山泉水第二；苏州虎丘寺第三；丹阳县观音寺水第四；扬州大明寺水第五；吴松江水第六；淮水最下，第七。”张又新曾经尝试了20种不同地区的江水、泉水和雪水，用于煎茶。尽管对这20种不同的水质，排出顺序。但是，他进一步指出：“夫茶烹于所产处，无不佳也，盖水土之宜。离其处，水功其半，然善烹洁器，全其功也。”

对于以上的泉水排名，也仅仅是张又新的一家之言，不同的人有不同的认知水平。在茶叶产地品茶，用产地之水烹之，其茶味更加与众不同，水土之宜，更显茶味。因此，带有情感的品茶，自然对泉水有许多主观评价。但是，“山水上，江水中，井水下”，却为品茶人士公认。

地球表面类似一个大海绵，其土壤和岩石具有强大的储存能力。空气中过饱和的水分形成降雨，除了造成地表径流，汇成小溪，流入大河，其余的水都被土壤和岩石吸收。无论天晴下雨，土壤和岩石中的水分会源源不断地渗出，形成泉水和小溪，称为山水，实际上都属于泉水，只是小溪水离泉眼比较远，而泉水就在泉眼处。

泉水通常是从岩石里流出，现代称为矿泉水。科学发现，不同的地质条件形成不同的岩石，不同的岩石含有不同的矿物质。在一定的条件下许多矿物质可以溶解在水中，大多数矿物质对人体有益。泉水清洌甘甜，清澈透明，真水无香，是好的水源。比较河水，经过地表径流，极容易受到人类活动的影响，动物排泄物、植物的枯枝落叶、残根腐藤都会对河水造成污染。井水是浅表地下水，通常人工开凿的水井不超过20

米，现在的机械深井技术，可以获取地下200米以上的水资源。人类的生活污水、工业污水往往通过土壤过滤之后进入水井，对开凿的水井的水质有比较大的影响。因此，人工井水的水质不如河水，更不如泉水。

古人对山泉水的评判，完全是凭自己的主观判断，主要是视觉和嗅觉，同时还包括一些情感，故乡情恐怕是影响判断的主要因素。同时名人与名泉的结缘，使得名人与名泉相得益彰。

古人认为茶香得益于好水，而山泉水为第一，山泉水洁净、清冽，富含对人体有益的矿物质，泉水不易受到污染。即便是现代，也是如此。从水质本身的角度来看山泉水煎茶、泡茶都是最佳选择。

此外，青山绿水、小溪潺潺、山泉喷涌、茂林修竹，正是品茶述怀的好地方。历代的先贤、文人、雅士都喜欢置身于世外桃源，品茶修行。面对自然，仰观宇宙之大，俯察品类之盛，足以极目畅怀。山泉、小溪带给文人、雅士的不仅是茶叶的芬芳，更有先天下之忧而忧、后天下之乐而乐的情怀。品茶山泉水最好，水为茶叶之魂，自然是不言而喻了。

3. 水源之变

进入21世纪，自然界的水源基本没有改变，但是水质却与古代完全不同。特别是江河水、井水、雪水都受到严重污染，不同的水源污染程度不同。“山水上，河水中，井水下”，这是古人对水质的朴素认识。到了现代，这种认识已经悄然改变，泉水为上古今相通，而河水中、井水下的辨识，而今完全颠覆。古人认为河水比井水好，是符合自然科学的。

在全球工业化之前，地球表面到处都是山清水秀，郁郁葱葱，大江小河，清澈见底。在这样的生态环境下，人类活动对大江、小河的污染也是微不足道的。没有工业废水的排放，生活废水可以直接进入农田、土壤，作为肥料。在这种完全自然的生态平衡系统中，河水可以直接饮用，清冽甘甜。清流急湍，流水不腐，古人崇尚江心之水。江心之水，受污染的程度非常低。而江边之水则不同，枯树落叶，死亡的昆虫鸟兽，有时候会在水流缓慢的江边、河边沉积。因此，江边、河边之水必然不如江心之水。“扬子江心水，蒙山顶上茶”，说的就是这个道理。

而水井往往是在村庄、城镇、城市之中挖掘。井水的来源主要是地下水，过去的生活废水都是直接排放，通过土壤过滤，进入水井。因此，井水很容易受到生活废水的污染，自然就不如江河之水了。

现在的江水、河水受到工业废水的严重污染，江心之水，也不再清洌甘甜，井水则要优于河水了，特别是在农村、山区，生态环境比较好的地方。也有一些地方地下水受到严重污染，井水也不堪饮用。河水总体上质量比井水差，特别是经过大城市、工业重镇的河流。当然在山区、在河流的发源地或者上游，没有污染的地区，河水的质量还是好于井水。

随着社会经济的发展，现代生态环境与100多年前已经完全不同。矿山的开采，现代农业生产中化肥、农药、除草剂以及可降解塑料的使用，水源受到严重污染。因此，生活用水必须通过净化处理，才能够饮用。

从自然界的水源来讲，泉水仍然是第一位的。在西部地区，云贵高原、青藏高原，泉水没有受到污染，可以直接饮用，仍然是品茶的首选。没有受到污染的河流源头及小溪之水，也是品茶的好水。

二、水质标准

现在的江水、河水、井水，除了山区和农村边远地区，可以直接饮用的已经很少。城市自来水都是经过人工净化处理，用于饮用。国家对饮用水制定了国家标准。

1. 矿泉水

矿泉水是含有溶解的矿物质或较多气体的水，国家标准中规定的9种矿物质和气体，包括锂、锶、锌、硒、溴化物、碘化物、偏硅酸、游离二氧化碳和溶解性总固体。其中，锂、锶、锌、碘化物的含量均要求≥0.2mg/L，硒≥0.01mg/L，溴化物≥1.0mg/L，偏硅酸≥25mg/L，游离二氧化碳≥250mg/L和溶解性总固体≥1000mg/L。

按矿泉水特征组分达到国家标准的主要类型分为九大类：①偏硅酸矿泉水；②锶矿泉水；③锌矿泉水；④锂矿泉水；⑤硒矿泉水；⑥溴矿泉水；⑦碘矿泉水；⑧碳酸矿泉水；⑨盐类矿泉水。

矿化度是单位体积中所含离子、分子及化合物的总量。按矿化度可分为：矿化度 < 500mg/L 为低矿化度水；矿化度 500 ~ 1500mg/L 为中矿

化度水；矿化度 >1500mg/L 为高矿化度水。

酸碱度称 pH，是水中氢离子浓度的负对数值。按矿泉水的 pH 可分为以下三类：pH≤6.5 为酸性矿泉水；pH 6.5～7.5 为中性水；pH≥7.5 为碱性矿泉水。

2. 饮用水

随着现代工业、农业的发展，矿山的开采，人类活动范围的扩大，水质发生了很大的改变。矿山的开采对矿泉水的矿物质的含量和种类都产生了影响。工业废水排放、农药的使用、人类生活废水、排泄物都给水源带来污染。

随着世界人口的增加，城市规模越来越大，城镇化的进程越来越快，水资源也成为紧缺资源。水源的水质变化和水资源的紧缺，给人们生活带来了极大的压力，特别是在水资源稀缺的地区。为了满足日益增长的水需求，人们开始寻求对污染水的净化；为了保证生活用水的安全，国家制定了生活用水标准。

① 微生物指标。大肠菌群、耐热大肠菌群、大肠埃希氏菌等不得检出。

② 毒理指标。砷、镉、铬、铅、汞、硒、氰化物、氟化物、硝酸盐、三氯甲烷、四氯化碳、溴酸盐、甲醛、亚氯酸盐、氯酸盐，这些重金属、有毒的有机化合物和盐类都有严格的控制指标。

③ 化学指标。化学指标主要是水的色度不大于 15（铂钴比色单位），浑浊度不大于 3 度（散射浊度单位），水源与净水技术条件限制时为 3。无异臭、异味，无肉眼可见物。

水质酸碱度：pH 不小于 6.5 且不大于 8.5。

金属微量元素盐类及硬度指标如下：铝 0.2mg/L、铁 0.3mg/L、锰 0.1mg/L、铜 1.0mg/L、锌 1.0mg/L、氯化物 250mg/L、硫酸盐 250mg/L、溶解性总固体 1000mg/L。

④ 水的总硬度不大于 450mg/L（以 $CaCO_3$ 为计量标准）。

此外，还有放射性指标的检测，氯气及游离氯、臭氧等。

第二节　茶性发于水

品茶以茶为本，不同茶类的色、香、味无不由水而发。茶性发于水，水质、水的老嫩（沸腾的时间）、冲泡的方法、冲泡时间以及泡茶的壶、饮茶的瓯盏，对茶叶内在质量都有十分重要的影响。

一、古代的饮茶方法

茶叶最早作为食物，后逐步演变成为饮料。在唐代之后，饮茶之风盛行。宋代以来，由于官焙制度的兴起，皇室及上层社会对饮茶的推崇，民间斗茶争奇斗艳，饮茶更加普及。

1. 唐宋时期的煎茶

唐宋时期的饮茶方式与现在饮茶大不相同，在陆羽的《茶经》中有比较详细的记载。

1）炙茶

“凡炙茶，慎勿于风炉间炙，熛焰如钻，使凉炎不均，持以逼火，屡其翻正，候炮出培塿状，虾蟆背，然后去火五寸，卷而舒，则本其始，又炙之。”唐代的茶叶主要为饼茶，炙烤既有利于碾磨，也有利于提高茶叶的香气。炙茶不能够在火焰中炙烤，茶饼与火焰保持一定距离，当茶饼表面烤出塿状，虾蟆背，即茶饼表面的茶叶起炮，将表面的茶叶剥离，并继续炙烤，当茶叶足够饮用之后，则不再炙烤。

2）碾磨

《茶经》记载：“碾：碾以橘木为之，次以梨、桑、桐、柘为之。内圆而外方。内圆，备于运行也；外方，制其倾危也。内容堕而外无余木。堕形如车轮，不辐而轴焉。长九寸，阔一寸七分，堕径三寸八分，中厚一寸，边厚半寸。轴中方而执圆。其拂末。以鸟羽制之。”这种碾与中药房使用的药碾（见文前图 8－1）完全相同，碾茶的方法也与碾药相同。同时也使用碓，碓则是古代家庭常用的家具，几乎家家户户都有。无论采用碾磨，还是采用碓舂茶，目的都是将茶叶碾碎、捣碎。

3）罗筛

《茶经》载："罗合：罗末，以合盖贮之，以则置合中。用巨竹剖而屈之，以纱绢衣之。其合，以竹节为之，或屈杉以漆之，高三寸，盖一寸，底二寸，口径四寸。"罗合，也称为罗筛，有底，可以用以储藏茶末，罗筛用较大的竹子剖开，制成圆形，用纱绢作为筛网，则是量茶的容器。茶叶经过炙烤、碾磨之后，再经过罗筛分筛，筛下细茶直接用于煎煮，筛上的茶叶则再经过碾磨。

4）煮水

茶叶的煎煮是唐代及其以前的饮茶方法，在宋代点茶法出现之前，也采用煎煮的方法。"其沸，如鱼目，微有声，为一沸；缘边如涌泉连珠，为二沸；腾波鼓浪，为三沸；已上，水老，不可食也。"唐人煎茶将煮水的标准定为沸腾则可，不可以久煮，这与现代冲泡茶叶烧水的方法也是相同的。

5）煎茶

当水至初沸，根据水量，"调之以盐味"。二沸，"出水一瓢，以竹筴环激汤心，则量末当中心而下。有倾，势若奔涛溅末，以所出之水止之，而育其华也"。当水初沸时，加入适量的食盐，水至二沸，将沸水取出一瓢，然后根据水量投入茶末，同时不断搅动，当水再沸腾时，将取出之水倾入，以止沸，然后将茶水从火炉上取下，以育其华。

6）分酌

茶汤煮好之后，可以用瓢分入碗、盏中，进行品尝，也可以倒入盆中，根据需要，各取所需。

唐代饮茶不仅注重茶叶制造、炙烤、碾磨、罗筛和煎茶，同时非常重视煎茶的水质，因为作为饮料，对水的质量就显得非常重要。《茶经》指出："其水，用山水上，江水中，井水下。其山水拣乳泉、石池慢流者上；其瀑涌湍漱，勿食之。"张又新撰写的《煎茶水记》排出了他所知泉水的程序。扬子江南零水位列第一，淮水最下，位列第七。尽管作者的这些观点非常不全面，但是却反映出唐代对煎茶用水的重视。

唐代饮茶，经过炙、碾、罗筛之后，先将水煮至二沸，加入适量的食盐，再投入茶末搅匀。煮好之后，分别酌入小碗或者茶杯饮用，由于茶末非常细，饮茶时和茶末一起饮下。

随着饮茶的普及，宋代饮茶的方法比唐代有进一步的发展。开始出现了点茶的饮茶方法，煎茶加盐、姜等佐料也不再流行。

苏轼在《和蒋夔寄茶》诗中感叹："紫金百饼费万钱。吟哦烹噍两奇绝，只恐偷乞烦封缠。老妻稚子不知爱，一半已入姜盐煎。"❶ 同时在《东坡志林》中说："唐人煎茶用姜，……又有用盐者矣。近世有用此二物者，辄大笑之。"

2. 点茶

点茶的方法始于宋代，开启了饮茶方法的新纪元，现代冲泡饮茶的方法就是在点茶法的基础上发展起来的。宋代点茶需要将茶磨碎，而现代冲泡茶叶则无须研磨。据《大观茶论》记载："点茶不一。而调膏继刻，以汤注之，手重筅轻，无粟文蟹眼者，调之静面点。盖击拂无力，茶不发立，水乳未浃，又复增汤，色泽不尽，英华沦散，茶无立作矣。有随汤击拂，手筅俱重，立文泛泛。谓之一发点，盖用汤已故，指腕不圆，粥面未凝。茶力已尽，云雾虽泛，水脚易生。妙于此者，量茶受汤。调如融胶。环注盏畔，勿使浸茶。势不欲猛，先须搅动茶膏，渐加周拂，手轻筅重，指绕腕旋，上下透彻，如酵蘖之起面。疎星皎月，灿然而生，则茶之根本立矣。第二汤自茶面注之，周回一线，急注急上，茶面不动，击指既力，色泽惭开，珠玑磊落。三汤多置。如前击拂，渐贵轻匀，同环旋复。表里洞彻，粟文蟹眼，泛结杂起，茶之色十已得其六七。四汤尚啬。筅欲转稍宽而勿速，其清真华彩，既已焕发，云雾渐生。五汤乃可少纵，筅欲轻匀而透达。如发立未尽，则击以作之；发立已过，则拂以敛之，结浚霭，结凝雪，茶色尽矣。六汤以观立作，乳点勃结则以筅著，居缓绕拂动而已。七汤以分轻清重浊，相稀稠得中，可欲则止，乳雾汹涌，溢盏而起，周回旋而不动，谓之咬盏。宜匀其轻清浮者饮之。"

---

❶ 苏轼. 和蒋夔寄茶［G］//陈祖槼，朱自振. 中国茶叶历史资料选编. 北京：农业出版社，1983：242.

在点茶时，根据盏之大小，加入茶末，然后加入少量沸水，“调令极匀”。“罗细则茶浮”，这是点茶或者冲泡茶叶的自然现象，用细末茶冲泡，直接加入半杯开水，茶叶就会浮在水面，与加入茶末的多少没有直接关系。古人认识到“茶浮”这一现象是因为茶细的缘故，因此，点茶时，先少量注水，使茶叶充分吸水之后，成为稀稠状态，再逐步加入沸水，同时用竹筅搅动。

3. 明清时代的泡茶

明代是中国茶叶的大发展时期，由于茶叶产品的形质发生了根本性的改变，以冲泡方式为主的饮茶习惯开始形成。

饮茶的方法与茶叶制造技术的发展，二者是相辅相成，相互促进，共同发展。明代普及炒青茶的制造，突出了绿茶香气和滋味。反过来又进一步推动了炒青绿茶制造技术的提高。由于制造叶茶采用炒焙的方法，而色、香、味俱佳。比蒸青、研磨而制成的饼茶有了比较大的提升。叶茶和饼茶在外形上完全不同，内质也发生了较大的改变，茶叶的清香、豆香、嫩香、兰香、熟香、栗香、甜香等各种香气得到彰显，滋味也更加甘爽。因此，明代饮茶更加注重茶叶的真色、真香和真味。

明代散茶成为主要产品之后，对茶叶的色、香、味有了进一步认识和提高。“茶有真香，有兰香，有清香，有纯香。表里如一曰纯香，不生不熟曰清香，火候均停曰兰香，雨前神具曰真香，更有含香、漏香、浮香、问香，此皆不正之气。”张源《茶录》对于制造饼茶，杂以诸香的方法，不于认同。认为这使茶叶失去了自然之性，失去了真香。天地生物，各遂其性，莫若叶茶，烹而点之。

明代陈师撰写的《茶考》记载：“杭俗烹茶，用细茗置茶瓯，以沸汤点之，名为撮泡。”[1] 宋代和明代的点茶、泡茶，都是用沸水冲泡茶叶。但是，宋代的茶叶主要是饼茶，点茶之前需要炙烤、碾磨、罗筛，然后用沸水冲点。而明代则是将散茶投入茶杯或者茶壶之中，加入沸水。用

[1] 陈师．茶考［G］//陈祖槼，朱自振．中国茶叶历史资料选编．北京：农业出版社，1981：139.

大壶泡茶时，“探汤纯熟，便取起。先注少许壶中，祛荡冷气倾出，然后投茶。茶多寡宜酌，不可过中失正，茶重则味苦香沉，水胜则色清气寡。……投茶有序，毋使其宜，先茶后汤曰下投。汤半下茶，复以汤满，曰中投。先汤后茶，曰上投”。[1] 先投入茶叶，再倒入沸水，称为下投，先倒入沸水，再投入茶叶称为上投。先倒入少量的沸水，然后投入茶叶，再将沸水注满，称为中投。

程用宾的《茶录》则称投茶为“投交”。“汤茶协交，与时皆宜。茶先汤后，曰早交；汤半茶入，茶入汤足；曰中交，汤先茶后，曰晚交。交茶冬早夏晚，中交行于春秋。”冲泡时，先握茶手中，候汤既入壶，随手投茶汤，以盖覆定，或者先投入茶叶，次再注入沸水。

从点茶演变而来的撮泡法一直流传至今，现在泡茶，无论选择什么茶具，壶、杯、盖碗等，大多数情况下都是先投入茶叶，然后倒入沸水。偶尔也采用“上投”的方法。采用“上投”主要是早春的芽茶，“上投”时，茶芽慢慢吸收水分，芽柄因为有采摘时留下的断面，迅速吸收水分，形成芽柄向下，芽尖向上的姿态。吸水充分之后，茶芽总是保持芽尖向上，芽柄向下，徐徐下沉。

古代煎茶、点茶、冲泡茶叶，尽管方法不同，对水的要求却始终如一。唐宋之前，加姜、葱、盐，对茶汤的色、香、味有一定的影响，但是，历代品茶，都对水质提出很高的要求，只有好水才能煎（泡）出茶的真色、真味、真香。

二、茶性发于水

水为茶叶之魂，茶叶的色、香、味，源于自然，蕴藏在茶叶之中。不得好水，茶叶的真香、真味也不可得。如果有好水，不得冲泡之法，也失真味。茶性发于水，主要是指水质、水的老嫩（沸腾的时间）、冲泡的方法、冲泡时间对茶味、汤色的影响。

---

[1] 张源. 茶录［G］//陈祖槼，朱自振. 中国茶叶历史资料选编. 北京：农业出版社，1981：142.

1. 水质选择

水质对茶的影响，早在唐代，就有许多研究。《茶经》认为："山水上，江水中，井水下"，对此已经形成了共识。张又新等文人雅士甚至对不同的泉水排出位次。

明代的许次纾的《茶疏》对茶叶的饮用方法颇有研究："精茗蕴香，借水而发，无水不可以论茶。……余尝言有名山则有佳茶，兹又言有名山必有佳泉。"张源的《茶录》讲到："茶者水之神，水者茶之体。非真水莫显其神，非精茶曷窥其体。山顶泉清而轻，山下泉清而重，石中泉清而甘，砂中泉清而冽，土中泉淡而白。流于黄石为佳，泻出青石无用。流动者愈于安静，负阴者胜于向阳。真源无味，真水无香。"井水不宜茶，《茶经》云：山水上，江水次，井水最下矣。第一方不近江，山卒无泉水。惟当多积梅雨，其味甘和，乃长养万物之水。雪水虽清，性感重阴，寒人脾胃，不宜多积。陆树声《茶寮记》、钱椿年《茶谱》等都对点茶的水质提出了独到的见解。对于贮水也有深刻的领悟，贮水瓮须置阴庭中，覆以纱帛，使承星露之气，则英灵不散，神气常存。假令压以木石，封以纸箬，曝于日下，则外耗其神，内闭其气，水神敝矣。饮茶惟贵乎茶鲜水灵，茶失其鲜，水失其灵，则与沟渠水何异。

古人认为冲泡茶叶山泉水好，石中泉水清而甘，流于黄石最好。现代人没有工夫去研究、比较不同泉水的优劣，这些观点可供参考。泉水冲泡茶叶最好，古今认同。

由于茶叶制造工艺的发展，炒青绿茶、烘青绿茶的香气得到充分展现，茶叶香气需要通过沸水的冲泡，才得以彰显。对于水质而言则要求"真源无味，真水无香"，茶叶香气才能借水而发。

前面对地球上不同的水源进行了分析，山泉水仍然是泡茶、品茶的最佳选择。现代生活在大城市的人，很难享受到山泉水品茶的情趣，体验到山泉水品茶的滋味。现代工业发展，大江、大河之水受到严重污染，水质已经不如井水。而在污染程度低的水源地，小溪水的水质也接近泉水。

现代泡茶、品茶仍然要选择洁净的水源，泉水仍然是首选。城市自来水是当今生活的主要水源，平常也只能选择城市自来水。选择自来水冲泡茶叶，最好是进行自然净化处理。城市自来水处理过程中，除了使用吸附剂之外，通常需要加入高锰酸钾和亚氯酸盐。残存的氯离子对水质产生影响，甚至异味。一是将自来水放入洁净的容器里，不加盖，使水质在空气中得到净化，放置2～3小时，减少异味。二是采用陶瓷过滤、树脂过滤或者其他水质净化器。三是自制过滤设备，其方法是选择一大容积的陶缸，在下部靠近缸底1厘米左右开一小孔，直径2厘米，安装出水小管。准备过滤材料：天然棕树皮、粗沙、细沙、小卵石（直径1厘米）、中等卵石（直径2～3厘米）、大卵石（直径5厘米左右）。将上述材料用水洗净备用，过滤装置的制作：先在缸底铺棕树皮，放上细沙10厘米，细沙上再铺上3～5层棕树皮，上面再放粗沙8厘米，粗沙上面铺上3～5层棕树皮。按照小、中、大的次序依次放入洗净的卵石。每层卵石8厘米。自来水放入缸中，经过卵石、沙和棕树皮的过滤，得到净化。如此经过多层次过滤，水质得到极大的提高，犹如矿泉水质。20世纪70年代以前，成都的茶馆基本上采用这种方法净化水质。

2. 煮水

关于烧水，古人也有论述，“有水有茶，不可无火。非无火也，有所宜也。李约云：‘茶须缓火炙’，活火煎。’活火，谓炭火之有焰者”。有好水，有好茶，也需要掌握好煮水的火候，煎用活火，候汤眼鳞鳞起，沫饽鼓泛，投茗器中。张源的《茶录》对煮水有非常深入的研究：“烹茶旨要，火候为先。炉火通红，茶瓢始上。扇起要轻疾，轻声稍稍重疾，斯文武之候也。过于文则水性柔，柔则水为茶降；过于武则火性烈，烈则茶为水制。皆不足于中和，非茶家要旨也。汤有三大辨十五小辨。一曰形辨，二曰声辨，三曰气辨。形为内辨，声为外辨，气为捷辨。如虾眼、蟹眼、鱼眼连珠，皆为萌汤，直至不涌沸如腾波鼓浪，水汽全消，方是纯熟；如初声、转声、振声、骤声，皆为萌汤，直至无声，方是纯熟；如气浮一缕、二缕、三四缕，及缕乱不分、氤氲乱绕，皆为萌汤，直至气直冲贵，方是纯熟。”

“蔡君谟汤用嫩而不用老，盖因古人制茶则必碾，碾则必磨，磨则必罗，则茶为飘尘飞粉矣。于是和剂印作龙凤团，则见汤而茶神便浮，此用嫩而不用老也。今时制茶，不暇罗磨，全具元体。此汤须纯熟，元神始发也。故曰汤须五沸，茶奏三奇。”明代饮茶，不用研磨，全具元体，泡茶的水则需纯熟，即完全沸腾。

古人研究煮水对茶叶香气、滋味的影响，主要是用火及煮水的时间。古人煮水分为一沸、二沸、三沸，还有三大辨、十五小辨。古人对煮水如此津津乐道，并不是烧水的方法对茶叶的香气、滋味会产生多么重要的影响，而是煮茶叶的时间会对茶叶香气产生重要影响。明代的文人雅士也效仿古人，附庸风雅，沉迷于研究烧水方法。

实践证明，茶叶的煎煮与冲泡，对茶叶香气、滋味有深刻的影响。无论用什么火烧水，或者水沸腾时间的长短，水沸腾的温度（理论上）都是100℃。唐宋以前，是采用煎煮的方法，茶叶碾磨极细，在沸水里煮茶的时间太久，茶叶许多香气物质会在高温下发生改变，从而失去茶香，茶汤也会变黄。如果煮茶时间太短，细茶末会漂浮在水面。因此，古人煎茶，研究烧水的方法自然可以理解。

明代之后，采用冲泡的方法，烧水就显得不十分重要了。但是，水温对茶叶色、香、味的影响是非常明显的。水的温度对不同茶类、不同嫩度、不同物理特点的茶叶，也需因茶而宜。

3. 水温与冲泡方法

理论上水沸腾的温度都是100℃。在低海拔地区，沸水温度通常达到98℃。在茶叶审评学中，无论是250毫升（茶5克），还是150毫升（茶3克）的审评杯，都是采用沸水冲泡5分钟的方法。实践证明，各种茶叶冲泡5分钟之后，茶叶的水浸出物质可以达到80%。

当品茶作为茶艺，追求修身养性时，可以静心以求茶之真香、真色、真味。不同的茶叶，其冲泡方法也就不尽相同了。不同的茶类、不同的原料嫩度、不同的物理特点，包括不同的形态、颗粒的大小。在冲泡方法上也可以区别对待，以突出各类茶叶的特点。

用50毫升沸水冲泡茶叶，水温会迅速降低，茶汤温度通常会在1分钟之后，下降到80℃以下。从而大大降低茶多酚及其他内含物的氧化，能够充分彰显不同茶类的色、香、味。

嫩度高的茶品，比如各类芽茶，蜡质含量低，水浸出率高，吸水能力强。冲泡时可以少量加入沸水，加入杯容量 1/4 的沸水即可。沸水倒入茶杯之后，茶叶迅速吸水，并且完全打开。水温降低至 50℃左右，再加入 80℃以上的沸水，既能保持茶叶滋味的鲜爽，又不降低茶叶的香气。这种冲泡方法也适合吸水能力强的各种碎茶。冲泡嫩度高的芽茶、碎茶，都无须盖上杯盖，特别是芽茶，加盖形成的高温高湿会降低香气，也不利于观赏芽茶在水中美姿。

冲泡一芽二、三叶原料制作的各种条形茶叶，加入杯容量 1/3 的沸水，水温降低之后，再增加沸水，绿茶也无须加上杯盖。

冲泡青茶，一次可以加水达到杯容量的 2/3 左右。部分青茶的香气由大分子的蜡质转化而来，保持茶汤较高的温度，可以提高和持久地保持青茶的香气。冲泡青茶需要加盖，既保持青茶香气，又可以闻盖香。

冲泡花茶则需要用三件套的盖碗冲泡。水沸腾立刻冲泡，及时盖上杯盖。高温可以使花茶滋味更加醇和，并且保持花茶香气持久。

开始冲泡茶叶的水温，通常要达到 90℃以上，水温太低，不仅降低茶叶的香气，也使茶叶变得淡而无味。

各种黑茶则适宜采用煎煮的方法。现在普遍用小锅，或者小茶壶煮茶，500 毫升水，煮沸之后，投入茶叶 5 ~ 8 克，煮沸 1 分钟即可。黑茶制造过程，都经过了长时间的发酵，同时黑茶原料也比较粗老。黑茶发酵不是接种微生物，而是依靠自然生长的微生物发酵。微生物种类多，不可控，因此至今也不能完全确定黑茶中的微生物种群。黑茶采用煮的方法，可以减少微生物对人体健康的不良影响，提高黑茶的香气和滋味。

4. 壶泡茶

茶壶冲泡是品茶的雅趣所在，相对于茶杯冲泡，茶壶把品茶延伸到陶瓷艺术。但是就泡茶而言，茶壶比之茶杯冲泡有一些不同，茶壶用于冲泡香气突出的茶类，比如，花茶、青茶、工夫红茶或者黄茶。对于欣赏外形的芽茶，则宜用玻璃茶杯冲泡。

茶壶泡茶，可以一人一壶，选择一小茶壶，配一个小茶盏或者小口杯。各自冲泡，独自品茶，茶香、茶味、茶韵，各自体会，相互交流。三五个人品茶，也可以用一个大壶泡茶，每人配一个小盏。品尝完一个茶品之后，重新选择其他茶类冲泡，品尝。品茶、论茶，不亦乐乎。

茶性发于水，水为茶之魂，水质是最重要的，水质不好，茶叶内在的幽香和醇美的滋味完全被破坏，水质对茶的色、香、味的影响毋庸置疑。时至今日，泡茶需要洁净的山水，特别是泉水，对提高茶叶的品尝性有很重要的影响。

茶性发于水，水为茶之魂，其泡茶的水温至关重要。现在的研究认为，冲泡茶叶时水温高低对茶叶的浸出率和香气都有重要的影响。茶多酚和其他内含物是茶叶主要的色、香、味物质。良好的制茶工艺，使茶叶的内含物在人类的感官中展现出美好的感受。长时间高温浸泡使得这些香气、滋味物质迅速氧化和深度氧化，从而降低或者减少了茶叶鲜香味，而水温过低则泡茶无香。

第三节　茶具之趣

在古代，饮食器具数量、规格代表一个人的社会地位，不能僭越。普通百姓即使可以不受限制地使用各种饮食器具，也可能因为经济原因无法将食具、酒具与茶具分开使用。因此，饮茶在上层社会开始流行之后，才可能出现专门的茶具。

我国早期饮茶的器具，是与酒具、食具共用的，这种器具是陶制的缶，一种小口大肚的容器。史实表明，我国的陶器生产已有七八千年历史。浙江余姚河姆渡出土的黑陶器，便是当时食具兼作饮具的代表作品。但按现有史料而论，一般认为我国最早谈及饮茶使用器具的是西汉王褒的《僮约》其中谈到的“烹茶尽具”。

茶具从食具中逐步分离出来，主要还是上层社会把饮茶当成时尚和休闲之后，用专门的茶具饮茶，体现的是一种身份，象征的是一种地位。唐代开始与吐蕃在指定的地方进行茶马互市，茶叶生产迅速发展，饮茶也开始在非茶叶产区流行并迅速普及。茶叶作为一种饮料，开始在民间流行，普通有钱人也开始品茶，也促进了茶具从食具中完全分离出来，茶具因此也开始进入新的发展阶段。

茶具为饮茶而生，由品茶而兴，满足人们解渴之饮，品茶之雅。品茶雅玩，不仅增加了品茶的情趣，也增添了赏玩各种陶器、瓷器的雅兴，因此，也推动了陶瓷业的发展，各种质地、各种色泽、千姿万态的茶具也就应运而生了。

茶具的出现与茶叶的饮用密切相关，茶具的形制也与饮茶的方式密切相关。宋代之前，主要生产的是饼茶，饮用之前需要经过炙烤、碾磨、罗筛，因此，炙烤、碾磨、筛分的工具也称为茶具。唐代饮茶，主要采用煎煮之法，茶壶主要用于盛水。唐代之前的实用器具中，就已经有壶的形式，也有散茶，即使用壶泡茶，恐怕也是少有的。

明代之后，茶叶的饮用采用冲泡之法，不再炙烤碾磨。茶叶制造工具和饮茶的器具才开始有所区分。特别是现代茶叶制造机具出现之后，把茶叶制造的工具称为茶机，把饮茶相关的器具称为茶具，随着茶文化的不断发展，饮茶的方式越来越艺术，茶具的质地、种类、式样也越来越多。

一、唐代茶具

唐代茶具包括制造工具和饮茶器具。在陆羽《茶经·四之器》中有详尽记述。

风炉，用于生火煎茶；灰承是一个有三只脚的铁盘，放置在风炉底部洞口下，供承接炭灰。

炭挝是六角形的铁棒，长一尺左右，一头尖，中间粗，也可制成锤状或斧状，供敲炭用。

火筴又名筯，是用铁或铜制的火箸，圆而直，长一尺三寸，顶端扁平，供取炭用。

交床呈十字形交叉作架，剜去中部的木板，供支撑鍑。

鍑或铫以生铁或铜为之，也有以瓷、石、银制成，用于煮水煎茶。

夹用小青竹制成，长一尺二寸，一端留有一竹节，供炙烤茶时翻茶用，也有用铜制造。

碾用橘木制作，也可用梨、桑、桐、柘木制作。内圆外方，既便于运转，又可稳固不倒。

罗合，罗为筛，合即盒，经罗筛下的茶末盛在盒子内。

则，用海贝、蛎蛤的壳，或用铜、铁、竹制作的匙、小箕之类，充当供量茶之用。

水方用稠木，或槐、楸、梓木锯板制成，板缝用漆涂封，可盛水一斗。

瓢，用葫芦剖开制成，或用木头雕凿而成，作舀水用。

竹筴，用桃、柳、蒲葵木或柿心木制成，长一尺，两头包银，用来煎茶激汤。

熟盂，用陶或瓷制成，可装水二升，供盛放开水。

鹾簋，用金属制成，呈圆形、方形、瓶形或壶形。鹾就是盐，唐代煎茶加盐，鹾簋就是盛盐用的器具。

碗，用陶或瓷制成，供盛茶饮用，在唐代文人的诗文中，更多的称茶碗为“瓯”，此前也有称其为“盏”的。此外，还有畚，用于盛放茶碗。

涤方，由楸木板制成，制法与水方相同，可容水八升，用来盛放洗涤后的水。

滓方，制法似涤方，容量五升，用来盛茶滓。

巾，用粗绸制成，长二尺，做两块可交替使用，用于擦干各种茶具。

具列，用木或竹制成，呈床状或架状，用来收藏和陈列茶具。

1987年，法门寺地宫出土了一套唐代御用宫廷茶具。[1] 据地宫《物账碑》记载：“新恩赐到金银宝器、衣物、席褥、幞头、巾子、靴鞋等，共计七百五十四副、枚、领、条、具、对、顶、量、张。……茶槽子、碾子、茶罗、匙子一副七事共重八十两，……琉璃钵子一枚，琉璃茶椀拓子一副。”通过对这些茶具实物的研究，一幅唐代宫廷饮茶的画卷，

---

[1] 任新来．法门寺器具考释［J］．农业考古，2013（2）：67．

正如陆羽所记载的煎茶过程，超越时空呈现在我们眼前。唐代皇室、宫廷的茶具不仅是专门用于饮茶，而且已经非常精制，美轮美奂（见文前图8－1），可作为工艺品装点茶室或赏玩。

1999年5月，在西安市西门外老机场北部，发掘了一处唐代的窑址，[1] 被命名为“唐长安醴泉坊三彩窑址”，该窑址的全盛时期大致处于唐开元后期至天宝年间（约公元732～755年），这一时期也正是中国茶叶大发展时期。窑址中，除唐三彩、陶俑外，出土了一大批比较稀有的外黑内白瓷器和瓷片。在完整和复原的瓷器中，有口径4.4厘米，高2.6厘米的敛口钵，口径8.1厘米，高4.8厘米的碗，这些具有明显早期茶杯、茶盏的特点。同时，还发现了少量的黑瓷执壶，黑瓷罐（缶）等残片。从现有的这些出土文物及考古资料来看，这些瓷器存世量极少。这些茶具组合的发现与唐代记载的饮茶的方法和程序高度一致，其虽然不如御用茶具精美，也不是用金、银或者铜等贵金属制造，但是，在唐代也是上层社会或者有钱人家才能够使用的。

二、宋代茶具

宋代的饮茶方法与唐代相比，已发生了一定变化。宋代上层社会的点茶法开始流行，并且逐步取代了煎茶法。河北宣化下八里1号墓出土的壁画中，有几幅墓壁画描画了古代的饮茶情形，提供了当时用点茶法饮茶的生动情景。到了南宋，用点茶法饮茶更是大行其道。但宋人饮茶之法，煎茶法与点茶法并存，好茶用点茶法，普通茶叶用煎茶法。

宋徽宗的《大观茶论》列出的茶器有碾、罗、盏、筅、钵、瓶、杓等。而南宋审安老人（公元1269年）将饮茶的主要茶具，以传统的白描画法，画了十二件茶具图形，称之为“十二先生”，并按宋时官制冠以职称，赐以名、号，并且撰写了《茶具图赞》。《茶具图赞》所列附图表明：韦鸿胪指的是炙茶用的烘笼，木待制指的是捣茶用的茶臼，金法曹指的是碾茶用的茶碾，石转运指的是磨茶用的茶磨，胡员外指的是量水用的

[1] 姜捷．唐开元天宝年间京都长安茶具考［J］．农业考古，2013（2）：53.

水杓，罗枢密指的是筛茶用的茶罗，宗从事指的是清扫茶用的茶帚，漆雕密阁指的是盛茶末用的盏托，陶宝文指的是茶杯，汤提点指的是注汤用的汤瓶，竺副师指的是点茶时调茶汤用的竹质茶筅，司职方指提清洁茶具用的茶巾。可见宋代上层社会对茶具钟爱之情。

宋代饮茶器具，在种类和数量上与唐代相比有所变化，形制愈来愈精。饮茶用的盏、注水用的执壶（瓶）、炙茶用的钤、煮水用的铫、分饮用的茶盏等，不但质地更为讲究，而且制作更加精细。元代茶具及其饮茶方法，从某种意义上说，是上承唐、宋，下启明、清的一个过渡时期。

在元代，用沸水直接冲泡茶叶已经非常普遍，这不仅可在不少元代的诗歌中找到依据，而且还可从出土的墓壁画中找到佐证。尽管到了明代早期仍然存在研茶的情况，在元代研茶已经不是主流饮茶的方法了。再从采用的茶具和它们放置的顺序，以及人物的动作，都可以看出人们是在直接用沸水冲泡饮茶。

三、明清时期茶具

明代茶具对唐、宋而言，可谓是一次大的变革，因为唐宋时期，人们普遍饮用饼茶，需要一些与之相适应的炙、碾、罗的茶具。到了明代，散茶大兴，冲泡方法也随之改变。因此，唐宋时期的炙、碾、罗等茶具就成为多余之物。为了适应新的饮茶潮流，各种新型茶具不断涌现，许多茶具独具匠心，别具一格。茶叶冲泡方法的改变，也推动了茶具的创新与发展。另外，由于明人饮的是条形散茶，贮茶、焙茶器具比唐、宋时显得更为重要。而饮茶之前，用水淋洗茶，又是明人饮茶所特有的。明代张谦德的《茶经》中专门写有一篇“论器”，提到当时的茶具有茶筅、汤瓶、茶壶、茶盏、纸囊、茶洗、茶瓶、茶炉等。不过，明代茶具虽然简便，但也有特定要求，同样讲究制法、规格，注重质地。最突出的特点是出现了小茶壶，独斟独饮使用小茶壶，也可以一人一壶，能够很好地保持茶的色、香、味。其次是茶盏的形和色有了大的变化，在这一时期，江西景德镇的白瓷茶具和青花瓷茶具、江苏宜兴的紫砂茶具获得了极大的发展，无论是色泽和造型、品种和式样，都进入了穷极精巧的新时期。

清代，青茶有了比较大的发展，包括乌龙茶、铁观音等，为品尝青茶，其饮茶的方式发生了很大的改变，青茶由于具有特别的香气，品茶时，人们特别重视闻香气，因此，闻香杯也就应运而生了。闻香杯是品尝青茶的独有程序，与其他茶类品尝不同。

清代的茶盏、茶壶通常多以陶或瓷制作，玉质茶壶历来是皇室用品，民间也只有官宦人家和巨贾富商可以拥有和使用玉壶。精美的茶壶、玉壶在康熙、乾隆时期最为繁荣，以“景瓷宜陶”最为出色。清代康熙、雍正、乾隆时盛行的盖碗，最负盛名。清代瓷茶具精品，多由江西景德镇生产，其时，除青花瓷、五彩瓷茶具外，还创制了粉彩、珐琅彩茶具。清代的江苏宜兴紫砂陶茶具，在继承传统的同时又有新的发展。特别值得一提的是当时任溧阳县令、“西泠八家”之一的陈曼生，传说他设计了新颖别致的“八壶式”，由杨彭年、杨凤年兄妹制作，待泥坯半干时，再由陈曼生用竹刀在壶坯上镌刻文字或者描出国画图案，然后进行烧制。这种文人设计、工匠制作的“曼生壶”，为宜兴紫砂茶壶开创了新风，增添了文化氛围。乾隆、嘉庆年间，宜兴紫砂还推出了以红、绿、白等不同石质粉末施釉烧制的粉彩茶壶，使传统砂壶制作工艺又有新的突破。

四、现代茶具

由于茶艺的复兴，组合茶具也更加流行。现代组合茶具式样更新，一套茶具组合包括茶罐、烧水壶、茶壶、闻香杯、品茶杯、方巾、水方、滤茶器、茶宠及茶道六君子（见文前图 8－2）等。茶道六君子包括：①茶筒或者称为茶罐；②茶匙（茶扒），其主要用途是挖取泡过的茶，壶内茶叶冲泡过后，往往会紧紧塞满茶壶，加上一般茶壶的口都不大，用手挖出茶叶既不方便也不卫生，故皆使用茶匙；③茶漏，茶漏则于置茶时放在壶口上，以导茶入壶；④茶则，量茶之用；⑤茶夹，选取茶叶中的杂质，取茶杯；⑥茶针，滤茶器堵塞时以疏通之用。茶宠是现代品茶的一种配件，品茶时赏玩的文玩。主要是各种陶瓷的小动物、小玩件，可在不同的水温下改变颜色。

除了上述茶具，还必须有一个木质优良、做工精致的茶盘。檀木、楠木、鸡翅木、花梨木等都是理想的选择。

普通茶具的选材比过去更加广泛，贵的有如金、银、玉质、玛瑙、水晶茶具，普通材料则有大理石、陶瓷、玻璃、漆器、搪瓷等，可谓是数不胜数，异彩纷呈，形成了现代茶具新的重要特色。

现代的主流茶具仍然是陶瓷和玻璃材料为主。陶瓷和玻璃茶具是现代使用最广泛的茶具。瓷器茶杯以景德镇生产的最为丰富多彩，质量最佳。陶器以宜兴紫砂壶最为出名，四川荥经的黑陶壶也独具特色。从式样来看，茶壶的样式最为丰富，真可谓琳琅满目，目不暇接。相对茶壶，茶杯的样式少了许多，普通茶杯和盖碗茶杯（见文前图 8－3）是两种普遍使用的主要茶杯。

现代茶具无论怎样变化，从形式上讲主要有壶、杯、盖碗茶杯等三种。从历史传承来看，壶在晋代就已经出现，宋代的汤提点，是用于盛沸水的，逐步发展演变成为现代茶壶。茶壶有陶有瓷，景德镇的瓷，宜兴的陶，在品茶过程中，最能够体现茶趣。宋代的陶宝文，即现在的茶杯，玻璃杯很少有盖，陶、瓷杯大都有盖。瓯、盏是与壶相配套的小茶杯，盏是很浅的容器，瓯则稍微深一些。现在与茶壶配套的小茶杯，就是从盏和瓯发展而来。三件套的盖碗茶杯是唐代四川出现的，包括茶托、茶和杯盖。

五、茶具的文化

具为趣，茶具是茶文化的重要内容，人们通过品茶得到精神的愉悦，享受的是品茶过程。从选茶、净具、煮水、冲泡、分盏、闻香、品尝等程序中，得以清心、养心。在品茶过程中，精美的茶具往往可以增加品茶人的情趣。中国是一个文明古国，有五千年的历史，在中国文化中，陶瓷与家具是实用器具与艺术完美结合的典范，而且结合了外来文化艺术。中国陶瓷讲究造型之美、肌理之美、材料之美、技法之美，最重要的是含有中国传统文化的传承、做人、做事的道理以及美好的祝福等。

中国瓷器发展最鼎盛的时期是宋朝，宋瓷闻名世界。定窑、汝窑、官窑、哥窑、钧窑为五大名窑。定窑以白瓷为主，也烧制酱、红、黑等其他颜色的陶瓷，如黑瓷（黑定）、紫釉（紫定）、绿釉（绿定）、红釉（红定）等。汝瓷胎质细腻，胎土中有微量的铜元素，因此可见微微的红色，天青色是汝窑的一大特色。五大名窑的陶瓷都具有各自特点，造型、色泽风格各异。当中国的瓷器大量的出口到海外时，外国人记住了美丽的瓷器（china），并且称生产瓷器的中国为“China”。

现代陶艺气韵生动、大巧若拙，是东方艺术之美，是“天人合一”的东方哲学与美学的优雅结合（见文前图8-4）。陶瓷就像荷花一样，出淤泥而不染，濯青莲而不妖！陶瓷艺术历经几千年岁月的磨砺，其魅力一直强盛不衰，它不仅仅是一种材料的制作，它更是一种文化，一种情感的释放、寄托。

在中国的陶瓷文化中，紫砂壶首屈一指，其造型千姿百态，方非一式，圆无一相，可说是一座壶艺造型的艺术宝库（见文前图8-5）。从造型而言，有取材于自然，这里主要指动物和植物两个内容。动物，有飞禽、游鱼、走兽和人体；植物，有树木、藤草、花卉和蔬菜，这些都是壶艺造型、装饰的题材。也有借形改装，就是借古代陶瓷器、青铜器、漆器、竹木器、玉石器生产、生活用器具，如包、帽、秤砣、乐器等实物之形改装成壶等。还有几何形体、运用点线面的结合构成的壶体造型，有正方、长方、锥形、菱形、梯形、悬胆、张臂、扁长形、方圆组合等造型，茶壶的造型具有独特的艺术魅力。

竹的造型，寓意祝福，祝与竹同音，福与壶同声。在巧夺天工的造型之中，蕴含美好的祝愿，清心和顺、惠风和畅、福禄寿喜、三阳开泰、丰衣足食、年年有余。壶上绘荷花（和）、盒子（合）、灵芝（如意）象征“和合如意”。

绘上金鱼像寓意金玉满堂，是富贵和财富的象征，也表现为富有才学之人。因鱼与玉音近，故以绘金鱼来比喻金玉满堂。鳌鱼，传说中海里的大龟（鳖），壶盖上塑造一个鳖，寓意独占鳌头。

祝寿壶的题材广泛，有“西王母祝寿”“福禄寿三星”“八仙庆寿”“万寿无疆”“寿桃”“双螭捧寿”“莲花八宝托寿”等。也有用一百个不同字形的寿字组成的“百寿纹”。此外，有的壶全器作寿字形，寓祝寿之意。

眼前见喜图，以动、植物为主要内容，以谐音或表意突出“喜”字。如：绘梧桐、喜鹊，称“同喜”；绘喜笑颜开的四个童子，称“四喜人”；绘一豹、一喜鹊，称“报喜”；绘二喜鹊、一铜钱，称“喜在眼前”；绘二童子笑脸相对，称“喜相逢”；绘梅花梢上落一喜鹊，称“喜上眉梢”；绘一獾、一喜鹊，称“欢喜天地”；绘一喜蛛下垂，称“喜从天降”；绘两只喜鹊，称“双喜”。

福禄寿图，以绘蝙蝠、鹿桃或松、鹤、寿星老人等内容。蝠、鹿音同“福”“禄”，分别代表富贵和厚禄，松、鹤、寿桃、寿星均寓有长寿之意。

陶瓷茶具文化，包含了中国的陶瓷历史、制造工艺、历史人物、故事典故。玻璃茶具，造型优美，可以透视茶叶在茶杯中的变化过程，也可以了解玻璃制造的工艺之美、造型之美。这些纹饰、图案、造型、寓意增加了饮茶的情趣。

茶杯，是品茶的情趣，因此，选择茶杯是非常重要的。选择茶杯既要考虑其质地、材料，又要重视制造工艺、造型艺术和图案、色调。当然这些与个人的审美情趣有关。同时还要考虑茶杯可能对茶叶色、香、味的影响。一般来说，茶杯对茶叶的色、香、味没有实质的影响，但是，有盖或者无盖的茶杯，会产生不同的品茶效果。绿茶通常不用有盖茶杯，绿茶氧化程度低，加盖容易造成茶叶内含物的深度氧化，降低茶叶香气，汤色也会进一步变黄；其他茶类宜采用有盖茶杯，特别是青茶和花茶。品尝高级芽茶，宜用玻璃茶杯，以欣赏美轮美奂的茶芽吸水、开展、沉降过程。

此外，如果茶杯在水温比较高的情况下产生异味，既会影响茶叶的色、香、味，也会影响品茶的心情。有异味或者在高温下产生异味的杯子和纸杯不适宜品茶。

第九章
品茶之道

当今世界，饮茶大行其道，茶类、茶具、饮茶方法因地域不同、民族不同、喜欢的茶类不同，而呈现出多元化的饮茶文化。中国有茶艺，日本有茶道，英国人喜欢喝下午茶，俄罗斯人喜欢喝甜茶，摩洛哥人喜欢中国绿茶，中国牧区的少数民喜欢酥油茶，世界的饮茶文化蔚为大观。

世界上不同的饮茶习俗是不同民族饮食对健康饮茶的要求，因此形成不同的茶文化。品茶有道是获得健康与快乐，品茶悟道是人生的思考、是人生的追求。

第一节　品茶有道

解渴是饮茶的基本属性，水是生命之源，没有水，就没有生命。人体缺水，可能导致新陈代谢紊乱，严重脱水可能危及生命。因此，人每天都必须喝水 2000ml 左右，才能保证正常的新陈代谢。人体缺水，首先是感觉到口渴，这是需要补充水分的信号。饮水是很自然的事情，在饮茶不普及的时代，饮茶是一种奢侈的消费。饮茶与饮水的选择在于经济适用，饮茶的目的仅仅是为了解渴，是人的生理需要，这是饮茶的第一个层次。

饮茶的第二个层次是品茶，品茶是一种对茶叶欣赏、喜爱和享受。

对于茶叶产地、品种、茶类、茶品历史、文化的了解，以及茶叶外形、内质、特点的鉴赏。茶是物质产品，品茶则是从茶的文化内涵中去寻找自然、和谐和惬意。所谓的休闲生活，是从茶文化中产生出来的，各种茶艺的表演，是别人演绎的茶叶文化，品茶是饮茶者本人出于对茶叶的理解而产生的享受，是自然产生的，而不是别人强加的。

对茶了解越多，茶带给你的快乐就会越多。如果说世界上有一座城市是茶文化养育而成的，那就是成都。成都是一座来了就不想离开的城市，是一座宜居城市，是具有悠久历史文化的城市，也是世界上最休闲的城市，又是一座现代化的大都市。成都集文化历史、休闲、现代、宜居于一城，得益于三千年制茶、种茶、饮茶的厚重的茶叶历史文化，是茶叶养育了这座城市。这正是："天府西蜀三千年成都，东大街西大街，东西大街街街开茶馆。天赋灵草五千年为饮，宽巷子窄巷子，宽窄巷子巷巷品盖碗。"这就是品茶的第二个层次，是在茶叶之中的生活。

饮茶的第三个层次就是品茶悟道、以茶养生。休闲解渴可以品茶，休闲会友可以品茶。品茶悟道是一种生活的高度，是一种精神的境界。

一、品茶程序

饮茶是非常简约的优雅，烧一壶水，泡一壶茶，需要的是一个安静的环境或者和谐场合。追求的是品出茶的真香、享受茶的真味、得到茶的雅趣、收获身心的健康。如此而已，就要按照一定的程序：选择茶叶、煮水、冲泡、闻香、品味，方可得茶之道。

1. 选茶

品茶有道在于辨茶，中国自明代之后，创造、生产六大茶类，绿茶、红茶、黄茶、青茶、白茶和黑茶，真可谓五彩缤纷。如果把各种鲜花窨制的花茶归为一类，则有七类。不同的茶类有不同的特点，更有不同的茶性。

品绿茶，要选择春茶，春天的绿茶带着浓浓的春意，在芬芳的春茶中，可以品尝出不同地域的风情。云南早春的绿茶，表面上总有一层银色的白毫，浓而酽的茶汤中，带着少数民族的热情与豪迈；江浙的春茶，如碧螺春、龙井茶，柔美而妩媚，有江南水乡的气息，有清香、豆香的韵；四川蒙顶山的春茶，号称天下第一茶，蒙顶甘露、蒙顶黄芽凝聚着仙茶的灵气，具有兰花的馨香。

品红茶，中国的工夫红茶独具魅力。安徽祁门红茶，具有特别的甜香，称为“祁门香”；福建武夷山的小种红茶，有“桂圆香”；四川工夫红茶有别具一格的玫瑰香。

品青茶，福建是世界上生产青茶种类最多的地区，铁观音、乌龙茶、大红袍、水仙、肉桂、桃仁、奇兰、黄金桂等青茶，风靡世界。青茶以其成熟的原料、复杂的工艺、特别的造型、特殊的自然香气受到国内外饮者的追捧。青茶的香气幽雅而绵长。

品黄茶，蒙顶黄芽、霍山黄芽，黄叶、黄汤，清纯淡雅，回味无穷。

品白茶，自然天成，无火功之气，幽雅清爽。

品黑茶，琥珀色的茶汤，陈香的茶味，品尝的是历史，茶叶的历史及中国文化的历史。

品茶有道在于辨水，山泉水第一，千古不变，山区井水尚可品茶。经过城市的河水不堪饮用。城市自来水品茶是不得已而为之。

品茶有道，品茶之趣在于壶，壶有艺、有雅、有趣，更有历史和文化。

品茶有道在于茶的真香、真色和真味。绿茶充满春天的气息，带着春天的芬芳；黄茶犹如成熟的麦香，蕴藏着收获的快乐和喜悦；红茶宛如窖藏的美酒，热情、厚重而浓烈；青茶斯兰似馨，优雅清香，韵味无穷；白茶自然天成，恬适淡雅；黑茶蕴藏着玛瑙般的温润，承载着厚重的历史。茶叶品牌，林林总总，选择好你喜欢的茶叶，对所选择茶叶的特点了然于胸，方可品茶。

2. 茶具

普通饮茶，一人一杯，选择玻璃茶杯或者瓷杯均可。如果品尝芽茶，则最好选择玻璃杯。品茶就需要选择组合茶具，一个茶盘、一套茶具，一人一个小茶杯，品尝青茶，再加上一个闻香杯。人数不多，也可以一人一壶，配上一个小口杯。即使品尝青茶，也无须闻香杯，直接闻盖香。

3. 煮水

水为茶之魂，好水才会泡出茶的真香。在城市里品茶，除了自来水，基本上没有其他选择，尽管现在的许多城市里，仍然有泉水，如济南、杭州。普通市民要取得泉水品茶，也是一件困难的事情。

烧水通常采用天然气，现在更普遍的是用电烧水。烧水必须达到完全沸腾。冲泡茶叶的水温需要达到95℃以上，水沸腾之后，迅速冲泡。

4. 投茶

烧水的同时，就选择好的茶叶放入茶杯或者茶壶，大壶5克，小壶3克。100毫升容量的小壶，只需2克茶叶。这种方法称为下投。也可以先将沸水倒入空茶杯，达到1/2的杯容量，然后根据茶杯容量大小，投入3～5克茶叶，茶叶完全沉入杯底之后，再倒入沸水，这种方法称为中投。上投之法，即先倒入茶杯容量4/5的沸水，然后再投入茶叶，茶叶慢慢吸水，缓慢沉入杯底。

5. 冲泡

水沸腾之后，开始冲泡。茶杯冲泡，以冲入1/4杯容量的沸水为宜，待水温降低至50℃以下，再冲入沸水。水量不宜过多，达到杯容量的80%即可，然后盖上杯盖。

冲泡芽茶，可以采用上投之法。先沸水倒入玻璃杯中，水量以杯容量的80%为宜。然后将3克芽茶投入茶杯。芽茶慢慢吸水，由于茶芽的折断处吸水快，从而形成了芽尖向上的景象（见文前图9－1）。

用茶壶冲泡，无论大壶、小壶，均可以一次冲满，盖上壶盖。

6. 闻香

品茶之要，首先是闻香气。茶叶冲泡之后，闻香之前，都要加上杯盖。冲泡芽茶通常可以不加盖，但在闻香之前也需要先盖上茶杯。

茶叶冲泡3分钟之后，茶叶香气得到充分释放，可以开始闻香。其方法是一手端茶杯，一手握杯盖。将茶杯靠近鼻孔，深呼吸一次，迅速半开杯盖，再用鼻孔吸进香，静默感知茶香的香型、浓度。闻青茶的香气，则直接揭开茶杯盖，闻杯盖内侧，称为闻盖香。这种闻盖香主要流行于青茶类的品鉴。

如果不倒出茶汤，冲泡 3 ~ 5 分钟是闻香的最佳时机。茶叶在高温的茶汤中，5 分钟之后香气就会缓慢减弱。

新茶、陈茶，春茶、夏茶、秋茶，在香气中都会充分表现出来。

7. 看汤色

闻香之后，打开杯盖看汤色。最好的方法是取几只小口杯，杯内壁为白色。然后倒出茶汤认真观察。碎茶最好过滤，以免将茶渣带入茶汤。将茶汤倒入白底的瓷杯中，观察茶汤的颜色，看其茶汤颜色是否符合茶类特点。

8. 品滋味

六大茶类都有各自的滋味特点，在完成看汤色之后，利用杯中的茶汤，品尝茶叶滋味。尝滋味的茶汤温度以 40 ~ 50℃ 为宜，茶汤温度过低，不能表现出茶汤正常的滋味；温度过高，影响人的味觉器官的感知能力。

品尝滋味的要点是，浅浅啜入一小口茶汤，不能咽下，先用舌尖感受茶汤滋味 5 秒左右，吐出茶汤，体会滋味。然后用凉白开水漱口，再次啜入一小口茶汤，用呼吸搅动口内的茶汤，使两腮充分感受茶汤的滋味，再吐出茶汤。漱口之后，再次啜入茶汤，用喉感受茶汤滋味，然后咽下。经过三次，用口腔不同部位充分感受茶叶的滋味，才会对茶叶滋味的鲜、爽、醇、纯、甘、厚、浓、涩、苦等特点有全面的体会和理解。品茶叶滋味通常以第二次冲泡的茶汤滋味最好，第三次尚可，冲泡四次，茶味大大减弱。冲泡五次以上，滋味淡薄，解渴尚可，完全失去了品茶的价值。品茶不可将茶汤一次喝干，总是需要留 1/5 的茶汤，再次品茶时，才可加水。不可将水加满茶杯，久置而不饮，致茶汤冰凉，不堪饮用。

9. 叶底鉴别

无论何种茶类，如果要真正了解其色、香、味的特点。必须对叶底进行研究，从叶底可以了解茶叶的许多特点：一是茶叶的真假，或者是否掺有假茶。不具有专业知识，可以用真正的茶叶叶底进行比较。二是可以知道茶叶的老嫩。三是把香气、滋味表现出来的特点与叶底联系，加以分析，滋味苦涩、有青草气、汤色发黑，叶底会表现出杀青不足的青色；有焦煳味，叶底表现出焦边、黑叶。

二、品茶有道

在中国，品茶是一种文化，是一种养生、养心的健康生活方式。当今之中国，经济的高速发展，商品经济冲击着我们几千年的传统文化。不当的宣传、广告形成了一些饮茶的误区，使得我们不得不在市场经济的条件下，分清是非、辨别糟粕，才能科学品茶。

不同季节，品饮不同的茶叶，是一种情趣、是一种文化，与饮茶的健康关系不大。现在流行春天品花茶，夏天饮绿茶，秋天饮黄茶、白茶，冬天饮红茶、黑茶，要从科学上证明这是最好的饮茶方式是困难的。每一个人因为身体状况的不同，可以有不同的选择。对于健康的人群而言，不同的季节，选择任何不同的茶叶都是可以的，由饮茶者的习惯和嗜好决定。是否符合健康要求，是饮茶者的健康状况决定的，需要听取医生的建议，而不是茶叶专家或者是其他从事茶叶生产、经营者的建议。健康的人群饮茶，完全是一种习惯、情调。茶叶对人体的健康是在身、心两个方面，是中国几千年饮茶的实践证明。

如果喜欢绿茶，那一定是品春分、清明、谷雨期间生产的春茶，三四月（清明节前后）正是品绿茶的最佳时节。春色、春韵、春香，春满人间，溶于一杯春天的绿茶之中。进入夏天，六月份以后，春天的绿茶已经失去了天然的春色、春香，滋味也没有往日的鲜爽。如果非要在夏天以后品春茶，真有点暴殄天物之感。无论你有多么好的储存条件，也找不到春茶的韵和味。现在，真空包装的茶叶，再置于低温条件下保存，留到元旦、春节品尝，也不失春茶的香气和滋味。

花茶融花香和茶韵于一体，茉莉花茶、珠兰花茶、玫瑰花茶、玉兰花茶，芬芳袭人。窨茶的鲜花盛开在五月，并且持续到秋天，因此，六月份之后，就可以品尝到当年的花茶，鲜花季节窨制的花茶，当然香气鲜灵、滋味醇爽，沁人心脾，喜欢花茶的人当然不能错过品尝当年新鲜花茶的机会。花茶相对比较耐储存，到第二年夏天仍然可以保持比较好的香气。一年四季都是可以饮花茶的。

红茶、黄茶、白茶属于全天候茶叶，只要你喜欢，就可以呼朋唤友，摆开茶盘，煮壶开水，焚香膜拜，泡壶香茶，海阔天空。一个人也可以泡一壶茶，读一本书，或者慢慢地品茶，静静地养神，一切都是在愉悦着你的心情。

黑茶经过渥堆，其茶多酚和其他内含物得到充分的氧化。黑茶汤色褐红似玛瑙，香气醇正，带陈香，滋味醇和。黑茶的品质特点是通过发酵形成的。目前，市场上把普洱茶分为生普和熟普两种。熟普洱茶是经过渥堆工艺制成的黑茶；生普洱茶是传统的沱茶，通常是将炒青绿茶、晒青绿茶等作为原料，经过蒸压而成的，没有经过渥堆，但是经过长期储存，其品质也逐步接近黑茶。

黑茶或者经过长期储存的沱茶，茶叶中的内含物深度氧化，滋味变得醇厚、醇和。品普洱茶，可以不分时令，随心所欲。

三、品茶误区

随着科学技术的不断发展，包装材料日新月异，低温存储条件也已普及。因此，茶叶存储条件得到极大改善，茶叶的保质期也得以延长。一般而言，茶叶含水量在7%以下，小包装或者真空包装，低温存储，茶叶的保质期都可以达到一年。超过一年，茶叶质量都会有不同程度的下降。特别是绿茶，不宜存储至第二年新茶上市。黑茶的存储时间可以达到5年，存储时间越长，饮用价值会逐渐降低。

为了繁荣中国茶文化，普及健康饮茶、品茶，在中国茶叶界，从科研、生产、流通、文化等层面，成立了林林总总的协会、学会。过去的学会、协会都是由茶叶专业的学者、专家主导。科学种茶、制茶、品茶、饮茶是风清气正的主流文化。而今天，个别学会、协会受到商业利益的驱动，进行茶叶商业营销、策划，不科学的宣传产生了许多误区，误导消费者。中国有六大茶类，尽管不同茶类有不同的特点、风格，色、香、味也迥然不同，但是，其内含物的健康作用基本上是相同的。

中国人品茶，有很深厚的文化，把这种饮茶文化过度放大，就成为八卦，也形成了饮茶的一些误区。

饮茶者，喜欢什么样的茶，与生活的地区、生活习惯、饮食习惯和自己的喜好有密切的关系。好茶者在真正了解茶叶之后，对茶叶自然有正确的判断。作为茶叶研究者，对饮茶方面的一些不准确的认识却有共同的认知。

1. 茶非越嫩越好

茶叶爱好者喜欢比较细嫩的茶叶，无可厚非。细嫩的茶叶纤维含量低，有姣好的外形，淡雅的嫩香，爽口的滋味。无论绿茶、黄茶、红茶、白茶，滋味甘爽，不苦、不涩，这是嫩芽的共同特点，特别是春茶香气和滋味更加突出。

茶叶原料的内含物因为嫩度的变化而不同，太嫩的芽茶没有醇厚、甘爽的茶味，是因为茶芽的内含物含量不如一芽二、三叶高。氨基酸，尤其是茶氨酸，在嫩茎中的含量比芽和叶的含量高出一倍。茶多酚、糖类在叶、茎中也有更高的含量。因此，从经济、适用和效率的角度去品茶，一芽二、三叶原料是最好的选择，一芽二、三叶原料可以制造出色、香、味俱佳的茶叶。板栗香、豆香、兰香都需要一芽一叶，一芽二、三叶原料，嫩芽无法制出这些香型，嫩芽的特点在于茶叶的嫩香、滋味的鲜爽。

青茶和黑茶采用成熟原料，如果原料达不到一定的成熟度，制不出青茶的幽香，造不出黑茶的浓醇。除青茶、黑茶外，绿茶可以选择一芽一叶初展或者一芽二叶的柔嫩原料。从经济效益和适用性方面考虑，其他茶类则以一芽二、三叶的原料为好，所以，茶叶并非越嫩越好。

2. 茶非越绿越好

在六大茶类中，绿茶是绿色的，清汤绿叶。绿茶越绿越好吗？非也！绿茶的绿色是相对其他茶类而言，就几种绿茶而言，也非如此。绿茶有蒸青绿茶、炒青绿茶、烘青绿茶和晒青绿茶。高温杀青、蒸汽杀青能够保持茶叶的翠绿，是保证绿茶绿色的基础。杀青之后，不及时摊晾冷却，绿茶会在高温高湿的条件下黄变，在干燥过程中如果温度太低，干燥时间太长，也会黄变。晒青茶是通过太阳晒干，在晒青过程中，茶叶温度50℃左右，晒青时间比较长，汤色较黄。在制造过程中，工艺技术可能造成茶叶内含物自然氧化变黄。但是，不同的绿茶有些变化是必需的，没有这种变化，茶叶就失去了特色。

晒青绿茶是沱茶、花茶和普洱茶的最好原料，是其他绿茶不可替代的，并不需要特别的绿色。蒸青绿茶、烘青绿茶清汤绿叶，干茶呈现墨绿色，是最绿的茶叶。炒青绿茶干茶呈现灰绿色，汤色却是黄绿明亮，在绿茶含水量的极限内，炒得越干，香气越高，黄绿的汤色更深。炒青绿茶的汤色如果与蒸青、烘青绿茶相同，是煇锅温度太低，而且没有达到足够的干度，香气必然不高。汤色太绿的茶叶，往往是杀青不足，或者没有完全干燥。这类茶叶，干茶看起来非常绿，冲泡时，汤色也绿，但是，没有香气，带有非常浓的青草气，滋味苦涩，冲泡几个小时，甚至30分钟，汤色慢慢变黑。所以，绿茶并不是越绿越好。

3. 黑茶非越陈越好

黑茶是高度自然氧化的茶叶，是通过渥堆加速茶多酚氧化的结果。黑茶通过渥堆之后，经过蒸压成型，然后自然干燥，茶叶含水量通常在10%左右。紧压的黑茶水分含量低，压紧之后，水分和空气也难以进入。储存在干燥通风的地方，黑茶进一步氧化明显减缓。因此，黑茶比其他茶类更耐储存。

茶叶作为一种食物，其营养价值在于所含有的各种营养成分，我们所熟悉的茶多酚，其含量高达30%以上，还有蛋白质、氨基酸、咖啡碱、糖类等，茶叶对人体的健康作用在于这些物质的综合作用，而不是某一种物质的作用。茶叶长期储存，这些内含物会因为氧化失去营养价值，并不是可以饮用的古董。除了酒类，没有一种食品可以无限期储存。

认为黑茶在储存过程中，微生物进一步促进黑茶饮用价值的提高，目前还是缺乏科学依据的。长时间储存的黑茶其内含物质深度氧化，对于营养过剩的人群，有一定的饮用价值。

4. 生普洱茶和熟普洱茶

普洱茶产自云南，生产历史悠久，是一种以地名命名的茶叶。历史上的普洱是茶叶的主要集散地，普洱周边地区所生产的茶叶都集中在普洱加工、储运。因此，产自普洱地区的茶叶都称为普洱茶。因此，普洱不仅生产黑茶，也生产红茶、绿茶和黄茶。

近代，云南许多地方也采用不经过渥堆的茶叶压制饼茶、心形茶、碗形茶和砖形茶。20 世纪 70 年代，昆明茶厂采用渥堆的方法生产饼茶，经过渥堆之后的茶叶属于黑茶。这种经过渥堆之后再压制的生产工艺，在计划经济的条件下，很快在云南许多茶厂推广应用，由此而产生了两大类的紧压茶。

现在，将没有经过发酵的原料压制的饼茶称为生普洱茶，将发酵的原料压制的饼茶称为熟普洱茶，简称“生普”和“熟普”。从制茶工艺上讲，其区别在于有没有经过渥堆。从茶叶分类的角度讲，其实质是黄茶和黑茶的区别。

四、品茶悟道

品茶悟道是对茶类、茶具、水质及茶艺的理解，品茶悟道是品茶之道的升华，是对自然、社会、人生的理解、思考和认知，是自由思想的飞翔。

1. 品茶与读书

一杯茶、一本书可以是全部人生。人生犹如一杯茶，有苦、有涩，却回味甘爽。人生犹如一杯茶，不会苦一辈子，但是总会苦一阵子。芸芸众生就像片片茶叶，一个人赤裸裸地来到这个世界，无论怎样度过，只要生活有意义，就符合人类社会的共同价值。就如这片片茶叶，本身是一样的，没有多少差别，由于生长于不同的环境，就有了高贵之分，再经过不同的制造工艺，就成为不同的茶品，有了不同的特色，有了自己的价值。每一种茶都有自己的风格，每一种人生都值得自己珍惜和品味。

读书品茶，始终伴随一生，茶与书有不解之缘。茶能够使人清醒，在茶韵里悠然自得，品味人生；书能够使人理智，人在书香中超凡脱俗，修身养性。在茶韵和书香里，抛开了凡尘中的浮华和躁动。

读万卷书，行万里路。人首先要学会读书，书籍是人类进步的阶梯，知识就是力量。人的一生，读书学习是一辈子的事情，读书识字，学习专业知识，是为了获得一种技能，是为了生活。读书品茶则是精神的需求，一个人不能仅仅满足于生活的基本需要，人还要有安全的需要、健康的需要、自我实现的需要。

品茶悟道是茶之外的意境，是由茶而生的人生感悟。道是通向彻悟人生之路，茶之道是至心之路。只有读万卷书，方可悟茶之道。无读书的积淀，只能得茶之艺，不可得茶之道。

2. 品茶与生活

开门七件事“柴、米、油、盐、酱、醋、茶”，这就是基本的生活需要。茶是中国人的七种生活必需品之一，而茶更具有家庭生活之外的社交和礼仪功能。茶包含了“礼”“敬”“和”“美”“静”“廉”“思”等人生基本元素，是品茶悟道的重要内容。

礼与敬，礼是人与人之间交往的基本要求，客来敬茶，是一种礼，是对客人的尊敬，也表现出其乐融融的和谐气氛。古代的祭祀、嫁娶都要用到茶。从国家祭祀到普通百姓，茶都是最重要的祭祀品，敬茶是一种大礼。

茶有一种亲和力，茶性包容，茶与盐、茶与糖、茶与其他食物都可以非常融洽地调和食用。藏族有一个传说：有一对藏族青年非常相爱，男的叫艾登巴，女的叫麦美措。两人因为部落之间的仇恨而遭到族人的反对，不能够结合，两个相爱的人便以死殉情，恋人相约，死后两个灵魂一个飞到羌塘的盐湖变成盐，一个飞到雅安变成茶树。佛被两个灵魂感动，见了他们的前缘与未来，便让茶和盐在碗中相会。牧民买来茶和盐，制成酥油茶，两个恋人在茶碗中相会。酥油茶的味道特别的好，是因为两个相爱的人在一起。藏族民谣说，相亲相爱，犹如茶和盐，茶无盐和无水一样。茶的亲和力不仅在于茶性，也表现在饮茶、品茶的过程中。

在茶文化中，茶代表一种美，有自然之美、有造型之美、有茶艺之美、有健康之美。在品茶过程中可以净化心灵，产生心灵之美。

静是人生中走进成熟的重要标志，一个人从束发读书起，开始为人生起跑做好准备，完成学业就开始为事业和家庭拼搏。人到中年就得静下来，一是休息、调整、充电，二是思考，为了中年之后的人生道路更加稳健、更加顺利，需要静心。茶可以清心，可以静心。

廉洁，是为官之道，一杯清茶，两袖清风。要树立为官之道的清廉之气，做到君子之交淡如水，就像一杯清茶。为官清廉既是个人的修养，更是社会的期盼和制度的要求。品茶悟道，可以清心，可以静心，可以远离拜金主义世俗。

思是灵魂与现实的沟通，通向智慧之路，也通向成功之路。一个人怎样度过一生才有意义，重要的不是对财富和权力的追求，不是有轰轰烈烈的人生，也不是必须流芳千古。奥斯特洛夫斯基有一句名言："人最宝贵的是生命，生命对于每个人只有一次，人的一生应当这样度过：回首往事，他不会因为虚度年华而悔恨，也不会因为碌碌无为而羞愧。"

不为碌碌无为而生活，固然是人生的追求；为世俗名利所累，也不可取。清者浊之源，动者静之基。人神好清，而心扰之；心好静，而欲悖之。能遣其欲而心自然静，澄其心而神自清。心既静，欲不生，即是真静。如此真静，便入真道，名为得道。虽名得道，实无所得。得道者可以悟道，能悟道者，可以传道。

不得真道者，为有妄心，既有妄心，即生贪欲。既生贪欲，便是烦恼。烦恼既生，即生忧苦。

品茶悟道在于静其心，遣其欲。心静欲去，则自然无忧无虑，健康和快乐自然就产生于品茶之中了。这就是品茶的最高境界——品茶悟道。

第二节　茶道文化

当今之中国，茶文化之风盛行，特别是以茶艺表演为艺术形式的饮茶深入人心。家庭聚会，朋友造访，商业洽谈，无不以茶艺展示茶所表现的“礼、敬、雅、和”，表现出茶叶内敛的高雅。茶艺、茶道都属于茶文化的范畴。受到日本茶道的影响，国人深以为“道”不如人。其实，中国文化对道的理解与日本所谓的“道”在内涵上相去甚远。中国的道是一种深刻的哲学思想，而不是日本文化称为“道”的各种技艺。

一、中国之道

道在中国文化中，有许多意义，在文化方面有道教之道、道德之道和技艺之道等。在中国文化中，儒、道、佛称为“三教”。佛教是从印度传入的外来宗教。儒教与道教则是起源于中国文化。

道教之道，起源于春秋时期的《道德经》，也称为《老子》，是一种哲学思想，是观察、认识世界的方法。其哲学思想经过历代道家的传承和发展，形成了中国的道教文化。《道德经》采用哲理诗的形式写成，整个哲学思想由“道”展开，“道”是老子思想的主要范畴。

《道德经》认为：道可道，非常道，名可名，非常名。道是一种混沌未分的初始态，是天地之始，万物之母，为化生万物的根源；《太上老君说常清静经》中讲：“大道无形，生育天地；大道无情，运行日月；大道无名，长养万物；吾不知其名，强名曰道。”由此看来，所谓道，就是天地运行的规律，万物生长之自然法则。

道常无名，无为而无不为，它像水一样，善利万物而不与万物争，以柔弱胜刚强，是最高的善；道是不可言说的，人的感官也不能直接感知，视之不见，听之不闻，搏之不得。天道自然无为是《道德经》一书的主旨。《道德经》包含丰富的朴素辩证法思想，比较系统地揭示了事物互相对立依存的关系。老子认为善恶、美丑、长短、高下、前后、有无等都是对立统一的，失去了一方，另一方也不能存在。

道教认为：“善恶报应，天人感应，天道承负，返璞归真。”道教是最自由、最自然和最灵活而健康的思想体系。这正是因为它没有一个固定的教义。由于没有固定的教义，所以没有偏见，也没有思想统一和遵从正统教义的要求。世界文明史告诉我们，在一个专制僵化的权威之下，道教为人的品德是上善若水，厚德载物，软弱不争。道教处世方式是清心寡欲，自然无为。道教提倡忠孝节义，仁爱诚信的伦理道德。道教活动准则是人法地，地法天，天法道，道法自然。

世界上的万物都有自己发生发展的规律，从道教的角度去理解道，就有了道生一，一生二，二生三，三生万物的发展观。“道”就是自然界的发生、发展规律。对于自然界规律的探索和认识，从人类出现以来就从来没有停止过。时至今日，人类对宇宙的探索、对于微观世界的探索已经取得了伟大成就，但是仍然远远没有结束。一切遵循自然规律，行为符合自然规律，这就是道。

道教信仰深深积淀在中国的传统民俗里，影响着国人的信仰、习俗。祖宗崇拜，本命年拜太岁，祭祀先人烧纸钱，春节祭灶王、贴春联、放鞭炮、接财神、闹元宵等，都源于道教。道教与建筑、路桥、家具、器物的设计、建造技术，都以阴阳五行、天人合一的理念为思想基础。行道之道，或技艺之道也源于此。

唐代的思想家韩愈认为：“博爱之谓仁，行而宜之之谓义，由是而之焉之谓道，足乎已无待于外之谓德。”意思是施行博爱叫仁，行得符合时宜称为义，遵照这种法则行事称为道。中国人把有博爱之心且付诸实践的人称为有道德的人。

儒家的以德治国建立在三纲五常的基础上。君为臣纲，父为子纲，夫为妻纲。几千年来儒家思想成为中国人的行为规范，维护了中国社会的稳定，维护了大一统的中央集权。

西方文艺复兴之后，带来了西方的思想解放，由此引起的工业革命推动了社会、经济的全面发展。但是在儒家思想的影响下，中国仍然保持了传统的天下唯君独尊的思想。清王朝的统治又延续了200多年，直到1911年辛亥革命，才结束了封建王朝的统治。

专业之道，实际上是一种行业的技巧或者规律，谓之门道。俗话说，外行看热闹，内行看门道。门道就是每一个行道的基本功，通过基本功可以看出一个人是不是干这一行道的。所谓某人的道行很深，是指这个人很内行，是某行道的专业人士，掌握了这门技术的基本规律，于是便得了道。

苏轼在《日喻说》中讲到："苏子曰：'道可致而不可求。'何谓致？孙武曰：'善战者致人，不致于人。'子夏曰：'百工居肆以成其事，君子学以致其道。'莫之求而自至，斯以为致也欤！南方多没人，日与水居也。七岁而能涉，十岁而能浮，十五而能没矣。夫没者岂苟然哉也。必将有得于水之道者。日与水居，则十五而得其道；生不识水，则虽壮，见舟而畏之。"道虽然不可见，但可习之。南方人大多数能够潜水，是因为生活在水边，从小与水打交道，自然而然熟悉水性。可以习而得之的道，则是一种技艺。

二、日本茶道

日本文化深受中国文化的影响，特别是在唐代，大量的日本僧人到中国学习。中国的文字也大量传到日本，至今的日文里也有大量的中国文字，这些中国文字在日文中甚至连发音和意思都完全相同。

但是，日本的道却没有中国道教的哲学内涵，日本的道其实质是行道之道，并非中国的道家之道。茶道是日本茶文化的象征，日本的茶道其本质就是中国茶艺。茶叶传入日本之后，由于受气候的影响，可以种植茶树的地方有限，范围较小，茶道成为日本上层社会的交往方式。从唐代之后传入日本的各种冲泡、饮茶方式，比如煎茶、点茶等，之后发展成为了日本的煎茶道、抹茶道。

茶道存在于日本与中国的历史文化交流之中，存在于中国茶文化向日本的传播过程中，又带有浓厚的日本文化及其发展特点。如果说茶道是日本茶文化的象征，则日本茶道是茶事活动和品茶过程的基本原则或规律，是品茶的一种艺术。正如日本学者熊仓功夫所说："茶道是一种室内的艺能。"谷川激三在《茶道的美学》中指出："茶道的内容应该包括艺术、社交、礼仪和修行。"❶ 从日本学者的描述中，我们可以理解日本茶道的实质，就是品茶的艺术，它包含了社交、礼仪和修行。在现代社交场合，日本的茶道都表现出品茶的艺术与礼仪，韩国也深受中国和日

---

❶ 曹金洪. 茶道·茶经［M］. 北京：燕山出版社，2011：46.

本文化的影响，韩国的茶道也是一种表演艺术。

据日本文献《奥议抄》记载，日本太平元年（唐开元十七年，公元729年），朝廷召集百僧到禁廷讲《大盘若经》，曾有赐茶之事。公元806年，日本的最澄和尚到杭州学习佛经教义，在回日本时，带走了茶树种子，开启了日本种茶的历史，日本饮茶的历史比种茶的历史要早。日本种茶、制茶和饮茶都受到中国唐代的深刻影响。

饮茶和制茶传入日本，完全是在物质和技术层面，早期饮茶、种茶和制茶并没有茶道的概念。随着饮茶的普及，才有了道的概念，对于茶道也完全是站在实用的角度去理解，并没有融合中国道家的思想内涵。

早期的日本茶道是“茶道的技法以台子技法为中心，其诸事的规则、法度有成千上万种”。[1] 到了近代，饮茶的这种规则、技法与修心、参禅结合，在日本茶学界形成了“和、敬、清、寂”“一期一会”“独坐观念”。

由此观之，日本茶道从表现形式来看是一种品茶的礼仪，其内涵是“和、敬、清、寂”。

三、中国茶艺

茶艺是中国茶文化的主要内容之一，是赏茶、泡茶、品茶的艺术展示，它包含了“礼、敬、和、静、美”等内涵。中国茶艺有悠久的历史，唐宋时期，茶艺就已经形成，斗茶、点茶的方法、技巧无不体现出唐宋时期中国茶文化的精彩。宋代陶谷撰写的《荈茗录》把茶文化推向了一个新的高度：“生成盏，馔茶而幻出物象于汤面，茶匠通神之艺也。沙门富全生于金乡，长于茶海，能注汤幻茶，成一句诗，并点四瓯，共一绝句，泛乎汤表，小小物类，唾手辨耳。檀越日造门求观汤戏，全自咏曰：‘生成盏里水丹青，巧画工夫学不成。欲笑当时陆鸿渐，煎茶赢得好名声。’茶百戏，茶至唐始盛。近世有下汤运匕，别施妙诀，使汤纹水脉成物象者，禽兽虫鱼花草之属，纤巧如画，但须臾即就散灭，此茶之变也，

[1] 曹金洪. 茶道·茶经［M］. 北京：燕山出版社，2011：51.

时人谓之茶百戏。”

这段文字讲述了宋代的僧人和文人雅士饮茶时的趣事，这是在宋代改煎茶为点茶之后，出现的新的茶文化现象。僧人富全同时点四瓯茶盏，可以根据茶汤的变化咏出绝句，称为生成盏、品茶、赋诗、唱和，把茶文化推向了一个新高度。而在点茶时，茶汤的变化可以解读出不同的禽兽、虫鱼、花鸟，这应该是宋代的茶艺表演。

同时，宋代兴起的斗茶也把茶文化进一步向前推进。斗茶按照现在的说法，就是茶叶质量的评比。北宋范仲淹《和章岷从事斗茶歌》描述了宋代的斗茶：“年年春自东南来，建溪先暖水微开。溪边奇茗冠天下，武夷仙人从古栽。新雷昨夜发何处，家家嬉笑穿云去。露芽错落一番荣，缀玉含珠散嘉树。终朝采掇未盈襜，惟求精粹不敢贪。研膏焙乳有谁制，方中圭兮圆中蟾。北苑将期献天子，林下雄豪先斗美。鼎磨云外首山铜，瓶携江上中泠水。黄金碾畔绿尘飞，碧玉瓯中翠涛起。斗茶味兮轻醍醐，斗茶香兮薄兰芷。其间品第胡能欺，十目视而十手指。胜若登仙不可攀，输同降将无穷耻。”[1] 斗茶是中国茶文化的重要表现形式之一。

明代之后，中国创造了六大茶类，形成了丰富多彩的冲泡方法，与不同的茶类、茶盘、茶具和品茶环境融为一体。古代的茶艺比较重视泡茶、品茶的环境和形式；现代茶艺则是将泡茶、品茶的过程，以艺术的形式表现出来，各种茶艺表演登上大雅之堂。强化了茶艺的表演形式，淡化了品茶的内涵和在品茶过程中个人的精神享受。

现代中国茶艺主要有两种表演形式：其一是以四川蒙顶山茶艺为代表的长管壶茶艺；其二是以一套茶具组合为道具，从赏茶、冲泡到闻香、品茶的整个艺术表演过程。

1. 蒙顶山茶艺

蒙顶山茶艺是根据20世纪80年代，四川茶馆流行的一种为茶客掺水的长管茶壶创作的茶艺。以前，四川茶馆都是用铜壶烧水，堂倌给茶客

[1] 范仲淹．和章岷从事斗茶歌［G］//陈祖槼，朱自振．中国茶叶历史资料选编．北京：农业出版社，1981：228.

掺水，一手提壶，一手抱着 10 多套盖碗茶具满堂跑。铜壶里装满沸水，一不小心，就容易烫伤茶客。因此，一些茶馆加长了壶管，壶管通常达到 100 厘米，远距离掺水，避免烫伤。长管壶的使用成为一道亮丽的风景，许多茶客慕名而来，茶馆也因此生意兴隆。

长管茶壶掺水，有些艺术表演的元素，在此基础上，结合佛教精神创制了蒙顶山茶艺。蒙顶山茶艺主要使用三件套的盖碗茶杯和壶管长达 120 厘米的铜壶，以武术表演的形式将沸水从长管壶中冲入茶杯。蒙顶山茶艺分为双人“十八式”和单人“八式”，是中国茶艺的重要代表。

蒙顶山茶艺双人“十八式”来源于佛教修行的“龙行十八式”，相传“龙行十八式”是北宋高僧禅惠大师在蒙顶山结庐清修时所创。过去，作为僧人修行的一门功课。“龙行十八式”只在蒙顶山僧人中流传，直到清代才逐渐传入民间。“龙行十八式”融传统武术、舞蹈、禅学于一体，每一式均模仿龙的动作，式式龙兴云动，招招景驰浪奔，令人目不暇接，心动神驰。近年来引入茶艺，其表现形式令人耳目一新。“龙行十八式”的名称分别为：“蛟龙出海、白龙过江、乌龙摆尾、飞龙在天、青龙戏珠、惊龙回首、亢龙有悔、玉龙扣月、祥龙献瑞、潜龙腾渊、龙吟天外、战龙在野、金龙卸甲、龙兴雨施、见龙在田、龙卧高岗、吉龙进宝、龙行天下。”

单人“八式”名称为：“三花聚顶、涤尽凡尘、见性成佛、灵山说法、文殊显身、缘起缘灭、两腋清风、茶禅一味。”蒙顶山茶艺是以武功与长管壶完美结合的表演形式，以展现动态的冲泡茶叶的茶艺。

2. 表演茶艺

表演茶艺是一种静态的艺术表现，以“五美”（人美、茶美、水美、具美、艺美）为核心的茶艺。这种静态则是相对于蒙顶山茶艺而言。表演茶艺因目的不同分为商业营销型和生活休闲型。商业营销型又可以根据茶类不同进行分类，比如绿茶茶艺、红茶茶艺、青茶茶艺等。

茶艺表演是人的表演，人之美以展示人的体态美、仪表美、服饰美、语言美。茶之美以展示茶形之美、茶色之美、茶味之美、茶香之美、茶韵之美。水之美，山泉水号为第一，清冽甘甜；河水当取源头之水，井水当远离城市村庄。茶具之美，茶具以陶、瓷为美者，以金、玉为贵。中国古代五大名窑，均、汝、定、官、哥代表的是厚重的历史。而今，景德镇的茶具以洁白瓷胎，如玉的质感，集中国工笔、写意画之大成者，以唯美的造型，使茶艺更添情趣。茶盘是茶艺表演的重要道具，以原木为佳，檀木、花梨木、鸡翅木、金丝楠木以及各种树根茶盘都可以为茶艺增色不少。与茶具配套使用的还有茶筒、茶匙、茶漏、茶则、茶夹和茶针“六君子”。艺之美，艺是指茶艺表演过程的艺术形式，茶艺以茶为本，茶艺的程序和表现形式则以茶类之不同进行编排。艺之美体现在艺人的动作和语言的表达之中，要合乎茶性，春夏秋冬，季节不同，则以不同的茶类展示，春暮夏初以春天的绿茶为妙，最能够表现春天的气息和绿茶的茶韵及香气特点；夏暮秋初，则以花茶、青茶、黄茶为好，丰收季节、硕果累累，使人感到无限惬意；红茶、黑茶是冬天的暖意，带给朋友的是温馨和热情。

近年来，随着中国茶文化的发展，饮茶过程中的精神享受远远超越了对于品茶本身的享受。因此，对于茶道的理解，超出了茶叶冲泡的技艺、礼仪的范畴。一些茶文化研究者认为：“茶道是茶艺的理论基础，有道而无艺，那是空洞的理论；有艺而无道，艺则无精神。茶道就是精神、道理、规律，源于本质，只能由心而‘悟’。”吴觉农先生认为：茶道是“把茶视为珍贵、高尚的饮料，因茶是一种精神上的享受，是一种艺术，或是一种修身养性的手段。”中国的茶艺有悠久的历史，但是中国文化对道则是讳莫如深的。

四、中国茶艺与日本茶道的异同

日本茶道是一种艺术形式，是一种社交方式，其内涵是“和、敬、清、寂”。

关于中国对茶道的理解，茶学家陈彬藩先生有独到的见解。20 世纪 80 年代，陈彬藩先生成功地将福建的乌龙茶大量地销往日本，在日本掀起了一股乌龙茶热。这是从明代以来，中国又一次将茶叶大量地销往日本，是一场空前的茶文化传播。在陈彬藩先生访问日本的时候，日本人以茶道的礼仪欢迎陈先生，得知陈先生是中国的茶叶专家，便向陈先生发问："中国有几千年的饮茶历史，有丰富的茶文化，日本的茶叶则是在唐朝由中国传入的，为什么在我们日本有茶道，而中国没有茶道?"对此，陈彬藩先生回答道："孔子说，朝闻道，夕死可矣。中国人悟道而从不轻言道。"

陈彬藩先生巧妙地回避了中国茶艺与日本茶道的差异。中国之道是一种哲学思想，而非技艺。一方面反映了陈彬藩先生对中国文化的深刻理解，另一方面也反映了陈先生对日本茶道的认识。日本的茶道实质上就是茶艺，日本的文化深受中国文化的影响，日文中许多中国字都是从中国传入的，日文中现在也大量使用汉字，尽管这些汉字在写法上完全相同，但是意义有所不同。日本有茶道、花道、剑道、武士道等，日本的各种道其实质都是艺，是可以表演的。中国的"道"在于心，而不在艺。道在中国只能是去理解，或者称为"悟道"。因此，中国与日本对道的理解有比较大的差异。当今的中国茶文化研究把日本的茶道概念引入国内，分不清楚中国茶艺与日本茶道的异同。

因此，中国的茶艺与日本的茶道是相通的，在表现形式上具有共同的艺术表现力，也都包含了"和、敬、礼、静、思、悟"等内涵。同时，又各自表现出饮茶的历史发展特点。日本茶道更多地表现出中国唐宋时期饮茶方式的痕迹。中国的茶艺突出表现的是明代之后散茶的冲泡技艺以及中国六大茶类的不同特点，高超的掺茶倒水的功夫。但日本的茶道如其花道、剑道一样，并没有包含哲学思想，仅仅是一种技艺。

第三节　茶叶与健康

世界上有160多个国家40多亿人口饮茶。喜欢喝茶的人说："一分钟可以解渴，一小时可以休闲，一个月可以健康，一生喝茶可以长寿。"

饮茶有增强人体健康的功能，有修身养性的作用。随着科学技术的不断发展，人们对饮茶的这些功能和作用认识愈加深入。众所周知，茶叶含有对人体有益的化学物质，主要有茶多酚、茶氨酸、咖啡碱等。这些化学物质的主要功能是抗氧化、提高免疫能力、降血脂、修复细胞、抗癌、兴奋神经、利尿、降低胆固醇等。

一、茶叶中的主要内含物

1. 茶多酚

茶多酚是一类以儿茶素为主的酚性化合物，其在茶叶中占到干物质的20%以上，大叶品种的茶多酚含量高达到30%以上。

儿茶素具有很强的氧化还原作用，因此也称为抗氧化剂，等量的儿茶素比维生素 E 的抗氧化能力更为强大。

2. 蛋白质和氨基酸

1）蛋白质

蛋白质是一种含氮化合物，是由氨基酸组成的。通过水解蛋白质可以分解成20 多种氨基酸。茶叶中的蛋白质有单纯蛋白质，包括醇溶蛋白、球蛋白、清蛋白和组蛋白等。另外是组合蛋白质，包括核蛋白、糖蛋白、脂蛋白、色蛋白等。

2）氨基酸

茶叶中的氨基酸以两种形态存在：一种存在于蛋白质中，另一种是以游离的氨基酸存在。氨基酸在茶叶中占干物质的2% ~5%，春茶的氨基酸含量达到4%左右；夏、秋季节，氨基酸含量仅有2.5% ~3%。不同茶树品种之间，氨基酸也存在极大的差异，在安吉白茶中，氨基酸含量则高达5%，甚至更高。

目前，从茶叶中分析出氨基酸有26 种，其中有20 种是组成蛋白质的氨基酸。其中茶氨酸一种比较特殊的氨基酸，到目前为止，仅在一种蕈草和茶梅中检出茶氨酸。茶氨酸尤以嫩梢、嫩梗、幼根中含量最高，芽叶中含量达1500mg/100g，而嫩茎中茶氨酸含量高达4000 mg/100g。茶氨酸占茶叶游离氨基酸的含量的50%左右，因其茶氨酸的存在和含量明显高于其他植物，而表现出茶叶的特殊性。

3. 生物碱

茶树体内含有多种生物碱，生物碱是一类含氮的有化合机物。虽然生物碱在结构上含有嘌呤环，但在性质和功能上与含有氮的氨基酸和蛋白质有极大的差异。从生物碱在生物体内的合成途径来看，是从氨基酸或维生素转化而来。

咖啡碱、可可碱和茶叶碱都溶于热水，因此，在茶叶冲泡过程中，浸出率很高。80℃以上的热水5分钟，茶叶中的生物碱浸出率可以达到80%以上。咖啡碱有兴奋神经的作用，能够加强心脏功能，促进血液循环。

4. 类脂类化合物

叶绿素是绿色植物进行光合作用的主要器官，由蛋白质、脂质、磷脂和糖脂等组成，蛋白质占50%，脂质占40%。其结构由四个不同的吡咯环组成，称为卟啉环，卟啉环中心有一个镁原子。镁原子可以被金属铜取代，成为叶绿素铜盐，叶绿素铜盐能够保持稳定的绿色，因此，在茶叶制造过程中，为了避免铁对茶叶的污染，使茶汤发黑，最早的茶叶金属揉捻机就是使用金属铜，金属铁仅用于茶叶杀青、干燥时使用，不能与茶汁接触。叶绿素对茶叶品质有重要影响，绿茶的绿色，无论是干茶还是茶汤，其绿色一部分来源于叶绿素。

5. 糖类

多糖是具有20个以上的单糖分子聚合体，包括直链淀粉、支链淀粉、纤维等，这些多糖不仅是茶叶细胞内的贮藏物质，更是茶叶细胞的结构物质。纤维的多少决定了茶叶的嫩度，因而直接影响茶叶造型，特别是各种形状的芽茶，均因为纤维含量低，果胶含量高而在加工过程中容易塑造，才形成了千姿百态的各种茶叶外形。

此外，茶叶中存在一种茶多糖（Tea Polysaccharide Complex，TPC），为一种酸性杂多糖，总量为绿茶饮料固形物含量的3.5%左右。据研究，茶多糖是一种复合杂多糖，具有许多生物活性，提取纯化的茶多糖，其分子量在10700~117000，茶多糖的组成除了单糖外还含有糖醛酸、蛋白质、无机元素等配体，对粗茶多糖反复脱蛋白之后，仍然可以检测到茶多糖中蛋白质的存在。茶多糖的单糖以葡萄糖、半乳糖、阿拉伯糖和核糖为主。茶多糖的颜色为灰白色、浅黄色或灰褐色的固体粉末。茶多糖为水溶性多糖，易溶于热水，但不溶于高浓度的乙醇、丙酮、乙酸等有机溶剂。茶多糖具有很强的生物活性，具有保健功能。

6. 矿物质元素

茶叶中的矿物质元素包括金属元素和非金属元素，矿物质元素在生物的生命活动中发挥着重要的作用，当植物缺少某些化学元素时，将不能正常生长发育。矿物质元素又是生物酶的辅基，一些生物酶缺少矿物质元素的辅基时，将失去酶的活性。

通过对茶叶灰分的测定，其粗灰分含量达到3%～5%，其中50%是钾的氧化物，磷的氧化物约占15%。除C、H、O、N、P、K外，茶叶中含量在500～2000ppm的元素有：铝（Al）、钙（Ca）、氟（F）、镁（Mg）、锰（Mn）、硫（S）、钠（Na）；含量在5～500ppm的元素有：砷（As）、硼（B）、铜（Cu）、铁（Fe）、镍（Ni）、硅（Si）、锌（Zn）；含量小于5ppm的元素有：钼（Mo）、钴（Co）、镉（Cd）、铬（Cr）、溴（Br）、碘（I）、硒（Se）、铅（Pb）。

7. 茶皂甙

茶皂甙（Tea Saponin）是一类结构复杂的糖苷类化合物，又称为茶皂素，茶皂甙广泛地存在于植物中，茶皂甙于1931年由日本学者从茶树种子中分离出来，茶皂甙由皂甙元结合了当归酸和一些糖体构成，糖体包括半乳糖、葡萄糖、阿拉伯糖等。目前，从茶树的不同组织中提取和鉴定出了7种皂甙元，皂甙元的分子式为：$C_{30}H_{50}O_6$。因此，茶树不同组织细胞内的茶皂甙也非常复杂，现在已经提取和鉴定出了十多种茶皂甙。茶皂甙味苦而辛辣，有溶血作用，稍溶于热水。

二、茶叶的健康功能

茶叶的主要化学成分及生理作用和保健功能，目前已经被许多科学实验证明，中国的六大茶类虽然制造方法不同，但是茶叶本身含有的这些化学物质并没有因此而减少，只是这些化学物质在制造过程中发生了不同的氧化或者分解。氧化程度比较低的绿茶、青茶、黄茶，具有比较强的抗氧功能、兴奋神经、提高免疫能力、抗癌等作用；氧化程度比较高的黑茶，降血脂、减肥的功能是比较明显的。因此，长期饮茶有利于人体健康主要表现在以下几个方面。

1. 抗氧化作用

茶多酚类及其氧化产物的抗氧化性，主要表现在清除生物体细胞内自由基的作用，自由基是指细胞内有未成对的电子的原子、原子团或分子。生物体内的自由基处于生物生成体系与防护体系的平衡之中，一旦打破平衡，就会危害有机体，引起疾病。为了维护有机体的正常代谢，需要增加抗氧化剂以清除自由基，保持代谢平衡。茶叶中的茶多酚具有非常强的抗氧化作用。

2. 降低心血管疾病的危害

茶叶中含有大量的茶多酚，可以通过调节血脂代谢、抗凝促纤溶以及抑制血小板凝聚来抑制动脉平滑肌细胞的增生。茶多酚可以降低血液中甘油三酯、胆固醇及低密度蛋白胆固醇，提高高密度蛋白胆固醇。对食肉比较多的民族，有明显的增强健康，延长寿命的作用，这就是少数民族对茶叶形成依赖的主要原因。近年来研究发现，茶多酚还有抑制癌细胞生长的作用。

3. 调节人体免疫功能

茶多酚具有缓解机体产生过激变态反应的能力，却对机体整体的免疫功能有促进作用，研究发现，茶多酚使机体非特异性免疫功能大大提高。此外，茶叶中的茶皂素有较强的抗菌活性，能够使血管的通透性增加，引起平滑肌和支气管的收缩，以缓解哮喘和消除炎症。

4. 兴奋神经和利尿

茶叶中含有咖啡碱、茶叶碱等兴奋剂，饮茶上瘾，饮茶使人兴奋，特别是晚上饮茶之后，很多人不易入睡。饮茶使人的兴奋程度，正好是清而不昏、醒而不躁，思维清晰而善辩，逻辑清楚而睿智。茶叶中含有的咖啡碱、茶叶碱有利尿的功能，有保护肾脏的功效。

5. 解毒抗过敏

茶多酚可以与咖啡碱和重金属离子比如铅、汞、镍等结合发生络合沉淀。因此，茶多酚能够作为生物碱和重金属中毒的解毒剂。茶多酚、茶皂素、茶多糖、咖啡碱是茶叶中的主要生物活性物质，目前的研究已经证明，这些化学物质不仅具有以上的生物学功能，还有抗菌、抗病毒、抗过敏、镇静、解痉、利尿、降低血压等作用。

三、饮茶与健康

试验证明，饮茶可以提高干扰素的分泌，以提高人体免疫力，也可以促进多巴胺的分泌。多巴胺（$C_6H_3(OH)_2—CH_2—CH_2—NH_2$）由脑内分泌，可影响一个人的情绪，它的化学名称为4－(2－氨基乙基)－1，2－苯二酚。多巴胺是一种神经传导物质，用来帮助细胞传送脉冲。这种脑内分泌主要负责大脑的情欲，将兴奋与开心的信息传递，也与上瘾有关。饮茶可以上瘾，与多巴胺的分泌有关。长期饮绿茶可以减少骨质疏松的发生。

品茶之道，一是在茶，二是在心。饮茶有利于健康在于身、心的健康。茶叶各种内含物质，可以减少过多摄入脂肪、蛋白质造成的危害，减少心血管疾病的发生。也有减少骨质疏松、提神、益思、提高身体的免疫力的功能。这些物质带来的身体健康，是通过调节人体的新陈代谢而实现的。

品茶有利于心理的健康，不是通过营养物质参与生物体的新陈代谢实现的。品茶有道、品茶悟道，在于感悟人生，思考人与自然的关系，控制人类的欲望，提高人格修养，通过静心、养心而获得健康。在平凡的人生中得到快乐，在和谐的社会中寻求幸福，通过这种“和、敬、清、寂”的品茶、修心而获得的心理健康。只有心理的健康，才能得到身体的健康，这是其他任何物质都无法实现的。

茶叶的健康功能与喝茶的修身养性有一定的关系，品茶在于一种平和的心态，在于一种和谐的氛围。茶可以清心，茶者，人在草木之间也，是人与自然相结合的最高境界，谓之“天人合一”。一个人能够安静坐下来喝茶，心如止水，饮茶之后，仍然可以轻松入睡，这就是一种心境，一种平和的心态。与朋友一起喝茶，海阔天空、其乐融融、心情舒畅，自然有利于身心健康。因此，茶叶的健康功能也就能够充分地发挥出来，饮茶就自然可以延年益寿。

赵朴初先生对饮茶也有深刻的领悟，“七碗受至味，一壶得真趣。空持百千偈，不如吃茶去。”一壶得茶趣，三杯品真香，人生苦乐喜，悠闲茶中寻。人生有如此境界，何以不得健康、快乐和长寿。

参考文献

一、参考图书

[1] 诗经［M］. 北京：北方联合出版传媒（集团）股份有限公司，2009.

[2] 陈祖椝，朱自振. 中国茶叶历史资料选辑［M］. 北京：农业出版社 1981.

[3] 阚能才，李红兵. 四川茶叶制造［M］. 北京：知识产权出版社，2012.

[4] 杜长煋，闵未儒. 四川茶叶［M］. 成都：四川科学技术出版社，1989.

[5] 陆廷灿. 续茶经［M］. 郑州：中州古籍出版社，2010.

[6] 贾大泉，陈一石. 四川茶业史［M］. 成都：巴蜀书社，1989.

[7] 陈椽. 茶业通史［M］. 北京：农业出版社，1984.

[8] 云南省茶叶研究所. 云南古茶树［M］. 昆明：云南科技出版社，2012.

[9] 李红兵. 蒙顶山上茶［M］. 北京：中国文史出版社，2013.

[10] 梁名志. 普洱茶科技探究［M］. 昆明：云南科技出版社，2009.

[11] 李红兵. 四川南路边茶［M］. 北京：中国方正出版社，2007.

[12] 顾谦，陆锦时，等. 茶叶化学［M］. 2 版. 北京：中国科学技术出版社，2005.

[13] 杨天炯. 蒙山茶事通览［M］. 成都：四川美术出版社，2005.

[14] 李朝贵，李耕冬. 藏茶［M］. 成都：四川民族出版社，2007.

[15] 林治. 中国茶艺集锦［M］. 北京：中国人口出版社，2006.

[16] 四川省农业科学院茶叶研究所. 茶叶科技成果与论文（摘要选编）［M］. 1992.

[17] 宛小春. 茶叶生物化学［M］. 3 版. 北京：中国农业出版社，2008.

[18] 陈宗懋. 中国茶叶大辞典［M］. 北京：轻工业出版社，2008.

[19] 张忠良，毛先颉．中国世界茶文化［M］．北京：时事出版社，2006.

[20] 陆松侯，施兆鹏．茶叶审评与检验［M］．3 版．北京：中国农业出版社，2008.

二、参考期刊

[1] 钟渭基．四川野生大茶树的调查研究［J］．茶叶科技成果与论文摘要，1992（10）.

[2] 孙华．"茶马古道" 文化线路的几个问题［J］．四川文物，2012（1）：74－85.

[3] 张永国．茶马古道与茶马贸易的历史与价值［J］．西藏大学学报（社会科学版），2006，21（2）：34－40.

[4] 罗向前，李思颖，王家金，陈啸云，等．西双版纳古茶树资源调查［J］．西南农业学报，2013，26（1）：46－51.

[5] 阚能才．茶树起源与川渝野生茶树分布研究［J］．西南农业学报，2013，26（1）.

[6] 木永顺．论茶马古道的形成、发展及其历史地位［J］．楚雄师范学院学报，2004，19（4）：50－52.

[7] 陈保亚．论茶马古道的起源［J］．思想战线，2004，30（4）：44－50.

[8] 阚能才，胡人卫，等．茶叶吸附茉莉花芳香成分规律的研究［J］．西南农业学报，1991（1）：40－45.

[9] 汤一．茶叶吸香和持香机理的探讨［J］．茶叶，2000，16（3）：132－135.

[10] 谢明勇，聂少平．茶叶多糖的研究进展［J］．食品与生物技术学报，2006，25（2）：107－114.

[11] 钟渭基．四川野生大茶树与茶树原产地问题［J］．四川农业科技，1980（2）.